大学计算机基础案例教程

主　编　司巧梅　吴玉华　肖　鹏
副主编　磨　然　曹　佳　樊持杰　肖　楠

科学出版社
北　京

内 容 简 介

本书根据教育部高等学校大学计算机课程教学指导委员会编写的《大学计算机基础课程教学基本要求》、及全国计算机等级考试大纲要求，以培养学生计算机应用技能为侧重点进行编写。全书共8章，包括计算机基础知识、中文操作系统 Windows 7、Office 2016 办公软件、计算机网络技术、常用工具软件、算法与数据结构、程序设计基础与软件工程、数据库设计基础。本书内容全面、结构合理，重视基础知识的系统讲解。

本书可作为普通高等院校非计算机专业的教学用书，也可作为计算机基础知识学习和全国计算机等级考试的参考用书。

图书在版编目（CIP）数据

大学计算机基础案例教程/司巧梅，吴玉华，肖鹏主编. —北京：科学出版社，2022.6

ISBN 978-7-03-069050-0

Ⅰ. ①大…　Ⅱ. ①司…②吴…③肖…　Ⅲ. ①电子计算机-高等学校-教材　Ⅳ. ①TP3

中国版本图书馆 CIP 数据核字（2021）第 108258 号

责任编辑：宫晓梅　戴　薇/责任校对：王万红
责任印制：吕春珉/封面设计：东方人华平面设计部

科学出版社 出版
北京东黄城根北街 16 号
邮政编码：100717
http://www.sciencep.com

三河市良远印务有限公司印刷
科学出版社发行　各地新华书店经销

*

2022年6月第　一　版　开本：787×1092 1/16
2022年6月第一次印刷　印张：14 1/2
字数：344 000

定价：44.00 元

（如有印装质量问题，我社负责调换〈良远〉）
销售部电话 010-62136230　编辑部电话 010-62135319-2014

前　言

随着计算机技术和网络通信技术的飞速发展，计算机的应用程度已成为现代社会发展的重要标志之一。

本书从实用角度出发，根据学生的认知规律精心组织知识点和案例，用以培养学生的计算机应用技能，使学生能够掌握信息社会所需要具备的信息理论基础，具有利用计算机处理问题的思维能力，以及获取、分析、处理和应用各种信息的能力，以适应计算机技术的飞速发展和社会对人才知识结构变化的需要。

本书共 8 章。第 1 章为计算机基础知识，主要介绍计算机的产生与发展，数制的定义、转换和数据编码，计算机系统的组成，以及微型计算机硬件的组成和主要性能指标。第 2 章为中文操作系统 Windows 7，主要介绍 Windows 7 操作系统的基础知识和使用方法。第 3 章为 Office 2016 办公软件，主要介绍 Word 2016、Excel 2016 及 PowerPoint 2016 的基本操作和使用技巧。第 4 章为计算机网络技术，主要介绍计算机网络的相关知识。第 5 章为常用工具软件，主要介绍 360 杀毒软件、WinRAR 压缩软件、CAJViewer 及 EV 录屏软件。第 6 章为算法与数据结构，主要介绍算法和数据结构的相关知识，着重讲述数据结构。第 7 章为程序设计基础与软件工程，主要介绍程序设计方面的知识。第 8 章为数据库设计基础，主要介绍数据库方面的知识。

本书具有以下特点。

（1）采用案例教学，注重实践。

（2）以计算思维为导向，以突出应用、强化能力为目标。

（3）结合教育教学改革新理念、新要求。

（4）知识模块化，精练实用，适用于不同层次的教学对象。

（5）学习目标清晰，知识内容覆盖最新的全国计算机等级考试大纲。

（6）微课视频，轻松学习。

全书由多年从事计算机专业教育、具有丰富一线教学经验的教师编写。本书具体编写分工如下：司巧梅编写第 1、6 章、3.1 节，吴玉华编写 3.2 节，肖鹏编写 3.3 节、第 8 章，曹佳编写第 2 章，樊持杰编写第 4 章，肖楠编写第 5 章，磨然编写第 7 章。张岩指导编写团队并审阅全部书稿。在编写过程中，雷义山等提出许多宝贵意见，在此表示衷心的感谢。

本书得到黑龙江省高等教育教学改革项目（项目编号：SJGY20200740、SJGY20200732）及牡丹江师范学院教改工程项目（项目编号：21-XJ21044、18-XJ20050、19-XJ21052、20-XJ21019、20-XJ21028、KCSZ-2020020、JK-2020021、JK-2020023）的资助。

由于编者的能力和水平有限，书中难免存在不当之处，敬请读者批评指正。

目 录

第1章 计算机基础知识

20 世纪是目前人类科学技术发展进步最快、取得成绩最多的时期。20 世纪涌现出一大批对世界发展进程产生重大影响的科学发现、技术突破及产品发明，如相对论、基因科学、量子力学、计算机、电视、飞机、新抗生素、核能利用、航天探索等。在这些新技术、新产品中，计算机对人类生活的各个方面影响深远。到了 21 世纪，掌握以计算机为核心的信息技术的基础知识并具有一定的应用能力是现代大学生必备的基本技能。

1.1 计算机概述

1.1.1 计算机的发展历史

1. 计算机的起源

1946 年 2 月，世界上第一台电子数字积分计算机（electronic numerical integrator and computer，ENIAC①）在美国宾夕法尼亚大学研制成功。ENIAC 结构庞大，占地 170m^2，重达 30t，使用了 18000 个电子管，功率为 150kW，每秒可以进行 5000 次加减法或 400 次乘法运算。ENIAC 的问世标志着电子计算机时代的到来，标志着人类计算工具和世界文明进入了一个崭新的时代。

英国科学家艾伦·图灵和美籍匈牙利科学家冯·诺依曼是计算机科学发展史上的两位关键人物。艾伦·图灵建立了图灵机模型，并提出图灵测试理论，阐述了机器智能的概念。他提出了图灵机是非常强大的计算工具的原理，奠定了计算机设计的基础。冯·诺依曼被誉为“计算机之父”，他和他的同事们研制了离散变量自动电子计算机（electronic discrete variable automatic computer，EDVAC），提出了“存储程序和程序控制”的数字计算机结构，并在 EDVAC 中采用了这一结构。其基本结构一直沿用至今，对后来的计算机体系结构和工作原理具有重大的影响。

2. 计算机的发展

从 ENIAC 诞生至今，计算机技术得到突飞猛进的发展，给人类社会带来了巨大的变化。根据组成计算机的电子元器件的不同，可以将计算机的发展分为以下 4 个阶段。

第 1 阶段：电子管计算机（1946～1957 年）。其主要特点是采用电子管作为基本电

① 1973 年，美国联邦地方法院注销了 ENIAC 的专利，并认定世界上第一台计算机为阿塔纳索夫-贝瑞计算机（Atanasoff-Berry Computer，ABC）。

子元器件，计算机体积大、能耗大、寿命短、可靠性差、成本高；存储器采用汞延迟线。该阶段的计算机没有系统软件，只能使用机器语言和汇编语言编程，只能在少数尖端领域中得到应用，一般用于科学、军事和财务等方面的计算。

第 2 阶段：晶体管计算机（1958～1964 年）。其主要特点是采用晶体管作为基本电子元器件，从而使计算机体积缩小，质量减小，能耗降低，成本下降，可靠性和运算速度均得到提高；存储器采用磁芯和磁鼓；出现了系统软件（监控程序），提出了操作系统的概念，并且出现了高级语言，如 FORTRAN 等。这一阶段的计算机应用扩大到数据和事务处理等方面。

第 3 阶段：集成电路计算机（1965～1971 年）。其主要特点是采用中、小规模集成电路作为各种电子元器件，从而使计算机体积更小，质量更小，能耗更低，寿命更长，成本更低，运算速度有了更大的提高；第一次采用半导体存储器作为主存储器，取代了原来的磁芯存储器，使存取速度有了革命性突破，提高了系统的处理能力；系统软件有了很大发展，并且出现了多种高级语言，如 BASIC、Pascal 等。

第 4 阶段：大规模、超大规模集成电路计算机（1972 年至今）。其主要特点是采用大规模、超大规模集成电路作为基本电子元器件，使计算机的体积、质量、成本均大幅度降低，而性能却空前提高，操作系统和高级语言的功能越来越强大。这一阶段出现了微型计算机。

3. 计算机的发展趋势

计算机正在向巨型化、微型化、网络化、智能化和多媒体化方向发展。

1）巨型化

巨型化并不是指计算机的体积巨大，而是指相对于大型计算机而言的一种运算速度更高、存储容量更大、功能更完善的计算机。

2）微型化

大规模、超大规模集成电路的飞速发展，使计算机的微型化发展十分迅速。微型计算机的发展是以微处理器的发展为特征的。微处理器自 1971 年问世以来，发展非常迅速，几乎每隔 2～3 年就要更新换代，从而使以微处理器为核心的微型计算机的性能不断跃上新台阶。

3）网络化

利用计算机网络可以把分散在不同地理位置的计算机通过通信设备连接起来，实现互相通信和资源共享，使计算机发挥更大的作用。

4）智能化

计算机智能化就是要求计算机具有人工智能的能力，是新一代计算机要实现的目标。目前，人工智能在计算机领域得到广泛的重视，并在机器人、经济政治决策、控制系统、仿真系统中得到应用。

5）多媒体化

多媒体化是指利用计算机综合处理文字、图形、图像、声音等媒体数据，形成一种全新的音频、视频、动画等信息的传播形式。目前，多媒体化已成为计算机重要的发展方向。

1.1.2　计算机的特点与分类

1. 计算机的特点

计算机是一种能够按照事先存储的程序，自动、高速地进行大量数值计算和各种信息处理的现代化智能电子设备。计算机之所以能够应用于各个领域，完成各种复杂的处理任务，是因为其具有以下基本特点。

1）运算速度快，计算精度高

运算速度是计算机的一个重要性能指标。目前，现有的超级计算机运算速度大多可以达到每秒一太次以上，这是传统计算工具所无法比拟的。计算机的计算精度取决于字长，即同一时间处理二进制数的位数，字长越长，精度越高。这对计算量大、时间性强和精度要求高的领域尤为重要。

2）存储容量大，记忆力强

计算机具有超强的存储能力，不仅可以存储数据和程序，还可以存储大量的文字、图像、声音等信息资料，并能对这些信息加以处理、分析和重新组合，以满足各种应用的需要。计算机存储信息的多少取决于存储设备的容量，各种大容量存储设备的出现使计算机的存储能力不断提高。

3）具有逻辑判断能力

计算机的运算器除了能够完成基本的算术运算外，还具有比较、判断等逻辑运算功能。这种能力是计算机处理逻辑推理问题的前提。

4）自动化程度高

由于计算机的工作方式是先将程序和数据存放在存储器内，工作时按程序规定的操作步骤一步一步地自动完成的，一般无须人工干预，因此其自动化程度高。这一特点是一般计算工具所不具备的。

2. 计算机的分类

随着计算机技术的发展，尤其是微处理器的发展，计算机的类型越来越多样化。按照不同的标准，可以有不同的计算机分类方法。

1）按处理数据的方式分类

按处理数据的方式分类，可将计算机分为数字计算机和模拟计算机。

（1）数字计算机处理的是非连续变化的数据，这些数据在时间上是离散的，计算机输入的是数字量，输出的也是数字量。

（2）模拟计算机处理和显示的是连续的模拟数据，数据用连续变化的模拟信号表示。模拟信号在时间上是连续的，通常称为模拟量，如电压、电流等。一般来说，模拟计算机不如数字计算机精确，通用性不强，但其解题速度快，主要用于过程控制和模拟仿真。

2）按使用范围分类

按使用范围分类，可将计算机分为通用计算机和专用计算机。

（1）通用计算机是指为解决各种问题而设计的计算机，具有较强的通用性。

（2）专用计算机是指为满足某种特殊应用而设计的计算机，具有运行效率高、速度快、精度高等特点，常用于各种控制领域。

3）按规模和处理能力分类

按规模和处理能力分类，可将计算机分为巨型计算机、大型计算机、小型计算机、微型计算机、工作站和服务器。

（1）巨型计算机运算速度快，存储容量大，结构复杂，价格昂贵，主要应用于原子能研究、航空航天、石油勘探等领域。

（2）大型计算机是指通用性强、处理速度快、运算速度仅次于巨型计算机的计算机，主要应用于计算机网络和大型计算机中心。

（3）小型计算机规模小，结构简单，维护方便，成本较低，主要应用于科研机构和工业控制等领域。

（4）微型计算机体积小，生产成本低，操作简单，主要应用于生产、科研、生活等领域。

（5）工作站是指为了某种特殊用途而将高性能计算机系统、输入/输出设备与专用软件结合在一起组成的系统。例如，图形工作站配有大容量的主存储器和大屏幕显示器，具有较强的数据和图形处理能力。

（6）服务器是指在网络环境下为多用户提供服务的计算机系统。服务器要求具有较好的稳定性和可靠性，并能提供网络环境中的各种通信服务和资源管理功能。该设备连接在网络上，网络用户在通信软件的支持下进行远程登录，共享各种服务。

1.1.3 计算机的应用

随着计算机技术的不断发展及计算机功能的不断增强，计算机的应用已渗透到社会的各行各业，其主要应用领域如下。

1. 科学计算

科学计算是指利用计算机完成科学研究和工程技术中提出的数学问题的计算。在现代科学技术工作中，科学计算问题是大量而复杂的。利用计算机的高速计算、大容量存储和连续运算能力，可以解决人工无法解决的各种科学计算问题。

2. 数据处理

数据处理是对各种数据进行收集、存储、整理、分类、统计、加工、利用、传播等一系列活动的统称。据统计，80%以上的计算机用于数据处理，数据处理的工作量大，应用范围广，决定了计算机应用的主导方向。

3. 计算机辅助技术

计算机辅助技术包括计算机辅助设计（computer aided design，CAD）、计算辅助制造（computer aided manufacturing，CAM）和计算机辅助教学（computer aided instruction，CAI）等。

计算机辅助设计是指利用计算机系统辅助设计人员进行工程或产品设计，以实现最佳设计效果。它已广泛应用于飞机、汽车、机械、电子、建筑和轻工业等领域。计算机辅助制造是指利用计算机系统进行生产设备的管理、控制和操作。计算机辅助教学是指利用计算机系统进行辅助教学。

4. 过程控制

过程控制是指利用计算机及时采集检测数据，按最优值迅速地对控制对象进行自动调节或自动控制。采用计算机进行过程控制，不仅可以大大提高控制的自动化水平，而且可以提高控制的及时性和准确性，从而改善劳动条件，提高产品质量及合格率。因此，计算机过程控制已在机械、冶金、石油、化工、纺织、水电、航天等领域得到广泛应用。

5. 人工智能

人工智能（artificial intelligence，AI）是指利用计算机模拟人类的智能活动，如感知、判断、理解、学习、问题求解和图像识别等。人工智能的研究现已取得不少成果，并且有些成果已开始走向实用阶段，如能模拟高水平医学专家进行疾病诊疗的专家系统、具有一定思维能力的智能机器人等。

6. 网络应用

计算机技术与现代通信技术的结合构成了计算机网络。计算机网络的建立，不仅能解决一个单位、一个地区、一个国家计算机与计算机之间的通信，以及各种软、硬件资源的共享问题，而且能大大促进国与国之间的文字、图像、视频和音频等信息的传输。

1.2　计算机中数据的表示

在计算机中，信息以数据的形式表示和使用，数据在计算机内部以二进制的形式表示。

1.2.1　数制的表示方法

数制是用一组固定数码和一套统一规则来表示数值的方法。

1. 进位计数制

按进位方式计数的数制称为进位计数制，简称进位制。在日常生活中存在多种进位计数制，如十进制、十二进制、十六进制等，人们使用最多的是十进制。各种进位计数制都有各自基本的符号，若某种进位计数制中使用 r 个符号（$0,1,2,\cdots,r-1$），则称 r 为该进位计数制的基数。

位权是指一个数字在某个固定位置上所代表的值，简称权。处于不同位置的数字所代表的值不同，每个数字的位置决定了它的值和位权，各进位计数制中位权的值是基数的若干次幂。因此，用任何一种进位计数制表示的数都可以写成按位权展开的多项式之和，即任意一个 r 进制数 N 可表示为

$$(N)_r = a_{n-1}a_{n-2}\cdots a_1 a_0 a_{-1}\cdots a_{-i}$$
$$= a_{n-1}\times r^{n-1} + \cdots a_i \times r^i + \cdots a_1 \times r^1 + a_0 \times r^0 + a_{-1}\times r^{-1} + \cdots + a_{-i}\times r^{-i}$$

式中，a_i 为数码；r 为基数；r^i 为第 i 位上的位权。

例如，十进制数 410.5，按位权展开式可表示为

$$(410.5)_{10}=4\times10^2+1\times10^1+0\times10^0+5\times10^{-1}$$

2. 计算机中常用的数制

1）十进制

十进制有 10 个数码，基数是 10，分别用符号 0、1、2、3、4、5、6、7、8、9 表示。十进制中从低位向高位进位的计数规则是“逢十进一”。

2）二进制

二进制是计算机中普遍采用的进位计数制。二进制只有 0 和 1 两个数码，基数是 2。二进制中从低位向高位进位的计数规则是“逢二进一”。

3）八进制

八进制有 8 个数码，基数是 8，分别用符号 0、1、2、3、4、5、6、7 表示。八进制中从低位向高位进位的计数规则是“逢八进一”。

4）十六进制

十六进制有 16 个数码，基数是 16，分别用符号 0、1、2、3、4、5、6、7、8、9、A、B、C、D、E、F 表示，其中 A、B、C、D、E、F 分别表示 10、11、12、13、14、15。十六进制中从低位向高位进位的计数规则是“逢十六进一”。

1.2.2 数制之间的转换

1. 将 r 进制数转换为十进制数

将一个 r 进制数转换为十进制数的方法是按位权展开，然后按十进制运算法则将数值相加。

【例 1-1】将二进制数$(11101.101)_2$转换为十进制数。

$(11101.101)_2=1\times2^4+1\times2^3+1\times2^2+0\times2^1+1\times2^0+1\times2^{-1}+0\times2^{-2}+1\times2^{-3}$

$=16+8+4+0+1+0.5+0+0.125$

$=(29.625)_{10}$

【例 1-2】将八进制数$(230.2)_8$转换为十进制数。

$(230.2)_8=2\times8^2+3\times8^1+0\times8^0+2\times8^{-1}$

$=128+24+0+0.25$

$=(152.25)_{10}$

【例 1-3】将十六进制数$(A0C.8)_{16}$转换为十进制数。

$(A0C.8)_{16}=10\times16^2+0\times16^1+12\times16^0+8\times16^{-1}$

$=2560+0+12+0.5$

$=(2572.5)_{10}$

2. 将十进制数转换为 r 进制数

将十进制数转换为 r 进制数的方法是将整数部分和小数部分分别转换。

整数部分转换方法（基数除法）：将十进制数除以 r，得到一个商和一个余数；再将商除以 r，又得到一个商和一个余数。如此继续下去，直至商为 0。将每次得到的余数按照得到的顺序逆序排列，即得到 r 进制的整数部分。

小数部分转换方法（基数乘法）：将小数部分连续乘以 r，保留每次相乘的整数部分，直到小数部分为0或达到精度要求的位数为止。将得到的整数部分按照得到的顺序排列，即得到 r 进制的小数部分。

【例 1-4】将十进制数 $(117.625)_{10}$ 转换为二进制数。

将十进制数 $(117.625)_{10}$ 转换为二进制数的过程如图 1-1 所示。

整数部分转换

除数	被除数/商	取余（↑）
2	117	
2	58	1
2	29	0
2	14	1
2	7	0
2	3	1
2	1	1
	0	1

小数部分转换

运算	取整（↓）
0.625 × 2	
[1].250 × 2	1
[0].50 × 2	0
[1].00	1

图 1-1　将十进制数 $(117.625)_{10}$ 转换为二进制数的过程

即 $(117.625)_{10} = (1110101.101)_2$。

【例 1-5】将十进制数 $(68.4375)_{10}$ 转换为八进制数。

将十进制数 $(68.4375)_{10}$ 转换为八进制数的过程如图 1-2 所示。

整数部分转换

除数	被除数/商	取余（↑）
8	68	
8	8	4
8	1	0
	0	1

小数部分转换

运算	取整（↓）
0.4375 × 8	
[3].50 × 8	3
[4].00	4

图 1-2　将十进制数 $(68.4375)_{10}$ 转换为八进制数的过程

即 $(68.4375)_{10} = (104.34)_8$。

【例 1-6】将十进制数 $(2347)_{10}$ 转换为十六进制数。

将十进制数 $(2347)_{10}$ 转换为十六进制数的过程如图 1-3 所示。

整数部分转换

除数	被除数/商	取余（↑）
16	2347	
16	146	11
16	9	2
	0	9

图 1-3　将十进制数 $(2347)_{10}$ 转换为十六进制数的过程

即 $(2347)_{10} = (92B)_{16}$。

3. 八进制数、十六进制数与二进制数的转换

1）将八进制数、十六进制数转换为二进制数

二进制数与八进制数转换表如表 1-1 所示。八进制数转换为二进制数时，将每位八进制数码展开为 3 位二进制数码即可。

表 1-1　二进制数与八进制数转换表

1 位八进制数	0	1	2	3	4	5	6	7
3 位二进制数	000	001	010	011	100	101	110	111

二进制数与十六进制数转换表如表 1-2 所示。十六进制数转换为二进制数时，将每位十六进制数码展开为 4 位二进制数码即可。转换后，如果首尾有 0，则需要去掉首尾的 0。

表 1-2　二进制数与十六进制数转换表

1 位十六进制数	0	1	2	3	4	5	6	7
4 位二进制数	0000	0001	0010	0011	0100	0101	0110	0111
1 位十六进制数	8	9	A	B	C	D	E	F
4 位二进制数	1000	1001	1010	1011	1100	1101	1110	1111

【例 1-7】将八进制数 $(705.36)_8$ 转换为二进制数。

$$\begin{array}{ccccccc}(7 & 0 & 5 & . & 3 & 6)_8 \\ \downarrow & \downarrow & \downarrow & & \downarrow & \downarrow \\ 111 & 000 & 101 & . & 011 & 110\end{array}$$

即 $(705.36)_8=(111000101.01111)_2$。

【例 1-8】将十六进制数 $(B0C.E5)_{16}$ 转换为二进制数。

$$\begin{array}{ccccccc}(B & 0 & C & . & E & 5)_{16} \\ \downarrow & \downarrow & \downarrow & & \downarrow & \downarrow \\ 1011 & 0000 & 1100 & . & 1110 & 0101\end{array}$$

即 $(B0C.E5)_{16}=(101100001100.11100101)_2$。

2）将二进制数转换为八进制数、十六进制数

将二进制数转换为八进制数的转换规则是以小数点为中心，分别向左、向右每 3 位分成一组，首尾组不足 3 位时，用 0 补足，将每组二进制数根据表 1-1 转换成 1 位八进制数。

将二进制数转换为十六进制数的转换规则是以小数点为中心，分别向左、向右每 4 位分成一组，首尾组不足 4 位时，用 0 补足，将每组二进制数根据表 1-2 转换成 1 位十六进制数。

【例 1-9】将二进制数 $(1001101.10111)_2$ 分别转换为八进制数和十六进制数。

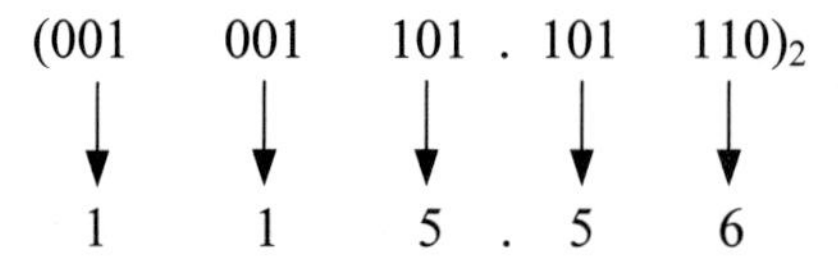

即$(1001101.10111)_2=(115.56)_8$。

$$
\begin{array}{cccc}
(0100 & 1101 \;.\; & 1011 & 1000)_2 \\
\downarrow & \downarrow & \downarrow & \downarrow \\
4 & D \;.\; & B & 8
\end{array}
$$

即$(1001101.10111)_2=(4D.B8)_{16}$。

1.2.3 字符的编码

计算机不仅能处理数值型数据，还能处理字符、图形、音频和视频等非数值型数据。由于计算机以二进制的形式存储和处理数据，因此处理这些非数值型数据时，首先应对数据进行编码，将其转换成计算机能识别的二进制代码。计算机中常用的编码方法有字符编码和汉字编码。

1. 字符编码

使用较多、较普遍的字符编码是 ASCII 码（American Standard Code for Information Interchange，美国标准信息交换代码），如表 1-3 所示。

表 1-3 ASCII 码

<table>
<tr><th rowspan="2">$B_3B_2B_1B_0$</th><th colspan="8">$B_6B_5B_4$</th></tr>
<tr><th>000</th><th>001</th><th>010</th><th>011</th><th>100</th><th>101</th><th>110</th><th>111</th></tr>
<tr><td>0000</td><td>NUL</td><td>DLE</td><td>SP</td><td>0</td><td>@</td><td>P</td><td>`</td><td>p</td></tr>
<tr><td>0001</td><td>SOH</td><td>DC1</td><td>!</td><td>1</td><td>A</td><td>Q</td><td>a</td><td>q</td></tr>
<tr><td>0010</td><td>STX</td><td>DC2</td><td>“</td><td>2</td><td>B</td><td>R</td><td>b</td><td>r</td></tr>
<tr><td>0011</td><td>ETX</td><td>DC3</td><td>#</td><td>3</td><td>C</td><td>S</td><td>c</td><td>s</td></tr>
<tr><td>0100</td><td>EOT</td><td>DC4</td><td>$</td><td>4</td><td>D</td><td>T</td><td>d</td><td>t</td></tr>
<tr><td>0101</td><td>ENQ</td><td>NAK</td><td>%</td><td>5</td><td>E</td><td>U</td><td>e</td><td>u</td></tr>
<tr><td>0110</td><td>ACK</td><td>SYN</td><td>&</td><td>6</td><td>F</td><td>V</td><td>f</td><td>v</td></tr>
<tr><td>0111</td><td>BEL</td><td>ETB</td><td>’</td><td>7</td><td>G</td><td>W</td><td>g</td><td>w</td></tr>
<tr><td>1000</td><td>BS</td><td>CAN</td><td>(</td><td>8</td><td>H</td><td>X</td><td>h</td><td>x</td></tr>
<tr><td>1001</td><td>HT</td><td>EM</td><td>)</td><td>9</td><td>I</td><td>Y</td><td>i</td><td>y</td></tr>
<tr><td>1010</td><td>LF</td><td>SUB</td><td>*</td><td>:</td><td>J</td><td>Z</td><td>j</td><td>z</td></tr>
<tr><td>1011</td><td>VT</td><td>ESC</td><td>+</td><td>;</td><td>K</td><td>[</td><td>k</td><td>{</td></tr>
<tr><td>1100</td><td>FF</td><td>FS</td><td>,</td><td><</td><td>L</td><td>\</td><td>l</td><td>|</td></tr>
<tr><td>1101</td><td>CR</td><td>GS</td><td>−</td><td>=</td><td>M</td><td>]</td><td>m</td><td>}</td></tr>
<tr><td>1110</td><td>SO</td><td>RS</td><td>.</td><td>></td><td>N</td><td>^</td><td>n</td><td>~</td></tr>
<tr><td>1111</td><td>SI</td><td>US</td><td>/</td><td>?</td><td>O</td><td>_</td><td>o</td><td>DEL</td></tr>
</table>

2. 汉字编码

由于汉字具有特殊性，因此计算机在处理汉字信息时，汉字的输入、存储、处理及输出过程中所使用的汉字代码也不相同。其中，有用于汉字输入的输入码、用于机内存储和处理的机内码，以及用于输出显示和打印的字模点阵码（或称字形码）。

1）《信息交换用汉字编码字符集 基本集》（GB 2312—1980）

《信息交换用汉字编码字符集 基本集》即通常所说的国标码集，是汉字信息处理使用的代码的依据。

《信息交换用汉字编码字符集 基本集》规定了信息交换用的 6763 个汉字和 682 个非汉字图形符号（包括几种外文字母、数字和符号）的代码。6763 个汉字又按其使用频度、组词能力及用途分成一级常用汉字（3755 个）和二级常用汉字（3008 个）。

2）汉字机内码

汉字机内码是供计算机系统内部进行存储、加工处理、传输统一使用的代码，又称汉字内部码或汉字内码。不同的系统使用的汉字机内码有可能不同。目前使用最广泛的是一种 2 字节（byte，B）的机内码，俗称变形的国标码。

3）汉字输入码

汉字输入码（又称外码）是为了利用现有的计算机键盘，将形态各异的汉字输入计算机而编制的代码。

4）汉字字形码

汉字字形码是汉字字库中存储的汉字字形的数字化信息，用于汉字的显示和打印。目前，汉字字形的产生方式大多为数字式，即以点阵方式形成汉字。因此，汉字字形码主要是指汉字字形点阵的代码。

汉字字库是汉字字形数字化后，以二进制文件形式存储在存储器中而形成的汉字字模库。

1.3 计算机系统的组成

一个完整的计算机系统包括硬件系统和软件系统两部分。硬件系统是组成计算机系统的各种物理设备的总称，是计算机工作的物质基础；软件系统是指挥计算机工作的各种程序的集合，是计算机的灵魂，是控制和操作计算机工作的核心。计算机通过执行程序而运行，计算机工作时软、硬件协同工作，二者缺一不可。计算机系统的组成如图 1-4 所示。

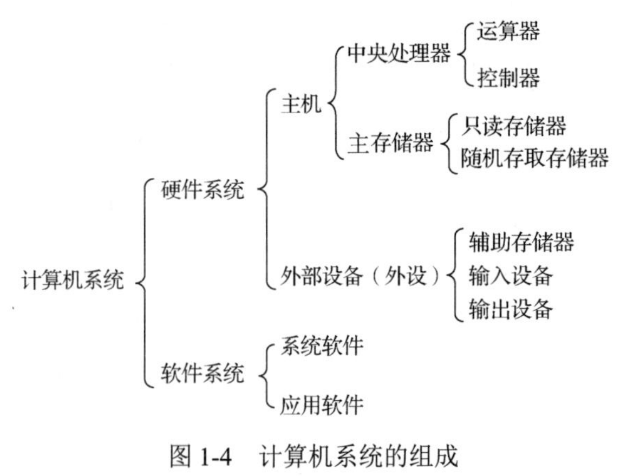

图 1-4 计算机系统的组成

1.3.1　硬件系统

1946 年，曾直接参与 ENIAC 研制工作的冯 • 诺依曼提出了以存储程序概念为指导的计算机逻辑设计思想，勾画出一个完整的计算机体系结构。现代计算机虽然结构上有多种类型，但是多数仍基于冯 • 诺依曼提出的计算机体系结构理论，称为冯 • 诺依曼型计算机。其主要特点可以归纳为：程序和数据以二进制的形式表示；采用存储程序方式；计算机由 5 个基本部分组成，分别是运算器、控制器、存储器、输入设备和输出设备，如图 1-5 所示。

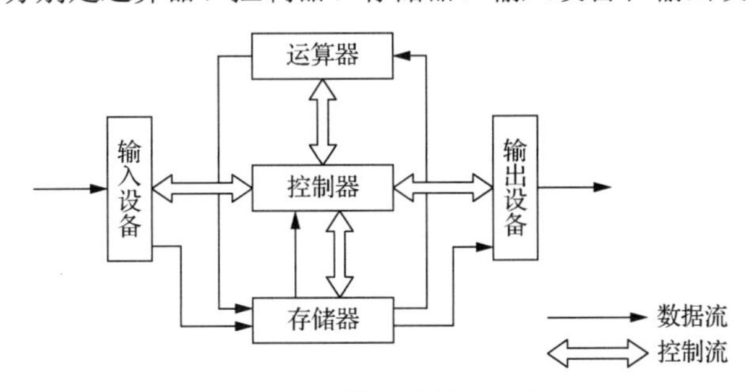

图 1-5　计算机的基本结构

1. 运算器

运算器又称算术逻辑单元（arithmetic and logic unit，ALU），是进行算术运算和逻辑运算的部件。运算器的基本操作包括加、减、乘、除四则运算，与、或、非、异或等逻辑运算，以及移位、比较和传送等操作。运算器的操作和操作种类由控制器决定。运算器处理的数据来自存储器；处理后的结果数据通常送回存储器，或暂时寄存在运算器中。

2. 控制器

控制器是计算机的指挥中心，负责决定执行程序的顺序，给出执行指令时机器各部件需要的操作控制命令。控制器由程序计数器（program counter，PC）、指令寄存器（instruction register，IR）、指令译码器（instruction decoder，ID）、时序产生器和操作控制器组成，其基本功能是按程序计数器所指出的指令地址从主存储器中取出一条指令，并对指令进行分析，根据指令的功能向有关部件发出控制命令，控制执行指令的操作，然后程序计数器加 1，重复执行上述操作，从而协调和指挥整个计算机系统的工作。

运算器和控制器合称为中央处理器（central processing unit，CPU），CPU 是计算机的核心部件。在微型计算机中，CPU 通常是一块超大规模集成电路芯片。

3. 存储器

存储器是计算机系统的记忆设备，用来存放程序和数据。计算机中的全部信息，包括输入的原始数据、计算机程序、中间运行结果和最终运行结果都保存在存储器中。存储器根据控制器指定的位置存入和取出信息。

根据功能的不同，存储器一般分为主存储器和辅助存储器两种类型。

1）主存储器

主存储器（又称内存储器，简称主存或内存）用来存放正在运行的程序和数据。主存储器被划分为很多单元，称为存储单元，每个存储单元可以存放 8 位二进制信息。为了存取存储单元中的内容，用唯一的编号来标示存储单元，该编号称为存储单元的地址。当从存储单元读取数据或写入数据时，必须提供所访问单元的内存地址。

按照存取方式不同，内存可分为只读存储器（read only memory，ROM）和随机存取存储器（random access memory，RAM）两种。只读存储器一般用来存放计算机系统管理程序，如基本输入/输出系统（basic input/output system，BIOS）。在生产制作只读存储器时，将相关的程序指令固化在存储器中。在正常工作环境下，只读存储器中的指令只能读取，而不能修改或写入信息。即使断电，只读存储器中的信息也不会丢失。随机存取存储器用来存放正在运行的程序及所需的数据，CPU 既可以从中读取数据，又可以向其写入数据。但是，断电后，随机存取存储器中的信息将全部丢失。通常随机存取存储器指计算机的内存。一般将 CPU 和内存合称为主机。

2）辅助存储器

辅助存储器（又称外存储器，简称辅存或外存）用来存放多种大信息量的程序和数据，可以长期保存。它既是输入设备，又是输出设备。

用户通过输入设备输入的程序和数据最初送入内存，控制器执行的指令和运算器处理的数据取自内存，运算的中间结果和最终结果保存在内存中，输出设备输出的信息来自内存，因此内存与计算机的各个部件通信，进行数据传送。内存中的信息如果需要长期保存，应送到外存中。通常外存不和计算机的其他部件直接交换数据，只和内存交换数据。与内存相比，外存的主要特点是存储容量大，价格低廉，断电后信息不丢失，但存取速度慢。

存储器容量是指存储器中存放数据的最大容量，其基本单位是字节，每字节由 8 个二进制位（bit）组成，即 1B=8bit。常用的存储容量单位及其之间的换算关系如下。

KB（千字节）：1KB=1024B。

MB（兆字节）：1MB=1024KB。

GB（吉字节）：1GB=1024MB。

TB（太字节）：1TB=1024GB。

PB（拍字节）：1PB=1024TB。

EB（艾字节）：1EB=1024PB。

4. 输入设备

输入设备用来接收用户输入的数据和程序，并将它们转换为计算机可以识别和接收的形式存放到内存中。常用的输入设备有键盘、鼠标、扫描仪、光笔和数字化仪等。

5. 输出设备

输出设备用于将内存中计算机处理的结果转换为人们所能接收的形式。常用的输出设备有显示器、打印机和绘图仪等。

1.3.2 软件系统

软件系统是指程序、程序运行所需要的数据，以及开发、使用和维护这些程序所需要的文档的集合。通常把计算机软件系统分为系统软件和应用软件两大类。

1. 计算机语言

计算机语言又称程序设计语言，是人与计算机交流信息的一种语言。程序设计语言通常分为机器语言、汇编语言和高级语言。

1）机器语言

机器语言是一种用二进制代码表示机器指令的语言，是计算机硬件唯一可以识别和直接执行的语言。用机器语言编写的程序由一条条机器指令组成，它们是二进制形式的指令代码，无须翻译，计算机可直接识别和运行。机器语言因计算机硬件的不同而有所不同，即针对一台计算机编写的机器语言程序一般不能在另一台计算机上运行。用机器语言编写程序的难度很大，容易出错，而且程序不易阅读和修改。

2）汇编语言

汇编语言是用反映指令功能的助记符来代替难懂、难记的机器指令的语言。汇编语言指令与机器语言指令基本上是一一对应的，是一种面向机器的程序设计语言。用汇编语言指令编写的程序称为汇编语言源程序，计算机无法直接执行汇编语言源程序，必须将其翻译成机器语言的目标程序后才能执行。汇编语言面向机器，因此使用汇编语言编程时需要直接安排存储位置，并规定寄存器和运算器的动作次序。另外，在编程时还必须了解计算机对数据的描述方式，这对绝大多数用户来说不是一件容易的事情。汇编语言依赖于机器，不同的计算机在指令长度、寻址方式、寄存器数目、指令表示等方面都不一样，使汇编程序不仅通用性较差，而且可读性也较差。

机器语言和汇编语言都是面向机器的语言，称为低级语言。

3）高级语言

高级语言是采用接近自然语言的字符和表达形式并按照一定的语法规则来编写程序的语言，是一种面向问题的程序设计语言。用高级语言编写的源程序在计算机中不能直接执行，通常翻译成机器语言的目标程序才能执行。高级语言具有较强的通用性，用标准版本的高级语言编写的程序可在不同的计算机系统上运行。

2. 系统软件

系统软件是为了使计算机能够正常、高效地工作所配备的各种管理、监控和维护系统运行的程序集合。系统软件通常由计算机厂家或专门的软件厂家提供，是计算机正常运行不可缺少的部分。另外，也有一些系统软件是帮助用户进行系统开发的。

系统软件主要包括操作系统（operating system，OS）、语言处理程序、数据库管理系统（database management system，DBMS）等。

1）操作系统

操作系统是一种管理计算机系统资源、控制程序运行的系统软件，实际上是一组程序的集合。操作系统的任务就是合理有效地组织、管理计算机的软、硬件资源，充分发挥资源效率，为用户使用计算机提供一个良好的工作环境。

2）语言处理程序

计算机只能执行机器语言程序，用汇编语言或高级语言编写的程序（称为源程序）

计算机是不能识别和执行的。因此，必须配备一种工具，它的任务是把用汇编语言或高级语言编写的源程序翻译成计算机可执行的机器语言程序，这种工具就是语言处理程序。语言处理程序包括汇编程序、解释程序和编译程序。

3）数据库管理系统

数据库是数据的集合。对数据库中的数据进行组织和管理的软件称为数据库管理系统。

3. 应用软件

应用软件是为解决各种实际问题而编写的应用程序的集合，用户可以购买，也可以自己开发。例如，目前智能手机上安装的大量 App 都属于应用软件。

1.4 微型计算机

1.4.1 微型计算机硬件的组成

微型计算机的硬件主要包括以下几种。

1. CPU

CPU 是微型计算机系统的核心部件。衡量 CPU 基本性能的指标有字长和主频。其中，主频是指 CPU 的时钟频率，通常以 MHz（或 GHz）为单位，主频越高，CPU 运算速度越快，如 3.0GHz 的 CPU 运算速度明显高于 2.0GHz 的 CPU。目前，生产 CPU 的两大厂家分别是美国 Intel 公司和美国 AMD 公司。

2. 内存

内存是计算机的主要存储器，是程序运行的场所。通常情况下，内存容量对微型计算机的性能影响较大。

3. 硬盘

硬盘是微型计算机的主要外部存储器。台式计算机一般配置 3.5in（1in≈2.54cm）的容量为 1TB 的硬盘，也有容量达 2TB 的硬盘。目前，主流硬盘的转速为 7200r/min。硬盘使用时应注意防振、防灰尘，存放环境温度为 10～40℃，相对湿度为 20%～80%。为防止硬盘由于意外（损坏、病毒感染等）而出现故障，应经常备份数据。

4. 主板

主板是计算机系统中最大的一块集成电路板，包括微处理器插槽、内存插槽、总线扩展槽、输入/输出接口电路等。每种设备都通过相应的接口与主板连接。

5. 显示器

显示器是微型计算机必不可少的输出设备，负责将计算机处理的数据、计算结果等内部信息转换为人们习惯接收的信息形式（如字符、图形、图像、声音等）。显示器由监视器和显示适配器两部分组成。通常所说的显示器指监视器，显示适配器指显卡。

6. 打印机

打印机的主流产品有针式打印机、喷墨打印机、激光打印机，它们各自发挥其优点，以满足不同用户的需求。

7. 鼠标

鼠标有光电式鼠标和机械式鼠标两种，目前大多使用光电式鼠标。光电式鼠标可分为有线光电式鼠标和无线光电式鼠标两类。鼠标有 USB 和 PS/2 两种接口，其基本操作有指向、单击、双击、拖动。关于鼠标的使用，除右键提供快捷菜单外，大多情况下使用左键进行操作。

8. 键盘

键盘是微型计算机最常用的输入设备，有 USB 和 PS/2 两种接口，其中 USB 接口支持热插拔，PS/2 接口必须在断电后才可插拔。键盘也分为有线键盘和无线键盘两类。

9. 闪存盘

闪存盘是具有 USB 接口的移动存储器。

1.4.2 微型计算机的主要性能指标

一台微型计算机功能的强弱或性能的好坏不是由某项指标决定的，而是由其系统结构、指令系统、硬件组成、软件配置等多方面因素综合决定的。但对于大多数普通用户来说，可以通过以下几个指标来大体评价计算机的性能。

1. 字长

计算机在同一时间内处理的一组二进制数称为一个计算机的字，而这组二进制数的位数就是字长。一般计算机的字长取决于其通用寄存器、内存、算术逻辑单元的位数和数据总线的宽度。在其他指标相同时，字长越长，一个字所能表示的数据精度越高，数据处理的速度也越快。早期微型计算机的字长一般是 8 位和 16 位。目前，计算机的字长大多是 128 位，256 位已逐渐普及。

2. 运算速度

运算速度是衡量计算机性能的一项重要指标。同一台计算机执行不同的运算所需时间可能不同，因而对运算速度的描述常采用不同的方法。常用 CPU 主频、每秒执行的指令数（instructions per second，IPS）等衡量运算速度。微型计算机一般采用 CPU 主频来描述运算速度。

3. 内存的容量

内存是 CPU 可以直接访问的存储器，需要执行的程序与需要处理的数据就存放在内存中。内存容量的大小反映计算机即时存储信息的能力。随着操作系统的升级，应用软件的不断丰富及其功能的不断扩展，人们对计算机内存容量的需求也不断提高。

4. 外存的容量

外存的容量通常是指硬盘容量（包括内置硬盘和移动硬盘）。外存的容量越大，可存储的信息越多，可安装的应用软件也越丰富。

5. 外设扩展能力

一台微型计算机可配置外设的数量及类型对整个系统的性能有重大影响，如显示器的分辨率、多媒体接口功能和打印机型号等，都是外设选择中考虑的问题。

6. 软件配置

软件配置情况直接影响微型计算机系统的使用和性能的发挥。通常微型计算机应配置的软件有操作系统、程序设计语言及工具软件等，还可配置数据库管理系统和各种应用软件。

微型计算机的各项指标之间不是彼此孤立的，在实际应用时，应该把它们综合起来考虑，并且遵循“性能价格比”的原则。

1.5 计算机常用技术

计算机技术发展很快，目前常用的计算机技术主要有云计算、物联网、大数据等。

1.5.1 云计算

云计算是一种基于 Internet 的超级计算模式。在远程数据中心，成千上万台计算机和服务器连接成一片计算机云，如图 1-6 所示。云计算可以让用户体验每秒 10 万亿次的运算能力，可以模拟核爆炸、预测气候变化和市场发展趋势。用户可通过计算机、手机等方式接入数据中心，按自己的需求进行运算。

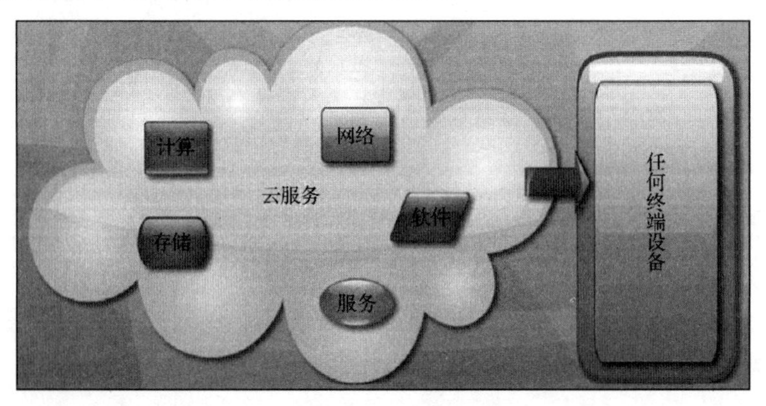

图 1-6 云计算

云计算在网络服务中随处可见，如搜索引擎、网络信箱等都是云计算的具体应用。

1.5.2　物联网

顾名思义，物联网就是物物相连的互联网。物联网有两层含义：第一，物联网的核心和基础仍然是互联网，它是互联网的延伸和扩展；第二，物联网用户端延伸和扩展到任何物品与物品之间，可进行信息交换和通信。家庭物联网示意图如图 1-7 所示。

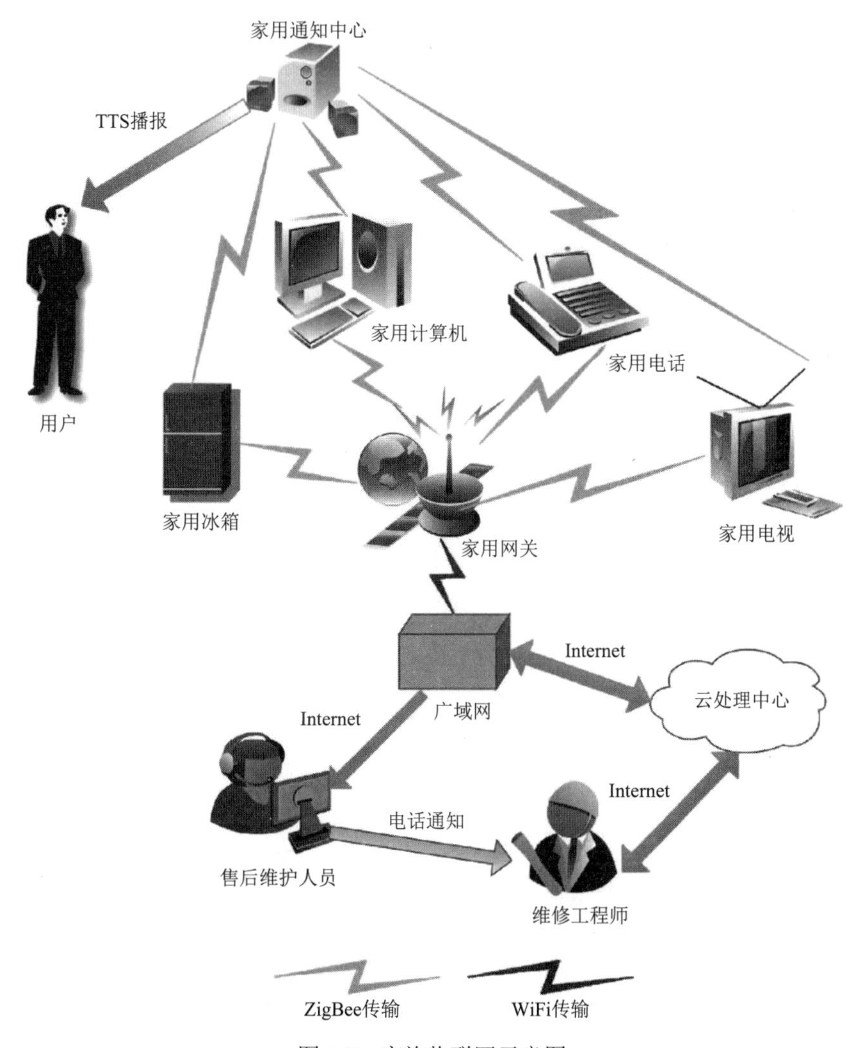

图 1-7　家族物联网示意图

物联网的概念是 1999 年由美国 MIT Auto-ID 中心提出的，指在计算机互联网的基础上，利用射频识别（radio-frequency identification，RFID）技术、无线数据通信技术等构造一个实现全球物品信息实时共享的实物互联网，当时又称为传感器网。物联网被称为继计算机和互联网之后世界信息产业的第三次浪潮，代表当前和今后相当一段时间内信息网络的发展方向。从一般的计算机网络到互联网，再到物联网，信息网络已经从人与人之间的沟通发展到人与物、物与物之间的沟通，功能和作用日益强大，对社会的影响也更加深远。现在物联网的应用已经扩展到智能交通、仓储物流、环境保护、平安家居、个人健康等领域。

1.5.3 大数据

大数据指的是所涉及的信息量规模巨大到无法通过传统软件工具在合理时间内撷取、管理和处理的数据集。大数据其实就是巨量资料，这些巨量资料来源于世界各地随时产生的数据。在大数据时代，任何微小的数据都可能产生不可思议的价值。大数据与物联网、云计算的关系如图1-8所示。

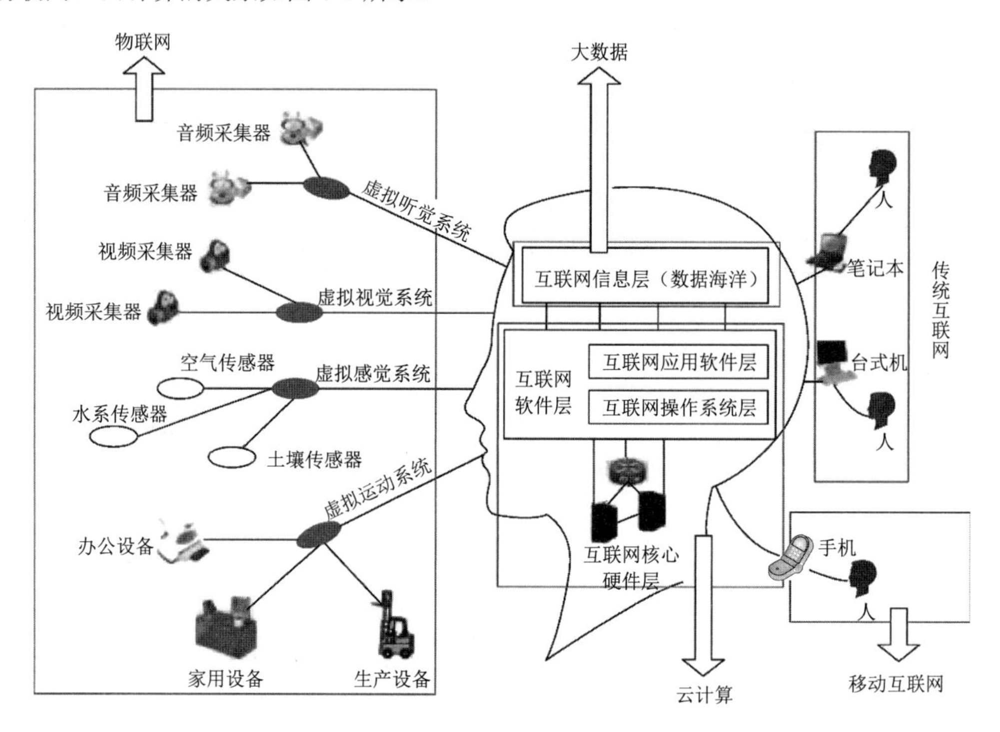

图1-8 大数据与物联网、云计算的关系

1. 大数据兴起的原因

大数据兴起的原因如下。

（1）数据量越来越大。从监测的数据来看，每年都会产生大量新数据，数据量一直在飞速增长；针对即时数据的处理变得越来越快；通过各种终端如手机、PC、服务器等产生的数据越来越多。

（2）科技的进步导致存储成本的下降，从而使设备成本出现大幅下降，这是最重要的原因。

（3）新技术和新算法出现。

（4）商业利益的驱动，这是最本质的原因。

2. 大数据的特点

大数据有 4 个特点，分别为大量（volume）、多样（variety）、高速（velocity）、价值（value），一般称其为4V。

1）大量

大数据的特征首先体现为“大”。在 MP3 时代，一个 MB 级别的 MP3 就可以满足很多用户的需求，然而随着时间的推移，存储单位从过去的 GB 发展到 TB，再到现在的 PB、EB 级别。随着信息技术的高速发展，数据开始呈爆炸性增长。社交网络（微博、推特、脸书）、移动网络、各种智能工具、服务工具等都成为数据的来源，因此，人们迫切需要智能的算法、强大的数据处理平台和新的数据处理技术来统计、分析、预测和实时处理如此大规模的数据。

2）多样

广泛的数据来源决定了大数据形式的多样性。任何形式的数据都可以产生作用。目前应用较广泛的推荐系统平台，如淘宝网、网易云音乐、今日头条等，会通过对用户的日志数据进行分析，从而进一步推荐用户喜欢的内容。日志数据是结构化明显的数据，还有一些数据结构化不明显，如图片、音频、视频等，这些数据因果关系弱，需要人工对其进行标注。

3）高速

大数据的产生非常迅速，大数据主要通过互联网传输。生活中每个人都离不开互联网，即每个人每天都在向大数据提供大量的资料。这些数据是需要及时处理的，因为花费大量资本存储作用较小的历史数据非常不划算，大部分平台只保存过去几天或一个月之内的数据，超过某个时间点的数据需要及时清理，否则代价太大。基于这种情况，大数据对处理速度有非常严格的要求，服务器中大量的资源都用于处理和计算数据，很多平台需要做到实时分析。

4）价值

价值是大数据的核心特征。在现实世界所产生的数据中，有价值的数据所占比例很小。相比于传统的小数据，大数据最大的价值在于从大量不相关的各种类型的数据中挖掘出对未来趋势与模式预测分析有价值的数据，并通过机器学习、人工智能或数据挖掘等方法深度分析数据，发现新规律和新知识，并将其运用于农业、金融、医疗等各个领域，最终达到改善社会环境、提高生产效率、推进科学研究的效果。在大数据时代，每个人都会享受到大数据带来的便利。虽然大数据会产生个人隐私问题，但总的来说，大数据在不断地改善人们的生活，让人们的生活更加方便。

1.6 计算思维

计算思维由美国卡内基・梅隆大学周以真于 2006 年在美国计算机权威期刊 *Communications of the ACM* 上首次提出。计算思维形成的新思想、新方法将会促进自然科学、工程技术和社会经济等领域产生革命性研究成果。计算思维是创新型人才应具备的基本素质。2010 年，中国科学技术大学的陈国良将计算思维引入计算机基础教学，之后计算思维在国内教育界受到广泛重视。

1. 计算思维的概念

周以真认为，计算思维是运用计算机科学的基础概念进行问题求解、系统设计，以及人类行为理解等涵盖计算机科学之广度的一系列思维活动。例如，大学计算思维教育空间如图 1-9 所示。对计算思维的理解当前存在两种理念：第一，计算思维以计算为主题，利用计算模拟人们的思维方式；第二，主流理念认为计算思维强调自身思维能力。无论何种理念与观点，计算思维均可以理解为一种非机械性思维方式，强调思维的重要性。

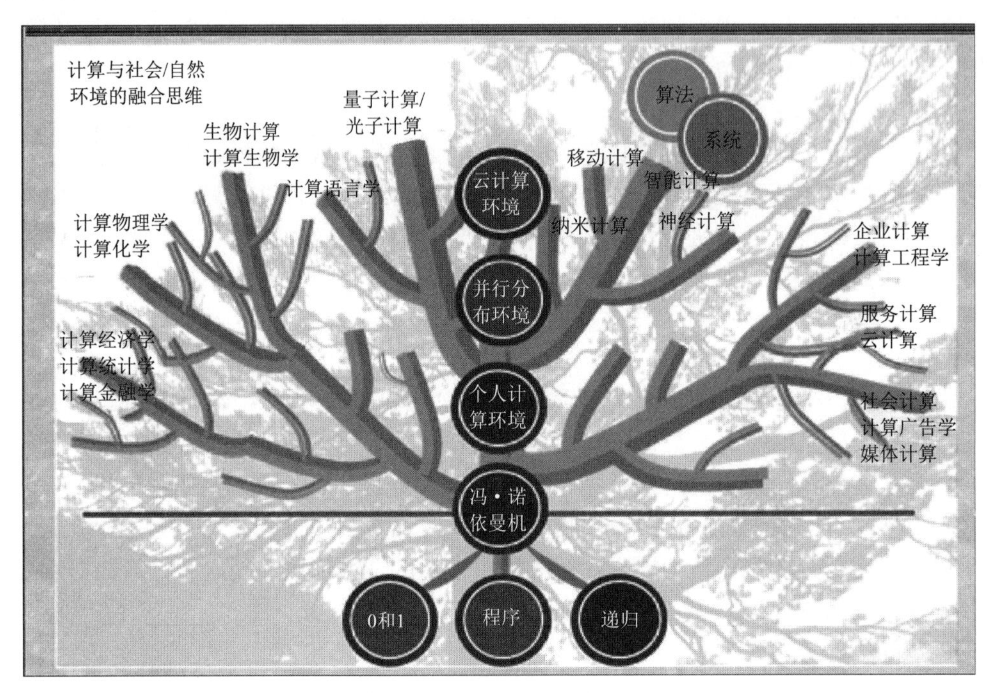

图 1-9 大学计算思维教育空间

2. 计算思维的特征

1）计算思维是概念化，不是程序化

计算思维不仅要求能够进行计算机编程，还要求能够在抽象的多个层次上进行思考。计算思维中的抽象完全超越物理的时空观，并完全用符号来表示，其中数字抽象只是一类特例。与数学和物理科学相比，计算思维中的抽象显得更为丰富，也更为复杂。数学抽象的最大特点是抛开现实事物的物理、化学和生物学等特性，仅保留其量的关系和空间的形式；而计算思维中的抽象却不仅仅如此。

2）计算思维是数学和工程思维的互补与融合

计算机科学在本质上源自数学思维，因为像所有的科学一样，其形式化以数学为基础；计算机科学在本质上也源自工程思维，因为人们建造的是能够与实际世界互动的系统，基本计算设备的限制迫使计算机科学家必须计算性地思考，不能只是数学性地思考。构建虚拟世界的自由使人们能够设计超越物理世界的各种系统。

3）计算思维是思想，不是人造物

计算思维是人们用来接近和求解问题、管理日常生活、与他人交流和互动的计算概念，而不是人造物；而且，计算思维是面向所有人、所有地方的。

计算思维是每个人的基本技能，而不仅仅属于计算机科学家。人们应当使每个孩子在培养解析能力时不仅掌握阅读、写作和算术（reading、writing、arithmetic，3R），还要学会计算思维。正如印刷出版促进了 3R 的普及，计算和计算机也类似地促进了计算思维的传播。

第2章

中文操作系统 Windows 7

操作系统是计算机系统软件的重要组成部分，其为用户提供了简单、方便、易用的用户界面。用户在使用计算机之前必须掌握计算机所安装的操作系统的使用方法。本章在介绍 Windows 7 操作系统使用方法的同时，会简要介绍有关操作系统的基本知识。

2.1　操作系统简介

操作系统是一个最基本的系统软件，负责计算机全部软、硬件资源的管理、控制和协调并发活动，实现信息的存储和保护，并为用户使用计算机系统提供方便的用户界面。操作系统使计算机系统实现了高效率和高度自动化。操作系统既是用户和计算机的接口，又是硬件和其他应用软件的接口。操作系统在计算机系统中的地位如图 2-1 所示。

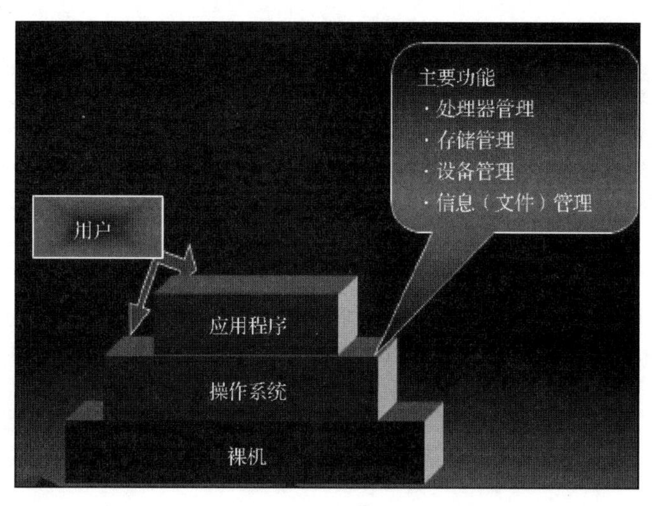

图 2-1　操作系统在计算机系统中的地位

2.2　Windows 7 的基本操作

2014 年，Microsoft 公司终止对 Windows XP 的所有技术支持。Windows 7 作为 Windows XP 的继承者，是继 Windows 95 以来 Microsoft 公司的又一成功产品。

2.2.1　Windows 7 的启动与退出

1. 启动 Windows 7

首先打开外设电源开关，然后打开主机电源开关，即可进入 Windows 7，显示用户界面。

如果没有设置系统管理员密码，则单击用户名即可直接登录系统；如果设置了管理员密码，则输入密码，按 Enter 键后登录系统。

2. 退出 Windows 7

（1）关闭所有打开的文件和应用程序。

（2）选择【开始】菜单中的【关机】命令，退出 Windows 7，并关闭计算机。

单击【关机】按钮右侧的按钮，弹出如图 2-2 所示的子菜单，各命令具体介绍如下。

（1）休眠/睡眠：进入休眠或睡眠模式后，计算机电源保持打开状态，当前系统的所有状态都会保存下来，而硬盘和显示器则会关闭。不同的是，睡眠模式将当前处于运行状态的数据程序存放在内存中，而休眠模式则将其保存在硬盘中。

（2）重新启动：计算机关闭后，重新进行下一次启动。

（3）锁定：帮助保护计算机。锁定计算机后，只有用户自己或管理员才可以登录。另外，当用户解除锁定并登录计算机后，打开的文件和正在运行的程序可以立即使用。

（4）注销：用于在多用户模式下切换用户或注销当前用户。Windows 7 是一个支持多用户的操作系统，它允许设置多个用户，方便多用户使用同一台机器。不同用户除了共享公共系统资源外，还可设置个性化的桌面、菜单和应用程序等。注销功能可以使用户在不必重新启动系统的情况下登录系统，系统只恢复该用户的一些个人环境设置。注销用户就是保存设置，关闭当前登录用户。

图 2-2　【关机】按钮及其子菜单

（5）切换用户：在不关闭当前登录用户的情况下切换到另一个用户，用户可以不关闭正在运行的程序，而当再次返回时系统会保留原来的状态。

2.2.2　鼠标及键盘的基本操作

1. 鼠标的基本操作及鼠标指针的形状

利用鼠标可方便地指定光标在屏幕上的位置及针对菜单和对话框进行操作，这使计算机的某些操作变得更容易、有效。

1）鼠标的基本操作

鼠标的基本操作包括指向、单击、双击、拖动和右击。

（1）指向：移动鼠标，将鼠标指针移到操作对象上。

（2）单击：快速按下并释放鼠标左键。单击一般用于选中一个操作对象。

（3）双击：连续两次快速按下并释放鼠标左键。双击一般用于打开窗口、启动应用程序。

（4）拖动：按下鼠标左键，移动鼠标指针到指定位置，再释放按键。拖动一般用于选中多个操作对象、复制或移动对象等。

（5）右击：快速按下并释放鼠标右键。右击一般用于打开一个与操作相关的快捷菜单。

2）鼠标指针的形状

鼠标指针的形状通常是一个小箭头，但在一些特殊场合和状态下鼠标指针的形状会发生变化。鼠标指针的形状及含义如图 2-3 所示。

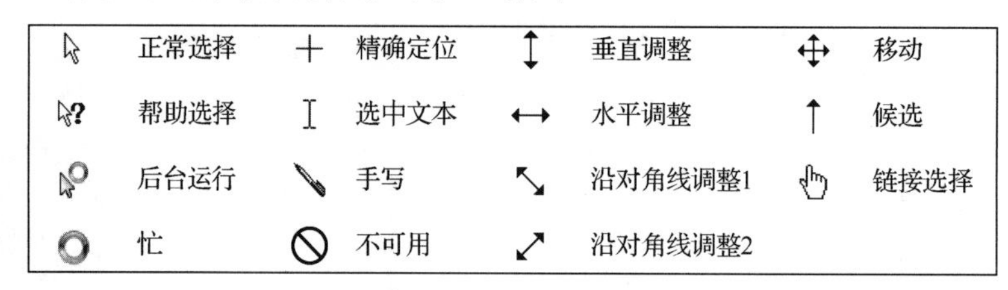

图 2-3 鼠标指针的形状及含义

2. Windows 7 键盘操作常用的组合键

键盘是计算机外设中常用的输入设备，其主要功能是将文字信息和控制信息输入计算机中。其中，文字信息的输入是键盘最重要的功能。Windows 7 键盘操作常用的组合键及其功能如表 2-1 所示。

表 2-1 Windows 7 键盘操作常用的组合键及其功能

组合键	功能
Ctrl+Alt+Delete	切换到管理界面
Ctrl+Shift+Esc	打开 Windows 7 的任务管理器
Shift+Delete	删除被选中的项目。如果是文件，则将直接删除而不放入回收站
Alt+F4	关闭当前应用程序
Alt+Print Screen	将当前活动窗口的内容以图像形式复制到剪贴板
Ctrl+C	复制被选中的内容到剪贴板
Ctrl+V	粘贴剪贴板中的内容到当前位置
Ctrl+X	剪切选中的内容到剪贴板

2.2.3 Windows 7 桌面的基本操作

启动 Windows 7 后，其工作界面如图 2-4 所示。

图 2-4　Windows 7 的工作界面

Windows 7 桌面主要由可以更换的桌面背景图片、便于快捷访问的桌面图标、监视任务运行状况的任务栏、用于执行命令的【开始】按钮及用于输入文字的语言栏等组成。

1.【开始】菜单

在 Windows 7 中，所有应用程序都在【开始】菜单中显示。单击【开始】按钮，弹出【开始】菜单，如图 2-5 所示。

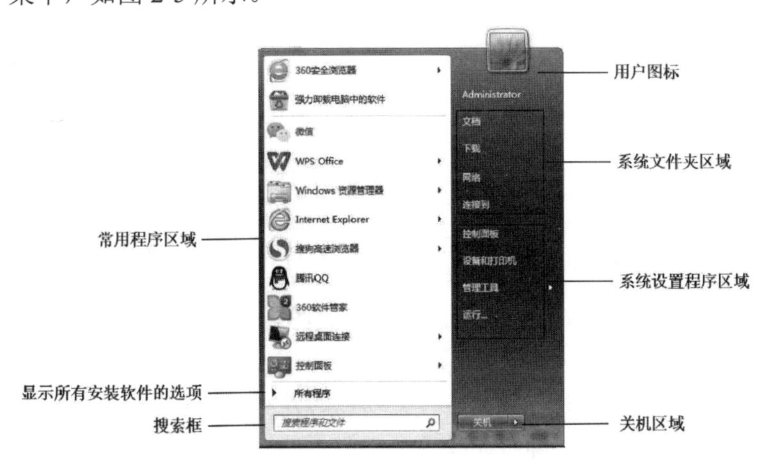

图 2-5　【开始】菜单

1）【开始】菜单的组成

【开始】菜单由以下 7 部分组成。

（1）用户图标：位于【开始】菜单的顶部，用来显示当前登录的用户名及图标。

（2）常用程序区域：显示用户最近打开次数较多的程序，系统根据用户所用程序的次数自动进行排列显示。

（3）显示所有安装软件的选项：选择此选项，则常用程序区域显示安装在计算机上的所有程序，在打开的所有程序列表中可选择所需的应用程序。

（4）系统文件夹区域：显示【文档】【下载】【网络】【连接到】4 个系统文件夹的区域。选择其中的文件夹命令，即可打开相应的窗口。

（5）系统设置程序区域：包含【控制面板】【设备和打印机】【管理工具】【运行】等命令。选择相应的命令，即可打开相应的窗口，在该窗口中可进行系统设置。

（6）搜索框：在搜索框内输入需要搜索的内容（如 windows），即可显示涉及输入内容的文件、视频等所有搜索结果的列表，如图 2-6 所示。

（7）关机区域：位于【开始】菜单的底部，主要用于关闭计算机。单击【关机】按钮，即可关闭计算机。

2）【开始】菜单的设置

（1）右击任务栏中的空白处，在弹出的快捷菜单中选择【属性】命令，弹出【任务栏和「开始」菜单属性】对话框，如图 2-7 所示。

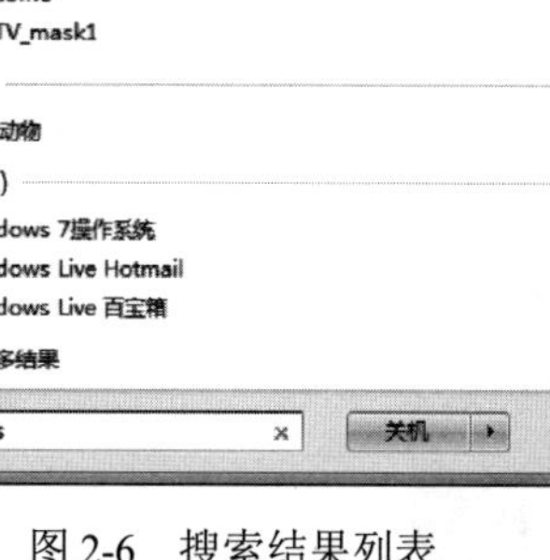

图 2-6 搜索结果列表

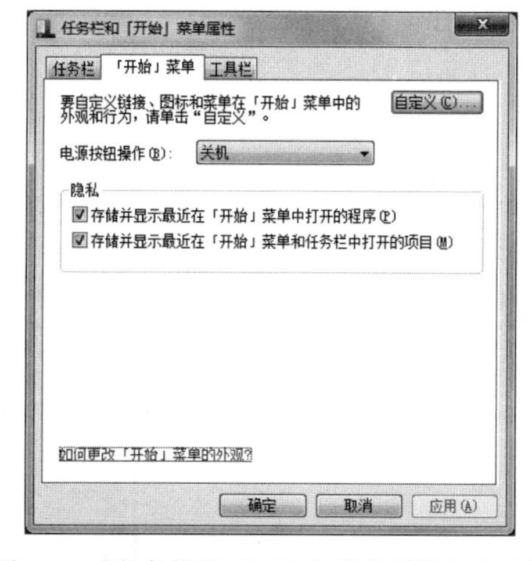

图 2-7 【任务栏和「开始」菜单属性】对话框

（2）选择【「开始」菜单】选项卡，对链接、图标、菜单在【开始】菜单中的外观和行为等进行个性化设置。

（3）单击【自定义】按钮，能够进行更细致的外观调整。

（4）单击【确定】按钮，即可完成【开始】菜单的个性化设置。

2. 图标

图标是程序、文件夹、文件和快捷方式等各种对象的小图像，双击图标即可打开相应的任务。左下角带有箭头的图标称为快捷方式图标。快捷方式是一种特殊的 Windows 文件（扩展名为.lnk），其不表示程序或文档等对象本身，而是指向对象的指针。对快捷方式图标的重命名、移动、复制或删除操作只影响快捷方式文件，而快捷方式图标所对应的应用程序、文档或文件夹不会发生改变。

对于新安装的 Windows 7，其桌面上只有一个【回收站】图标，用户在需要时可通过【开始】菜单打开其他任务。在使用 Windows 7 的过程中，用户可以根据需要在桌面上添加相应的图标。

1）添加新图标

用户可以通过鼠标拖动的方式添加一个新图标，也可以通过右击桌面空白处创建新图标。用户如果想在桌面上添加【文档】或【控制面板】等快捷方式图标，只需要从【开始】菜单中将相应图标拖动到桌面。

以添加文件图标为例，其操作步骤如下。

（1）右击桌面空白处，在弹出的快捷菜单中选择【新建】命令，在打开的子菜单中选择【快捷方式】命令，如图 2-8 所示。

（2）在弹出的【创建快捷方式】对话框中输入对象的位置，如图 2-9 所示。

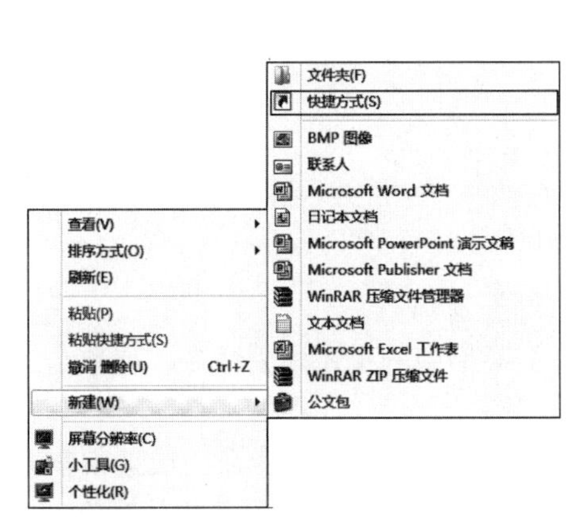

图 2-8　选择【快捷方式】命令

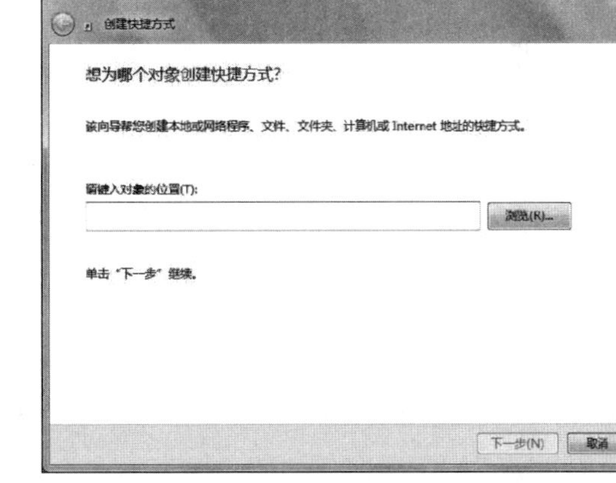

图 2-9　【创建快捷方式】对话框

如果用户不熟悉对象的位置，可以单击【浏览】按钮，在弹出的【浏览文件或文件夹】对话框中查找，如图 2-10 所示。选择需要创建快捷方式的对象，单击【确定】按钮，返回【创建快捷方式】对话框。

（3）单击【下一步】按钮，输入快捷方式名称或使用默认的名称，单击【完成】按钮。

2）删除图标

右击某图标，在弹出的快捷菜单中选择【删除】命令即可；或直接拖动需要删除的图标到回收站。

图 2-10　【浏览文件或文件夹】对话框

3）排列图标

右击桌面空白处，在弹出的快捷菜单中选择【排序方式】命令，在打开的子菜单中可以按名称、大小、项目类型或修改日期排列图标。若在快捷菜单中选择【查看】命令，在打开的子菜单中取消选中【自动排列图标】命令，则可将图标拖动到桌面上的任何位置。

4）回收站

回收站是指系统在磁盘中开辟的专门存放从磁盘上删除的文件和文件夹的区域，如图 2-11 所示。

图 2-11 【回收站】窗口

（1）打开：双击【回收站】图标，打开【回收站】窗口。

（2）还原：选中需要还原的对象，选择【文件】菜单中的【还原】命令，或单击工具栏中的【还原此项目】按钮，即可还原对象。

（3）删除：选中要删除的对象，选择【文件】菜单中的【删除】命令，或选中需要删除的对象，右击，在弹出的快捷菜单中选择【删除】命令，或选中要删除的对象，按 Delete 键彻底删除对象。

（4）清空回收站：选择【文件】菜单中的【清空回收站】命令删除全部对象，也可直接右击【回收站】图标，在弹出的快捷菜单中选择【清空回收站】命令。在【回收站】窗口中一旦删除对象或清空回收站，则删除的对象不能恢复。

桌面图标一般还包括用户的文件、计算机、网络等。

3. 任务栏

任务栏位于 Windows 7 桌面底部，如图 2-12 所示，其左侧是【开始】按钮和快速启动栏，右侧是通知区域和【显示桌面】按钮。

图 2-12 任务栏

1）任务栏的主要功能

（1）单击【开始】按钮，弹出【开始】菜单。

（2）单击某个快速启动按钮，启动相应的任务。

（3）单击某个应用程序图标，切换任务。当前任务图标以浅色显示。

（4）单击图标，显示所有打开的文件夹或窗口等，方便快速选择。

（5）单击时间图标，在弹出的对话框中单击【更改日期和时间设置】超链接，弹出【日期和时间】对话框，可查看、设置系统时间和日期，获取帮助及附加时钟。

在打开很多文档和程序窗口时，任务栏组合功能可以在任务栏上创建更多可用空间。例如，打开了 10 个窗口，其中 3 个是 Word 文档，则这 3 个文档的任务栏按钮将组合成一个按钮。单击该按钮后选择某个文档，即可查看相应内容。

减少任务栏的混乱程度，可隐藏不活动的图标。如果通知区域（时间旁边）的图标在一段时间内未被使用，则该图标会隐藏起来。如果图标被隐藏，单击向上的箭头按钮，可临时显示隐藏的图标。

2）设置任务栏

（1）右击任务栏中的空白处，在弹出的快捷菜单中进行相关设置。例如，选择【属性】命令，弹出【任务栏和「开始」菜单属性】对话框。

（2）在【任务栏】选项卡内可以对任务栏外观、通知区域的自定义和是否使用 Aero Peek 预览桌面等进行设置。

（3）单击【如何自定义该任务栏？】超链接，打开【Windows 帮助和支持】窗口，可查看如何设置任务栏。

（4）单击【确定】按钮，完成任务栏设置。

2.2.4　Windows 7 窗口

窗口是显示在计算机屏幕上的一块矩形区域，Windows 7 的绝大部分操作在窗口中进行，所以了解和熟悉窗口是熟练运用 Windows 7 的关键。打开文件或应用程序时都会打开一个窗口，熟练地对窗口进行操作能够提高工作效率。

1. 窗口的组成

这里以【计算机】窗口为例进行介绍。双击桌面上的【计算机】图标或选择【开始】菜单中的【计算机】命令，即可打开【计算机】窗口，如图 2-13 所示。【计算机】窗口由以下部分组成。

1）标题栏

位于窗口的顶部，用于显示窗口的名称。拖动标题栏可移动整个窗口。一般标题栏最左侧是控制菜单图标，最右侧分别为【最小化】按钮、【最大化/还原】按钮和【关闭】按钮。

单击控制菜单图标，可显示控制菜单。该菜单包括控制窗口的命令，如【最大化】【最小化】【关闭】等。单击【最小化】按钮，可将窗口缩小为图标，成为任务栏中的一个按钮；单击【最大化】按钮，可使窗口充满整个屏幕；单击【还原】按钮，可将窗口还原到最大化之前的大小。

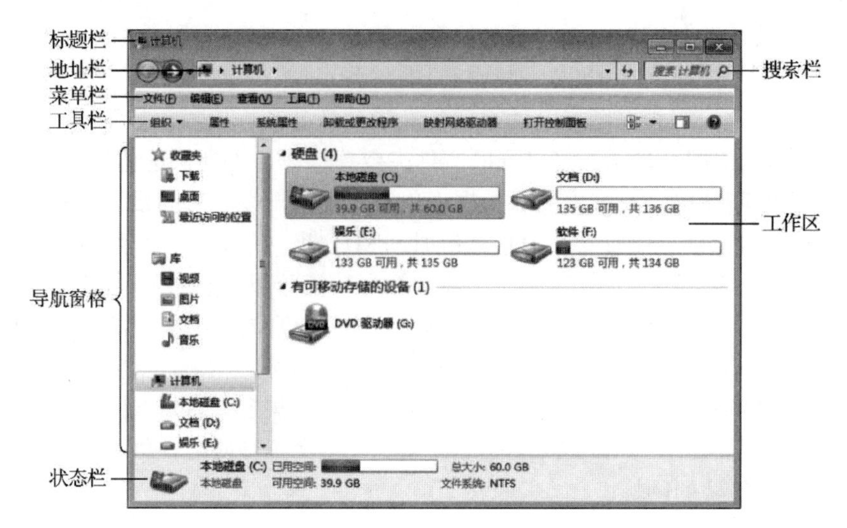

图 2-13 【计算机】窗口

2）地址栏

用户可以在地址栏输入文件的地址，也可以通过下拉菜单选择地址，方便地访问本地或网络文件夹；还可以直接在地址栏中输入网址，访问互联网。

3）搜索栏

搜索栏具备动态搜索功能，即当输入部分关键字时，便开始搜索，随着关键字的增多，搜索结果会被反复筛选，直接给出需要的内容。

4）菜单栏

菜单栏一般显示在地址栏的下方，由多个命令组成。

5）工具栏

工具栏由一组常用的工具按钮组成，单击各个工具按钮，即可完成相应的操作。在 Windows 7 中，工具栏上的按钮会根据查看的内容不同而有所变化。

6）状态栏

状态栏位于窗口底部，显示当前窗体的工作状态，如被选中对象的名称、占用磁盘空间的大小等。操作对象不同，状态栏的内容也不同。

7）工作区

工作区是指显示所打开窗口主体和内容的区域，若【计算机】窗口显示的是本地磁盘和可移动存储设备，双击磁盘图标即可打开相应的磁盘。

8）导航窗格

导航窗格位于窗口左侧，用于显示系统的资源，为用户操作提供便利。

Windows 7 窗口中某部分的显示与否可通过选择【组织】中的【布局】命令来设置。

2. 窗口的主要操作

1）移动窗口

将鼠标指针指向需要移动窗口的标题栏，将其拖动到指定位置即可实现窗口的移动。需要注意的是，最大化状态下的窗口是无法移动的。

2）最大化、最小化和还原窗口

每个窗口都有 3 种显示形式，即由单一图标表示的最小化形式、充满整个屏幕的最大化形式及允许窗口移动并可以改变其大小和形状的还原形式。通过单击窗口右上角的【最小化】按钮、【最大化】按钮或【还原】按钮，即可实现窗口不同显示形式之间的切换。

3）改变窗口大小

当窗口不处于最大化状态时，可以改变窗口的宽度和高度。

（1）改变窗口的宽度：将鼠标指针指向窗口的左边或右边，当鼠标指针变成水平双箭头后，拖动鼠标指针到所需位置。

（2）改变窗口的高度：将鼠标指针指向窗口的上边或下边，当鼠标指针变成垂直双箭头后，拖动鼠标指针到所需位置。

（3）同时改变窗口的宽度和高度：将鼠标指针指向窗口的任意一个角，当鼠标指针变成倾斜双箭头后，拖动鼠标指针到所需位置。

4）滚动窗口内容

当窗口中的内容较多，而窗口太小不能同时显示所有内容时，窗口右边会显示一个垂直的滚动条，或窗口下边会显示一个水平的滚动条。滚动条外有滚动框，两端有滚动箭头按钮。通过移动滚动条，可在不改变窗口大小和位置的情况下，在窗口中移动显示其内容。

5）图标与窗口的关系

双击桌面上的图标，可以打开一个相应的窗口。若该图标是应用程序图标，则启动该应用程序。

窗口经最小化后即缩小为图标，并成为任务栏中的一个按钮。如果窗口代表一个应用程序，则最小化操作并不终止应用程序的执行，只有关闭操作才能终止应用程序的执行。

2.2.5 Windows 7 菜单

菜单是一些命令的列表。除【开始】菜单外，Windows 7 还提供了应用程序菜单、控制菜单和快捷菜单。不同程序窗口的菜单是不同的，应用程序菜单通常显示在窗口的菜单栏上；快捷菜单是当鼠标指针指向某一对象时，右击后弹出的菜单。

Windows 7 中的控制菜单和菜单栏中的各应用程序菜单都是下拉菜单，各下拉菜单中列出了可供选择的若干命令，一个命令对应一种操作。

1. 关于下拉菜单中各命令的说明

（1）显示灰色的命令表示当前不能选用。

（2）如果命令名后有符号“…”，则表示选择该命令时会弹出对话框，需要用户提供进一步的信息。

（3）如果命令名后有一个指向右方的黑三角符号，则表示该命令有子菜单。

（4）如果命令名前面有标记“√”，则表示该命令正处于有效状态；如果再次选择该命令，将消去该命令前的“√”标记，表示该命令处于无效状态。

（5）如果命令名后有一个键符或组合键符，则该键符表示快捷键。使用快捷键可以直接执行相应的命令。

2. 对菜单的操作

1）打开某下拉菜单

（1）单击该菜单。

（2）当菜单后的圆括号中含有字母时，按 Alt+相应字母组合键。

2）在菜单中选择某命令

（1）单击该命令。

（2）打开该命令所在的菜单，利用 4 个方向键将高亮条移至该命令，按 Enter 键；打开该命令所在的菜单，若命令后的圆括号中有字母，则直接按该字母键。

3）关闭菜单

打开菜单后，如果不想选择其中的命令，则可在菜单框外的任何位置单击，或按 Esc 键，关闭该菜单。

3. 控制菜单

窗口的还原、移动、改变大小、最小化、最大化、关闭等操作可以利用控制菜单来实现。单击控制菜单图标，弹出控制菜单，如图 2-14 所示。

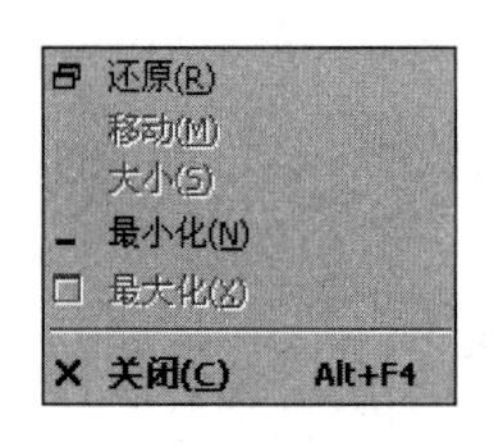

图 2-14 控制菜单

控制菜单中各命令的含义如下。

（1）还原：将窗口还原成最大化或最小化前的状态。

（2）移动：使用上、下、左、右方向键将窗口移动到另一位置。

（3）大小：使用键盘方向键改变窗口的大小。

（4）最小化：将窗口缩小成图标。

（5）最大化：将窗口放大到最大。

（6）关闭：关闭窗口。

4. 快捷菜单

快捷菜单是 Windows 7 提供给用户的一种即时菜单，为用户提供了更为简单、方便、快捷、灵活的操作方式。将鼠标指针指向操作对象，右击即可弹出相应的快捷菜单。快捷菜单中的命令是根据当前的操作状态而定的，具有动态性。随着操作对象和环境状态的不同，快捷菜单中的命令也有所不同。

2.2.6 Windows 7 对话框

对话框是大小固定的窗口，通常用来接收用户的选择。Windows 7 提供了大量的对话框，每一个对话框都是针对特定的任务而设计的。下面以 Windows 7“设备和打印机”中默认打印机的属性对话框为例介绍对话框。单击【开始】按钮，弹出【开始】菜单，选择【设备和打印机】命令，打开【设备和打印机】窗口，右击【发送至 OneNote 2010】图标，在弹出的快捷菜单中选择【打印机属性】命令，弹出【发送至 OneNote 2010 属性】对话框，选择【高级】选项卡，如图 2-15 所示。

对话框一般包含标题栏、选项卡、数值框、下拉列表框、按钮、单选按钮、复选框和微调按钮等。

（1）标题栏：位于对话框的最上方，显示该对话框的名称。

（2）选项卡：当对话框的内容比较多时，将其分类放在不同的选项卡中。选择相应的选项卡，即可切换到不同的设置界面。

（3）数值框：用来输入数值信息。

（4）下拉列表框：右端带一个向下的箭头，单击该箭头，会打开一个可供用户选择的列表。

（5）按钮：每个按钮代表一个可执行的命令。

（6）单选按钮：每个选项前面都有一个圆圈，只能选择其中的一项。当该项被选中时，该圆圈中间显示黑点。

（7）复选框：每个选项前面都有一个小方框，可以选择其中的一项、多项或不选。当某项被选中时，小方框中出现“√”标志。

（8）微调按钮：由上、下两个箭头按钮组成。单击上箭头按钮，数字增加；单击下箭头按钮，数字减少。

对话框的类型比较多，不同类型的对话框所包含的内容是不同的。

图 2-15　【发送至 OneNote 2010 属性】对话框

2.2.7　中文输入法

1. 选择中文输入法

Windows 7 在默认状态下为用户提供了微软拼音、简体中文全拼等多种中文输入法。在任务栏右侧的通知区域显示输入法图标，用户可以通过鼠标或键盘选用、切换不同的中文输入法。

1）鼠标切换法

单击任务栏右侧的输入法图标，弹出输入法菜单，如图 2-16 所示。在输入法菜单中选择相应命令即可改变输入法，同时在任务栏显示该输入法图标，并显示该输入法状态栏，如图 2-17 所示。右击任务栏上的输入法图标，在弹出的快捷菜单中选择【设置】命令，在弹出的【文字服务和输入语言】对话框中可进一步进行相关设置。

图 2-16　输入法菜单

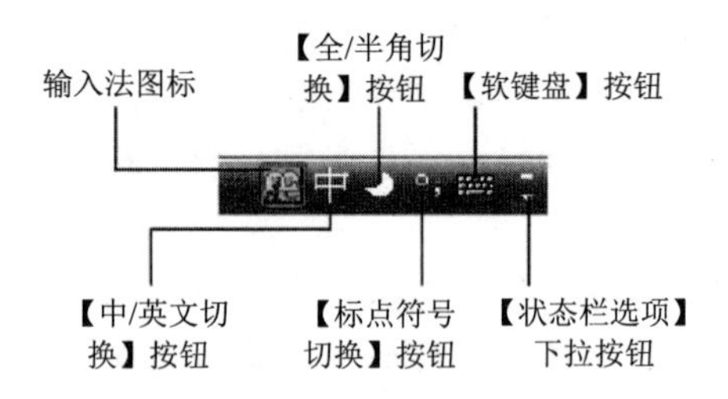

图 2-17　输入法状态栏

2）键盘切换法

（1）按 Ctrl+Shift 组合键切换输入法。每按一次 Ctrl+Shift 组合键，系统便会按照一定的顺序切换到下一种输入法，这时在屏幕和任务栏上换成相应输入法的状态栏及其图标。

（2）按 Ctrl+Space 组合键启动或关闭所选的中文输入法，完成中/英文输入法的切换。

2. 设置中文输入法状态

图 2-17 所示是微软拼音输入法状态栏，从左至右名称依次为输入法图标、【中/英文切换】按钮、【全/半角切换】按钮、【标点符号切换】按钮、【软键盘】按钮和【状态栏选项】下拉按钮。按钮的具体功能如下。

（1）输入法图标：显示当前输入法图标。单击该图标，弹出输入法菜单，可切换输入法。

（2）【中/英文切换】按钮：显示“英”时表示处于英文输入状态，显示“中”时表示处于中文输入状态。单击该按钮或按 Shift 键，可以切换这两种输入状态。

（3）【全/半角切换】按钮：显示“满月”图形时表示全角状态，显示“半月”图形时表示半角状态。在全角状态下输入的英文字母或标点符号占一个汉字的位置。单击该按钮或按 Shift+Space 键，可以切换这两种输入状态。

（4）【标点符号切换】按钮，显示“。，”表示中文标点状态，显示“.,”表示英文标点状态。各种中文输入法中规定了在中文标点符号状态下英文标点符号按键与中文标点符号的对应关系。

（5）【软键盘】按钮。单击该按钮，显示软键盘，如图 2-18 所示。微软拼音 ABC 输入法提供了 13 种软键盘，使用软键盘可以实现仅用鼠标就可以输入汉字、中文标点符号、数字序号、数学符号、单位符号、外文字母和特殊符号等。

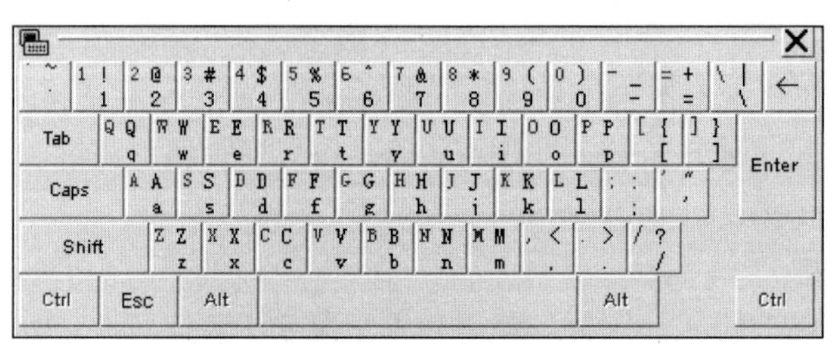

图 2-18　软键盘

（6）【状态栏选项】下拉按钮：单击该下拉按钮，弹出输入法状态栏选项下拉菜单，可调整状态栏显示内容。

右击输入法状态栏中的任意按钮，即可弹出输入法状态栏菜单，更改状态栏显示效果和相关设置。

2.2.8　剪贴板

在 Windows 7 中，剪贴板主要用于在不同文件与文件夹之间交换信息。剪贴板实际上是 Windows 7 在计算机内存中开辟的一个临时存储区。

1. 剪贴板的基本操作

对剪贴板的操作主要有以下 3 种。

（1）剪切：将选中的信息移动到剪贴板中。

（2）复制：将选中的信息复制到剪贴板中。

必须注意，剪切与复制操作虽然都可以将选中的信息放到剪贴板中，但它们还是有区别的。其中，剪切操作是将选中的信息放到剪贴板中，原来位置上的这些信息将被删除；而复制操作不删除原来位置上被选中的信息，同时将这些信息存放到剪贴板中。

（3）粘贴：将剪贴板中的信息插入指定的位置。

利用【编辑】菜单和快捷菜单进行文件与文件夹的复制或移动操作，实际上是通过剪贴板进行的。复制文件与文件夹时进行剪贴板的复制与粘贴操作，移动文件与文件夹时进行剪贴板的剪切与粘贴操作。

需要特别指出的是，如果没有清除剪贴板中的信息，或没有新信息被剪切或被复制到剪贴板中，则在没有退出 Windows 7 之前，剪贴板中的信息将一直保留，随时可以将其粘贴到指定的位置；在退出 Windows 7 之后，剪贴板中的信息将不再保留。

2. 复制屏幕

在实际应用中，用户可能需要将 Windows 7 操作过程中的整个屏幕或当前活动窗口中的信息复制到某个文件中，这也可以利用剪贴板来实现。

（1）在进行 Windows 7 操作过程中，任何时候按 Print Screen 键，都可以将当前整个屏幕信息复制到剪贴板中。

（2）在进行 Windows 7 操作过程中，任何时候按 Alt+Print Screen 组合键，都可以将当前活动窗口中的信息复制到剪贴板中。

一旦屏幕或某个窗口信息被复制到剪贴板中，就可以将剪贴板中的这些信息粘贴到其他有关文件中。

2.2.9　资源管理器的基本操作

1. 打开资源管理器窗口

在 Windows 7 中，资源管理器以分层方式显示计算机内所有文件的详细图表。使用资源管理器可以方便地查看和管理计算机中的各种文件。打开资源管理器窗口的方法有以下3种。

（1）右击【开始】按钮，在弹出的快捷菜单中选择【打开 Windows 资源管理器】命令，打开资源管理器窗口，如图2-19所示。

（2）选择【开始】菜单中的【所有程序】命令，在打开的子菜单中选择【附件】中的【Windows 资源管理器】命令。

（3）按 Windows+E 组合键。

图2-19 资源管理器窗口

2. 设置文件显示形式和排列形式

为了便于对文件或文件夹进行操作，可以对资源管理器窗口工作区中文件与文件夹的显示形式进行调整。选择资源管理器窗口菜单栏中的【查看】命令，弹出【查看】菜单，如图2-20所示。

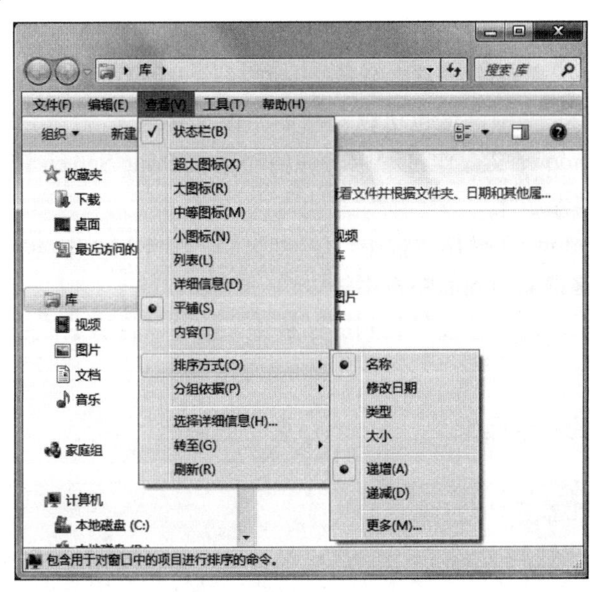

图2-20 【查看】菜单

在【查看】菜单中有若干调整文件与文件夹显示形式的命令。

（1）小图标：以多行显示文件与文件夹的名称和相应图标。既可显示出更多的文件与文件夹，又可方便地对文件与文件夹进行选择、复制和删除操作。超大图标、大图标、中等图标与小图标原理类似，此处不再赘述。

（2）列表：显示文件与文件夹的名称、图标，可显示出更多的文件与文件夹内容。

（3）详细信息：显示小图标和文件与文件夹的名称、大小、类型、修改时间等详细信息，可利用这些信息对文件夹内容进行排序。

（4）平铺：多行显示直观的中等图标及文件与文件夹的名称。

（5）内容：竖排显示为直观的缩略图及文件与文件夹名称和文件大小，便于快速浏览图形、图像文件。

在【查看】菜单中还有一个用于调整资源管理器窗口工作区中文件与文件夹排列顺序的【排序方式】命令。选择【排序方式】命令，弹出其子菜单（图 2-20）。为了调整文件与文件夹的排列顺序，除了利用【查看】菜单外，还可以利用快捷菜单。右击资源管理器窗口的空白处，在弹出的快捷菜单中选择【排序方式】命令，利用其子菜单可对文件与文件夹的排列顺序进行调整。

2.2.10　帮助和支持中心

对于初次使用 Windows 7 的用户来说，系统内置的帮助功能十分有用。用户不仅可以从【Windows 帮助和支持】窗口中了解 Windows 7 的各种功能，而且可以在其中搜索到自己感兴趣的主题，还可以寻找解决问题的各种方案，提高操作效率。

在【Windows 帮助和支持】窗口中查看各种帮助主题的操作步骤如下。

（1）选择【开始】菜单中的【帮助和支持】命令，打开图 2-21 所示的【Windows 帮助和支持】窗口。

图 2-21　【Windows 帮助和支持】窗口

（2）将鼠标指针指向某个帮助主题，该主题文字会自动添加下划线，鼠标指针也会变为手形图形，说明主题文字为一个超链接。

（3）在搜索栏中输入帮助主题内容（如“Windows 基础知道”），按 Enter 键，即可跳转到该主题搜索结果列表，如图 2-22 所示。

（4）单击搜索结果列表中的超链接，即可在【Windows 帮助和支持】窗口中显示有关的具体帮助内容。

（5）单击【Windows 帮助和支持】窗口右侧帮助文档中的超链接，可显示更加详细的相关内容。

图 2-22 “Windows 基础知道”帮助主题搜索结果列表

在查阅帮助主题的过程中，用户可以通过单击【主页】按钮随时返回【Windows 帮助和支持】窗口主页；单击【后退】按钮，可返回最近一次打开过的帮助文档；单击【后退】按钮之后，再单击【前进】按钮，可打开最近一次后退前显示的帮助文档。

Windows 7 提供了一种综合的联机帮助系统，借助该帮助系统，用户可以方便、快捷地找到问题的答案，从而更好地操作计算机。

2.3 文件及文件夹

文件及文件夹是 Windows 7 中最常用的操作对象，绝大多数任务都涉及文件及文件夹的操作，如创建文件夹，选中、删除文件及文件夹等。

2.3.1 文件及文件夹的基础知识

1. 文件

文件是用文件名标志的一组相关信息的集合，可以是文档、图形、图像、声音、视频、程序等。每个文件必须有一个唯一的标志，该标志就是文件名。

1）文件的命名

文件名一般由主文件名和扩展名组成，其格式为<主文件名>.[扩展名]。

文件的命名原则如下。

（1）见名知意。

（2）不区分大小写。

（3）文件名中不能使用“/”“\”“:”“*”“?”““”“<”“>”“|”。

（4）“?”代表任意一个字符，“*”代表任意一个字符串。

（5）最后一个“.”后的字符串是扩展名。

2）文件的类型

文件的扩展名表示文件的类型，常用文件扩展名及其对应的文件类型如表 2-2 所示。

表 2-2　常用文件扩展名及其对应的文件类型

文件类型	扩展名	说明
可执行程序	.exe、.com	可执行程序文件
源程序文件	.c、.cpp、.bas	程序设计语言的源程序文件
Office 文档	.docx、.xlsx、.pptx	Word、Excel、PowerPoint 创建的文档
流式媒体文件	.wmv、.rm、.qt	能通过 Internet 播放的流式媒体文件
压缩文件	.zip、.rar	压缩文件
网页文件	.htm、.asp	前者是静态的，后者是动态的

2. 文件夹

文件夹可以理解为用来存放文件的容器，便于用户使用和管理文件。将磁盘上所有文件夹组织成树形结构，然后将文件分门别类地存放在不同的文件夹中，这种结构像一棵倒置的“树”，“树根”称为根目录，“树”中每一个分支称为文件夹（子目录），“树叶”称为文件。

3. 路径

在文件夹的树形结构中，从根文件夹开始到任何一个文件都有唯一一条通路，该通路全部的节点组成路径，即路径是用“\”隔开的一组文件夹及文件的名称。

2.3.2　文件及文件夹的基本操作

1. 搜索文件或文件夹

搜索文件或文件夹的操作步骤如下。

（1）打开资源管理器窗口，在导航窗格中选择需要搜索内容的范围，如图 2-23 所示。

（2）在搜索栏内输入搜索内容。例如，在搜索栏内输入“计算机”，搜索结果如图 2-24 所示。

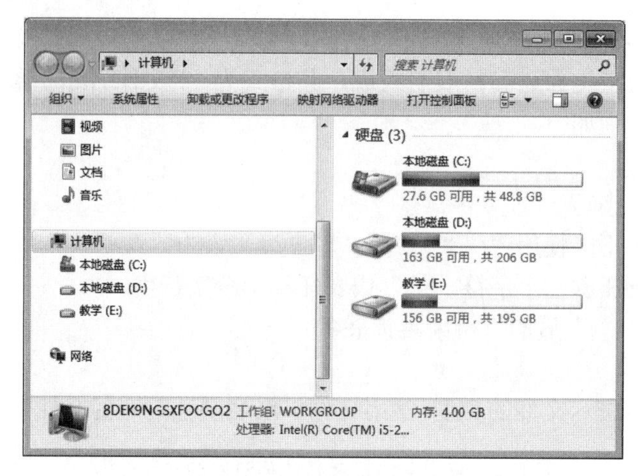

图 2-23 需要搜索内容的范围

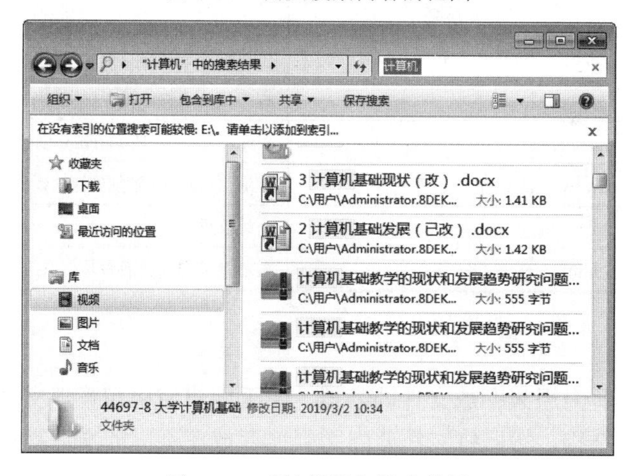

图 2-24 “计算机”搜索结果

2. 查看文件

在【计算机】窗口的工作区中显示了该目录下的所有文件及文件夹，对于这些文件及文件夹，Windows 7 提供了内容、平铺、小图标、列表、详细信息等查看方式。单击工具栏上按钮右侧的下拉按钮，在弹出的下拉菜单中即可选择所需的显示方式。

3. 新建文件夹或文件

在磁盘或文件夹下新建文件夹或文件的具体方法如下。

（1）打开该磁盘或文件夹，右击空白处，在弹出的快捷菜单中选择【新建】中的【文件夹】命令，即可新建一个文件夹。

（2）打开该磁盘或文件夹，右击空白处，在弹出的快捷菜单中选择【新建】命令，在打开的子菜单中选择相应文件类型，即可新建一个相应的文件。

4. 选中文件或文件夹

在对文件或文件夹进行操作之前，一般应先选中它们。

如果需要选中的文件或文件夹不在资源管理器窗口工作区（当前文件夹）中，则需要先在导航窗格中选中当前文件夹，然后在右侧工作区中选中所需要的文件或文件夹。

1）选中单个文件或文件夹

在资源管理器窗口工作区中单击需要选中的文件或文件夹即可。

2）选中一组连续排列的文件或文件夹

首先在资源管理器窗口工作区中单击需要选中的文件或文件夹组中的第一个文件或文件夹，然后移动鼠标指针到该文件或文件夹组中的最后一个文件或文件夹，按住 Shift 键并单击。

3）选中一组非连续排列的文件或文件夹

按住 Ctrl 键，单击每一个需要选中的文件或文件夹即可。

4）选中几组连续排列的文件或文件夹

利用 2）中的方法先选中第一组，然后按住 Ctrl 键，单击第二组中第一个文件或文件夹，再按 Ctrl+Shift 组合键，同时单击第二组中最后一个文件或文件夹。依此类推，直到选中最后一组为止。

5）选中所有文件和文件夹

选中当前工作区中的所有文件和文件夹，只需要在资源管理器窗口中选择【编辑】菜单中的【全选】命令即可。

6）反向选中文件或文件夹

当需要选中的文件或文件夹远比不需要选中的多时，可采用反向选中方法，即先选中不需要的文件或文件夹，然后选择【编辑】菜单中的【反向选择】命令。

7）取消选中文件或文件夹

单击窗口空白处，即可取消选中文件或文件夹。

5. 创建快捷方式

在磁盘或文件夹中创建快捷方式的操作步骤如下。

（1）打开磁盘或文件夹，将鼠标指针指向目标对象。

（2）右击，在弹出的快捷菜单中选择【创建快捷方式】命令，即可在当前位置创建目标对象的快捷方式。

若还需要在桌面创建目标对象的快捷方式，可右击该快捷方式图标，在弹出的快捷菜单中选择【发送到】中的【桌面快捷方式】命令。

6. 设置文件或文件夹

这里以隐藏文件或文件夹为例，介绍设置文件或文件夹的方法。其操作步骤如下。

（1）选中需要隐藏的文件或文件夹，右击，在弹出的快捷菜单中选择【属性】命令，弹出属性对话框（图 2-25），选中【隐藏】复选框，单击【确定】按钮，设置其隐藏属性。

（2）选择【组织】中的【文件夹和搜索选项】命令或选择【工具】中的【文件夹选项】命令，弹出【文件夹选项】对话框，如图 2-26 所示。【文件夹选项】对话框包含【常规】【查看】【搜索】3 个选项卡。选择【查看】选项卡，在【高级设置】列表框中，用户可根据需要选中相应的复选框和单选按钮。这里选中【不显示隐藏的文件、文件夹或驱动器】单选按钮，即可隐藏文件或文件夹。

（3）单击【应用】按钮，将设置应用于选中的文件或文件夹。

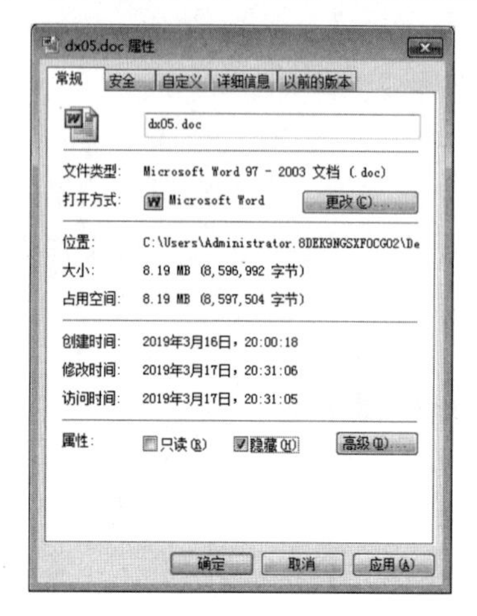

图 2-25　属性对话框

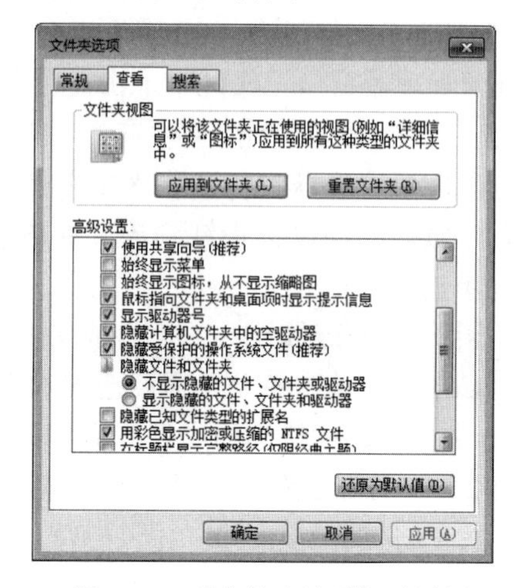

图 2-26　【文件夹选项】对话框

7. 复制或移动文件与文件夹

复制文件与文件夹是指将某个位置的文件与文件夹复制到一个新的位置，复制后，原来位置的内容不变；移动文件与文件夹是指将某个位置的文件与文件夹移到一个新的位置，移动后，原来位置的文件与文件夹不再存在。

在资源管理器窗口中进行文件与文件夹的复制或移动是方便而直观的，既可以利用鼠标进行复制或移动操作，又可以利用【编辑】菜单进行复制或移动操作。

1）利用鼠标进行复制或移动操作

（1）利用鼠标复制文件与文件夹的操作步骤如下。

① 打开资源管理器窗口。

② 在导航窗格中选中需要复制的文件与文件夹所在的文件夹（称为源文件夹）。此时，需要复制的文件与文件夹将显示在工作区中。

③ 在工作区中选中需要复制的文件与文件夹。

④ 在导航窗格中使目的文件夹可见，按住 Ctrl 键，将鼠标指针指向工作区中被选中的任意一个文件或文件夹，再按住鼠标左键，拖动鼠标指针至导航窗格中目的文件夹的右侧，释放鼠标，此时就可以在窗口中看到文件与文件夹复制的过程。

（2）利用鼠标移动文件与文件夹的操作步骤如下。

① 打开资源管理器窗口。

② 在导航窗格中选中源文件夹。

③ 在工作区选中需要移动的文件与文件夹。

④ 在导航窗格中使目的文件夹可见，按住 Shift 键，将鼠标指针指向工作区中被选中的任意一个文件或文件夹，再按住鼠标左键，拖动鼠标指针至导航窗格中目的文件夹的右侧，释放鼠标，此时就可以在窗口中看到文件与文件夹移动的过程。

2）利用【编辑】菜单进行复制或移动操作

（1）利用【编辑】菜单复制文件与文件夹的操作步骤如下。

① 打开资源管理器窗口。

② 在导航窗格中选中源文件夹。

③ 在工作区选中需要复制的文件与文件夹。

④ 选择【编辑】菜单中的【复制】命令。

⑤ 在导航窗格中选中目的文件夹。此时，在工作区中将显示该文件夹的内容。

⑥ 选择【编辑】菜单中的【粘贴】命令。复制完成后，在工作区中即可看到被复制过来的文件与文件夹。

（2）利用【编辑】菜单移动文件与文件夹的操作步骤如下。

① 打开资源管理器窗口。

② 在导航窗格中选中源文件夹。

③ 在工作区选中需要移动的文件与文件夹。

④ 选择【编辑】菜单中的【剪切】命令。

⑤ 在导航窗格中选中目的文件夹。

⑥ 选择【编辑】菜单中的【粘贴】命令。移动完成后，在工作区中即可看到被移动过来的文件与文件夹。

利用【编辑】菜单复制或移动文件与文件夹也可以在【计算机】窗口中进行。

8. 删除文件与文件夹

1）利用回收站删除文件与文件夹

在磁盘上删除文件与文件夹实际上是将需要删除的文件与文件夹移至回收站中。因此，其操作过程与前面介绍的移动文件与文件夹完全一样，既可以用鼠标拖动，又可以选择【编辑】菜单中的【剪切】命令，只不过其目的文件夹为回收站。

2）利用菜单删除文件与文件夹

利用菜单删除文件与文件夹的操作步骤如下。

（1）在【计算机】或资源管理器窗口中选中需要删除的文件与文件夹。

（2）选择【文件】菜单中的【删除】命令，即可删除所有选中的文件与文件夹。

需要特别指出的是，在磁盘上无论采用哪种途径删除文件与文件夹，实际上文件与文件夹只是被移动到回收站。如果需要恢复已经删除的文件，可以到回收站查找。只有执行清空回收站操作后，才能将文件与文件夹真正从磁盘中删除。如果不想把删除的文件或文件夹放入回收站，可按住 Shift 键后执行【删除】命令。

9. 重命名文件与文件夹

在 Windows 7 中更改文件或文件夹的名称非常方便，其操作步骤如下。

（1）在【计算机】或资源管理器窗口中选中需要重命名的文件或文件夹。

（2）选择【文件】菜单中的【重命名】命令，或右击文件（文件夹），在弹出的快捷菜单中选择【重命名】命令，需要重命名的文件（文件夹）名称变为可编辑状态，此时输入新的名称，按 Enter 键即可。

10. 在桌面创建新文件夹

在桌面创建新文件夹的操作步骤如下。

（1）右击桌面空白处，在弹出的快捷菜单中选择【新建】中的【文件夹】命令，此时在桌面出现一个新的文件夹图标，其名称为“新建文件夹”，并处于可编辑状态。

（2）重新输入文件夹名，按 Enter 键或在空白处单击，即可完成创建。

2.4 控 制 面 板

在 Windows 7 中，系统环境或设备在安装时一般已经有一个默认设置。在使用过程中，也可以根据某些特殊要求进行个性化设置。这些设置是在控制面板中进行的。

控制面板是 Windows 7 中系统管理与设置的界面。选择【开始】菜单中的【控制面板】命令，打开【控制面板】窗口，如图 2-27 所示。

图 2-27 【控制面板】窗口

选择【查看方式】下拉列表框中的【小图标】选项，打开【所有控制面板项】窗口，如图 2-28 所示。

图 2-28 【所有控制面板项】窗口

在控制面板的显示区单击图标或超链接，可弹出相应的对话框或打开相应的窗口。下面介绍控制面板中相应项的设置方法。

2.4.1　显示设置

在【控制面板】窗口中单击【外观和个性化】超链接，打开【外观和个性化】窗口，如图 2-29 所示。该窗口包含【个性化】【显示】【桌面小工具】等超链接。

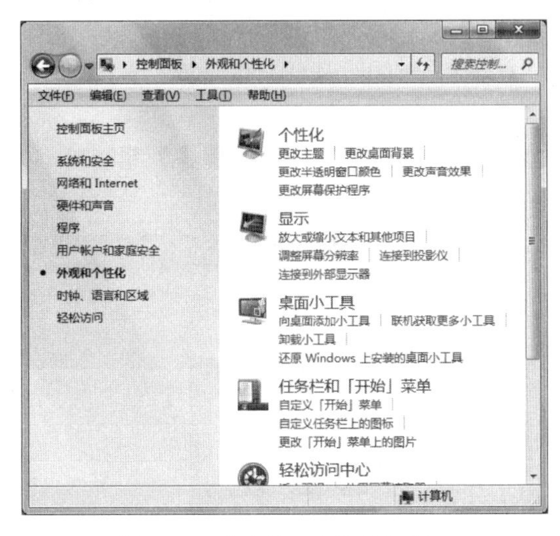

图 2-29　【外观和个性化】窗口

1. 设置桌面背景

（1）在【外观和个性化】窗口中单击【更改桌面背景】超链接，或右击桌面空白处，在弹出的快捷菜单中选择【个性化】命令，打开【个性化】窗口，单击【桌面背景】超链接。

（2）打开【桌面背景】窗口，如图 2-30 所示。在【图片位置】下拉列表框中选择【图片库】选项，选中喜欢的图片；或单击【浏览】按钮，从文件夹中选取需要的图片。

图 2-30　【桌面背景】窗口

（3）【图片位置】下拉列表框中提供了填充、适应、拉伸、平铺和居中 5 种显示方式，供用户选择。建议选择【适应】选项，可以让选择的图片自动扩充，以适应整个屏幕。

（4）在【更改图片时间间隔】下拉列表框中选择合适时长，设置图片切换时间。

（5）选中【无序播放】等复选框进行相应操作，单击【保存修改】按钮，保存设置。

2. 设置屏幕保护程序

屏幕保护程序是在用户较长时间没有任何键盘或鼠标操作的情况下，用于保护显示屏幕的实用程序。

（1）打开【个性化】窗口，单击【屏幕保护程序】超链接，弹出【屏幕保护程序设置】对话框，如图 2-31 所示。

图 2-31 【屏幕保护程序设置】对话框

（2）在【屏幕保护程序】下拉列表框中选择合适选项。

（3）单击【设置】按钮，调整屏幕保护程序显示的效果。在【等待】数值框中输入相应时间或单击微调按钮进行调整，单击【确定】或【应用】按钮。

（4）等待一定时间后，屏幕保护程序将自动启动；也可直接单击【预览】按钮，查看设置效果。

3. 调整屏幕分辨率

（1）在【外观和个性化】窗口中单击【调整屏幕分辨率】超链接，或右击桌面空白处，在弹出的快捷菜单中选择【屏幕分辨率】命令，打开【屏幕分辨率】窗口，如图 2-32 所示。

（2）在【分辨率】下拉列表框中拖动滑块，调整屏幕分辨率。

（3）单击【高级设置】超链接，在弹出的对话框中选择【监视器】选项卡，调整屏幕刷新频率和颜色，如图 2-33 所示。

（4）单击【确定】或【应用】按钮。

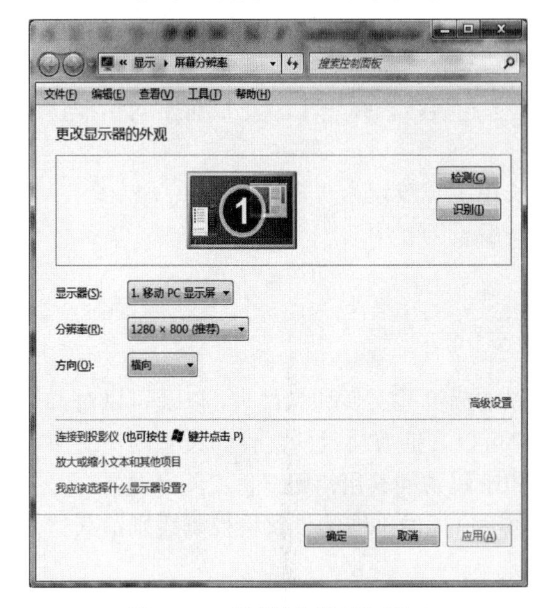

图 2-32　【屏幕分辨率】窗口

图 2-33　【监视器】选项卡

4. 调整屏幕字体大小

默认情况下，屏幕上显示的文本字号是 9 号，用户可以根据需求自行定义字体大小。其参考步骤如下。

（1）右击桌面空白处，在弹出的快捷菜单中选择【个性化】命令，打开【个性化】窗口，在其左侧窗格中单击【显示】超链接，打开【显示】窗口，如图 2-34 所示。

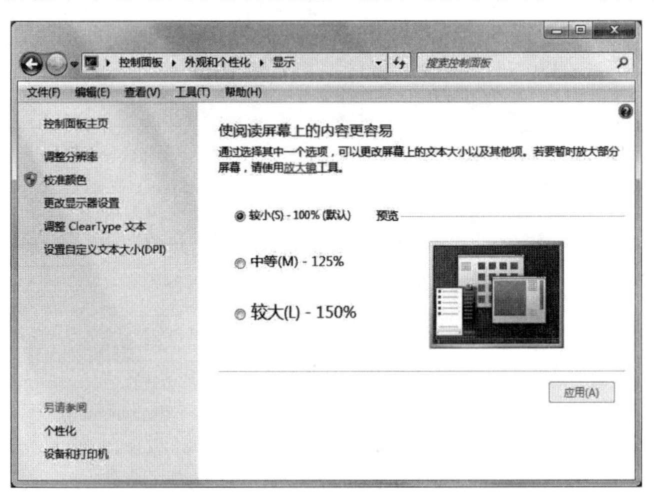

图 2-34　【显示】窗口

（2）选中【较小（S）-100%（默认）】【中等（M）-125%】【较大（L）-150%】单选按钮中的一个，单击【应用】按钮。

用户还可以通过【显示】窗口左侧的【调整 ClearType 文本】超链接改善现有液晶显示器上文本的可读性，使计算机屏幕上的文字和纸上打印的一样清晰。

2.4.2 键盘设置

在【所有控制面板项】窗口中单击【键盘】超链接，弹出【键盘 属性】对话框，选择【速度】选项卡，设置以下参数。

（1）重复延迟：重复字符时延缓时间的长短，一般设为“短”。

（2）重复速度：重复字符的重复速度，一般设为“中”。

（3）光标闪烁速度：光标闪烁的快慢。

2.4.3 用户账户设置

用户账户用于通知 Windows 7 该用户可以访问哪些文件和文件夹，以及可以对计算机的哪些设置进行更改。通过用户账户，用户可以在拥有自己的文件和设置的情况下与多人共享计算机。每个人都可以使用用户名和密码访问其用户账户。

Windows 7 中有 3 种类型的账户，分别为用户提供不同的计算机控制级别，具体介绍如下。

（1）标准账户：可以使用大多数软件，更改账户不影响其他账户或计算机安全的系统设置，适用于计算机日常使用。

（2）管理员账户：可以对计算机进行最高级别的控制，只在必要时使用。

（3）来宾账户：不能对计算机进行修改，只能进行一些基本操作，主要针对需要临时使用计算机的用户。

1. 创建账户

（1）打开【所有控制面板项】窗口，单击【用户账户】超链接，在【用户账户】窗口中单击【管理其他账户】超链接，打开【管理账户】窗口，如图 2-35 所示。

图 2-35 【管理账户】窗口

（2）单击【创建一个新账户】超链接，打开【创建新账户】窗口，如图 2-36 所示。输入账户名，选择账户类型，单击【创建账户】按钮，创建的新账户如图 2-37 所示。

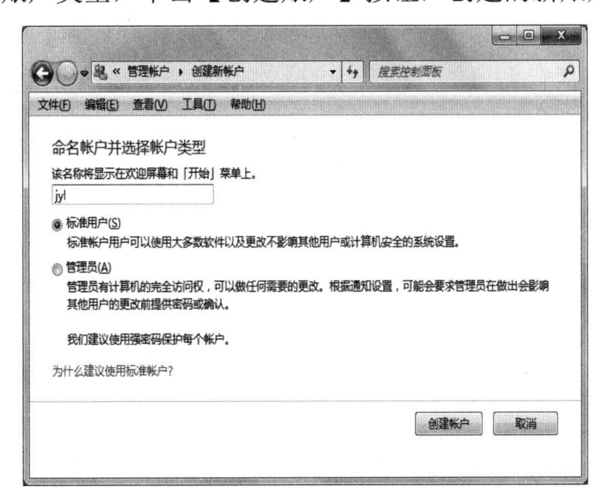

图 2-36　【创建新账户】窗口

图 2-37　创建的新账户

（3）单击新创建的账户，打开【更改账户】窗口，如图 2-38 所示，单击此窗口左侧的链接，可以更改账户名称、创建密码、更改图片等。

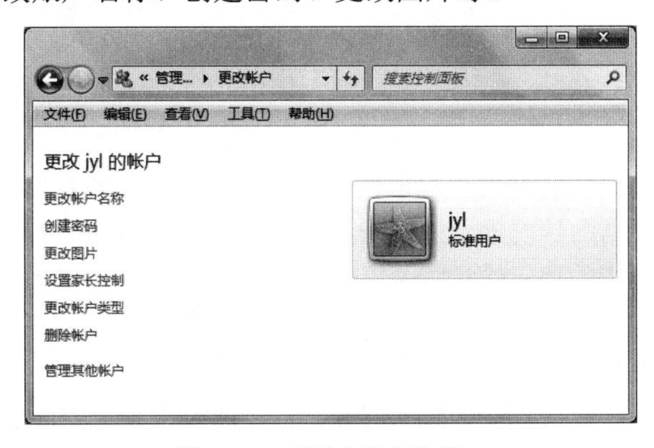

图 2-38　【更改账户】窗口

2. 删除账户

（1）打开【管理账户】窗口，单击需要删除的用户账户。

（2）打开【更改账户】窗口，单击【删除账户】超链接，打开【删除账户】窗口。Windows 7 为每个账户设置了不同的文件，如果用户想保留这些文件，则单击【保留文件】按钮，否则单击【删除文件】按钮。

（3）打开【确认删除】窗口，单击【删除账户】按钮即可。

2.4.4 打印机的安装与设置

安装与设置打印机，首先打开【设备和打印机】窗口，即在【所有控制面板项】窗口中单击【设备和打印机】超链接，打开【设备和打印机】窗口，如图 2-39 所示。如果系统已经安装打印机，则在【设备和打印机】窗口中会显示已经安装打印机的图标。

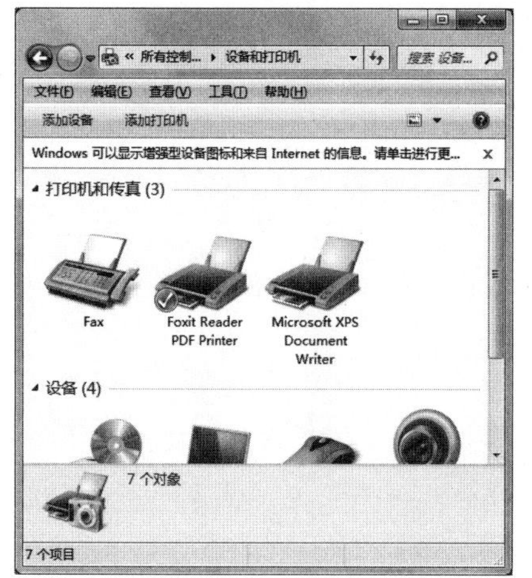

图 2-39 【设备和打印机】窗口

1. 添加打印机

打开【设备和打印机】窗口，单击工具栏上的【添加打印机】按钮，弹出【添加打印机向导】对话框，按照向导中的步骤逐步操作即可。

2. 设置打印机属性

打开【设备和打印机】窗口，右击需要设置属性的打印机图标，在弹出的快捷菜单中选择【打印机属性】命令，弹出该打印机的属性对话框，输入位置等信息，单击【确定】按钮。

2.4.5 程序的添加与删除

用户通过计算机系统可以为计算机添加必要的应用软件和删除无用的应用软件。打开【控制面板】窗口，单击【程序】超链接，打开【程序】窗口，单击【程序和功能】超链接，打开【程序和功能】窗口，如图 2-40 所示。

1. 添加新程序

下载应用程序的安装文件后，双击执行该文件，当前许多软件设计得比较人性化，特别是在安装时，根据向导的提示进行操作即可；或在光驱中插入安装盘，双击使其自动运行，根据对话框中的提示进行操作，即可完成新程序的添加。

安装程序时有时根据安装方式需要手动选择可安装内容，常见的安装方式有 4 种，分别是最小安装、典型安装、自定义安装和完全安装。

（1）最小安装：只安装软件必需的部分，主要适用于硬盘空间紧张或只需要其主要功能的情况。

（2）典型安装：安装程序将自动为用户安装常用的选项，可为用户提供最基本、最常见的功能。

图 2-40　【程序和功能】窗口

（3）自定义安装：用户可自己选择安装软件的哪些功能组件。

（4）完全安装：自动将软件中的所有功能全部安装，所需磁盘空间最大。

2. 删除程序

选中需要删除的程序，单击【卸载/更改】按钮，弹出卸载向导，询问是否删除该程序，单击【是】按钮，即可删除程序。若程序本身带有卸载程序，则直接运行其卸载程序即可。

2.4.6　系统设置

在【所有控制面板项】窗口中单击【系统】超链接，打开【系统】窗口，如图 2-41 所示。通过此窗口能够了解系统的基本信息，同时可以对计算机名称和硬件等配置进行调整。

图 2-41　【系统】窗口

（1）单击【高级系统设置】超链接，弹出【系统属性】对话框，如图 2-42 所示，可对计算机的名称进行设置。

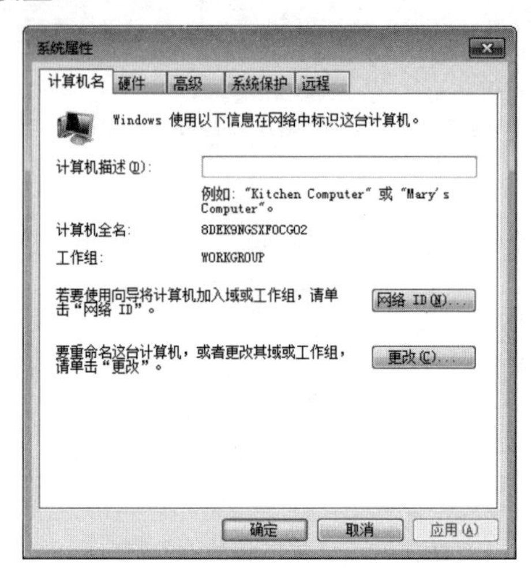

图 2-42 【系统属性】对话框

（2）选择【硬件】选项卡，如图 2-43 所示。

（3）单击【设备管理器】按钮，打开【设备管理器】窗口，如图 2-44 所示。

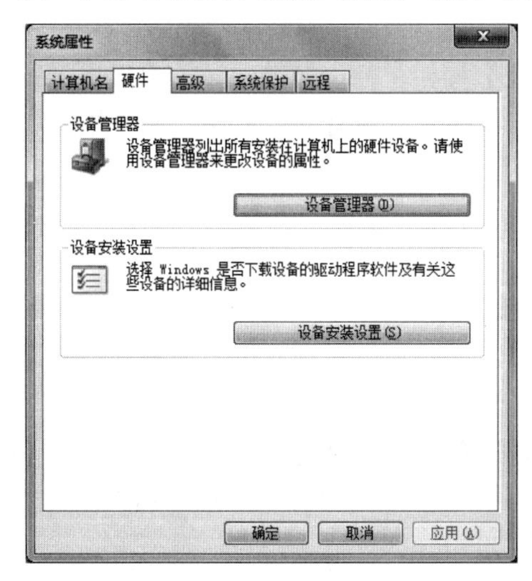

图 2-43 【硬件】选项卡

图 2-44 【设备管理器】窗口

（4）右击需要管理的设备，在弹出的快捷菜单中选择【属性】命令，弹出相应的属性对话框，可在该对话框中对设备进行管理。

第 3 章

Office 2016 办公软件

Office 2016 是继 Office 2013 后的新一代集成自动化办公软件，其不仅包括诸多的客户端软件，还包括强大的服务器软件，同时包括相关的服务、技术和工具。使用 Office 2016，各企业均可以构建属于自己的核心信息平台，实现协同工作、企业内容管理及商务智能。作为一款集成软件，Office 2016 由各种功能组件构成，包括 Word、Excel、PowerPoint、Access、Outlook、OneNote 和 Publisher 等。

3.1 Word 2016 文字处理软件

Word 2016 是 Office 2016 组件中使用较为广泛的软件之一，主要用于创建和编辑各种类型的文档，是一款文字处理软件。

作为 Office 套件的核心程序，Word 提供了许多易于使用的文档创建工具，同时也提供了丰富的功能供创建复杂的文档使用。即使只使用 Word 应用中的文本格式化操作或图片处理，也可以使简单的文档变得比纯文本更具吸引力。

3.1.1 Word 2016 的基础知识

1. 启动与退出

1）启动

启动 Word 2016 常用的两种方法如下。

（1）通过【开始】菜单启动。选择【开始】菜单中【所有程序】中的【Word】命令。

（2）通过桌面上的快捷方式启动。如果桌面上有 Microsoft Word 2016 快捷图标，如图 3-1 所示，双击快捷图标即可启动 Word 2016。

图 3-1 Word 2016 快捷图标

2）退出

退出 Word 2016 的常用方法如下。

（1）单击 Word 2016 窗口标题栏上的【关闭】按钮。

（2）双击 Word 2016 窗口左上角。

（3）选择【文件】菜单中的【关闭】命令。

（4）按 Alt+F4 组合键。

2. 工作界面

Office 2016 延续了 Office 2013 的菜单栏功能，并且融入了 Metro 风格。其整体工作界面趋于平面化，显得更加清新、简洁。Word 2016 的工作界面主要包括标题栏、快速访问工具栏、功能区、导航窗格、文档编辑区、状态栏、视图控制区等组成部分，如图 3-2 所示。

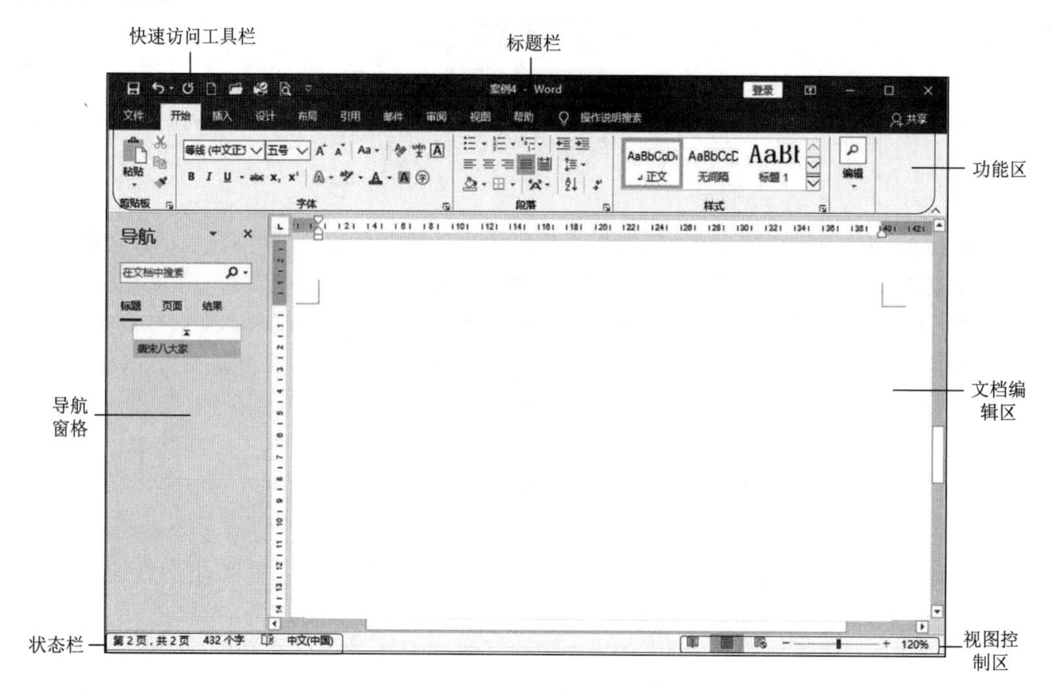

图 3-2 Word 2016 的工作界面

1）标题栏

标题栏位于窗口顶部，用于显示正在编辑的文档和应用程序的名称，另外还包括标准的快速访问工具栏、功能区显示选项、最小化、还原和关闭按钮。

2）快速访问工具栏

默认情况下，快速访问工具栏位于标题栏左侧，其中集成了用户经常使用的多个按钮，用户可以根据需要进行添加和修改。其方法是单击快速访问工具栏右侧的按钮，在弹出的下拉菜单中选择需要在快速访问工具栏中显示的按钮，如图 3-3 所示。选择【在功能区下方显示】命令，可以改变快速访问工具栏的位置。

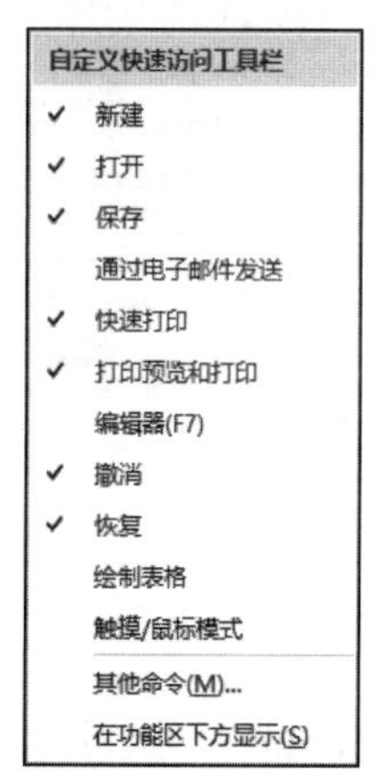

图 3-3 【快速访问工具栏】下拉菜单

3）功能区

功能区是 Word 2016 中所有选项卡的集合。在功能区中，选项卡按功能分成多个组，单击相应组中的按钮，即可进行所需的操作。有些组右下角会有对话框启动器按钮，单击它会弹出相应的对话框或任务窗格，可进行更详细的设置。

提示：如果在标题栏中单击【功能区显示选项】按钮，在弹出的下拉菜单中选择【自动隐藏功能区】命令，此时文档窗口会自动全屏覆盖，阅读工具栏也会被隐藏；选择【显示选项卡和命令】命令即可显示功能区。

4）导航窗格

导航窗格中可以展示文档的标题大纲，拖动垂直滚动条中的滑块可以快速浏览文档标题或页面视图，或者使用搜索框在长文档中迅速搜索内容。

5）文档编辑区

文档编辑区主要用于文字编辑、页面设置和格式设置等操作，是 Word 文档的主要工作区域。鼠标指针在该区域呈现“I”形状；在编辑处鼠标指针为闪烁的“|”（称为光标，又称插入点），表示当前输入文字显示的位置。

6）状态栏

状态栏位于窗口底部左侧，显示当前打开文档的状态，包括当前页码、字数及所使用的语言等信息。

7）视图控制区

视图控制区位于状态栏右侧，包括视图方式、缩放级别和显示比例 3 部分。单击该区域的相应按钮，可以快速实现视图方式的切换和缩放级别的调整。在 Word 2016 中，常见的视图有页面视图、阅读视图、Web 版式视图、大纲视图和草稿 5 种模式。

提示：Word 2016 默认的是页面视图模式，可以显示 Word 2016 文档页眉、页脚、图形对象、分栏设置、页面边距等元素。该模式最接近打印结果，可达到“所见即所得”的效果。

3. 创建新文档

使用 Word 2016 对文档进行编辑操作，首先应创建新文档。下面介绍几种创建新文档的方法。

1）创建空白文档

方法一：启动 Word 2016，在开始界面中单击【空白文档】图标，即可新建 Word 文档。

方法二：打开 Word 2016，选择【文件】菜单中的【新建】命令，在打开的【新建】窗口中，单击【空白文档】图标，即完成新文档的创建，如图 3-4 所示。

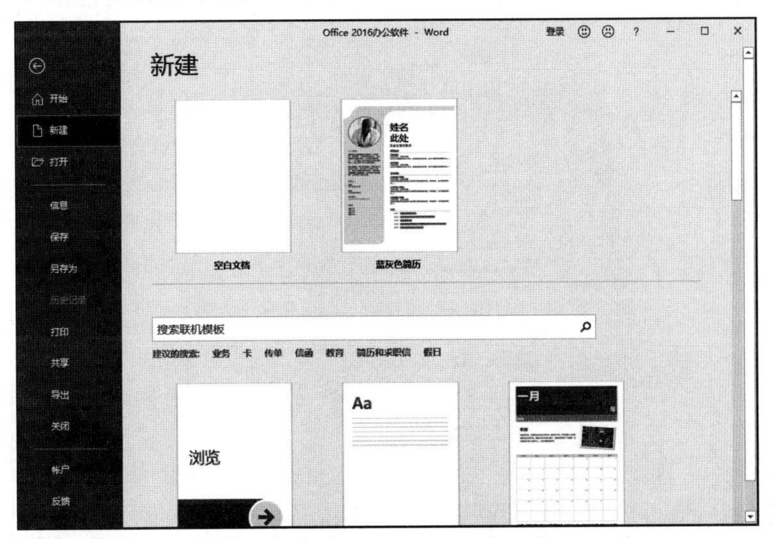

图 3-4　通过【新建】命令创建空白文档

2）创建基于模板的文档

模板是 Word 2016 中预先设置好内容格式及样式的特殊文档，可以使用模板（如简历、报告、信函和传真等）创建具有统一规格、统一框架的文档。

下面以新建简历为例，介绍基于模板创建文档的方法。

【例 3-1】 使用文档模板新建一封简历。

操作步骤如下。

（1）打开 Word 2016，选择【文件】菜单中的【新建】命令，在打开的【新建】窗口中，选择需要的模板，此处单击【蓝灰色简历】图标，如图 3-5 所示。

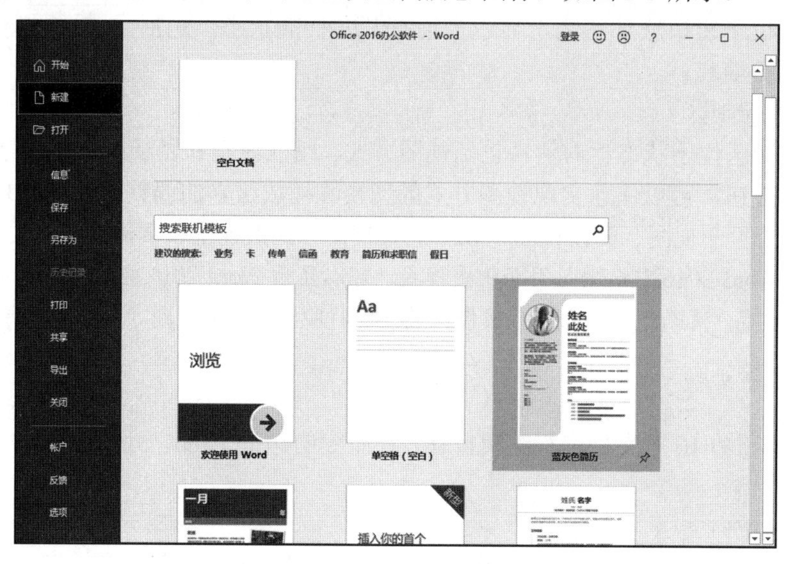

图 3-5 选择蓝灰色简历的模板

（2）打开【蓝灰色简历】模板的说明，若确认根据该模板创建新文档，则单击【创建】按钮，如图 3-6 所示。

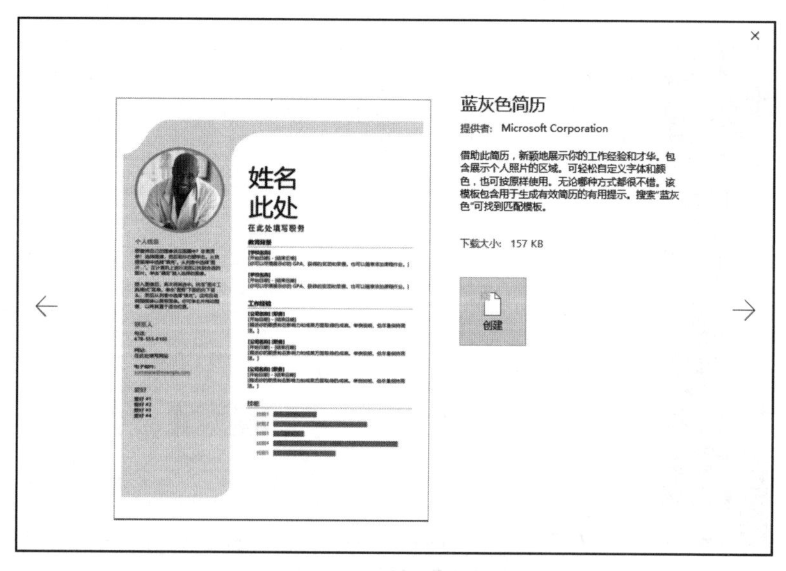

图 3-6 蓝灰色简历模板说明

（3）Office 将创建一个具有【蓝灰色简历】基本格式的新文档，如图 3-7 所示。

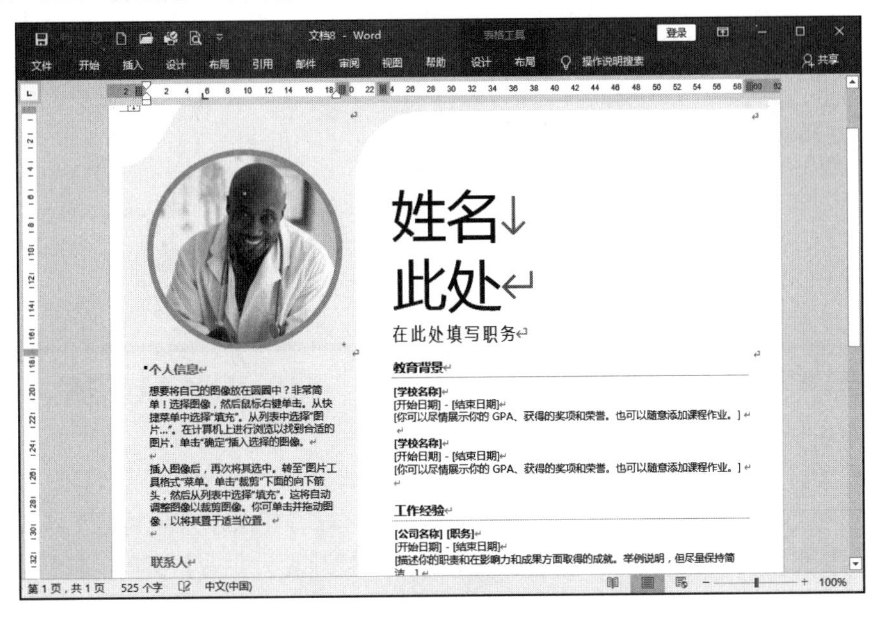

图 3-7 基于模板创建的文档

提示：如果用户拟创建的新文档模板在 Word 2016 中未找到，可以通过联机在互联网上搜索并下载模板。

3）使用 Ctrl+N 组合键创建空白文档

按 Ctrl+N 组合键，系统自动创建一个空白文档。

提示：无论使用以上哪种方法创建文档，其名称均为“文档 1”。如果之前创建过文档，则新文档名称中的数字会顺延。

4. 保存 Word 文档

完成对一个 Word 文档的编辑后，需要将文档进行保存。为避免文件丢失，用户应养成经常保存的习惯。Word 2016 不仅为用户提供了多种保存方法，还具有自动保存的功能，最大限度地减少因计算机意外故障导致资料丢失的情况。保存 Word 文档有以下 3 种方法。

1）保存新建文档

第一次保存文档时，用户需要指定文档的保存位置和文件名等信息。新建文档使用默认文件名“文档 1”“文档 2”等，保存时可以选择【文件】菜单中的【保存】命令，或单击快速访问工具栏上的【保存】按钮，打开【另存为】界面，如图 3-8 所示。选择文档要保存的位置，如图 3-9 所示。在打开的【另存为】对话框中，设置文件名及保存类型，设置完成后单击【保存】按钮。

2）保存已有文档

用户对已有文档进行编辑、修改后，可以进行以下保存操作。

（1）以原文件名保存。以原文件名保存有以下 3 种方法。

① 选择【文件】菜单中的【保存】命令。

图 3-8 【另存为】界面

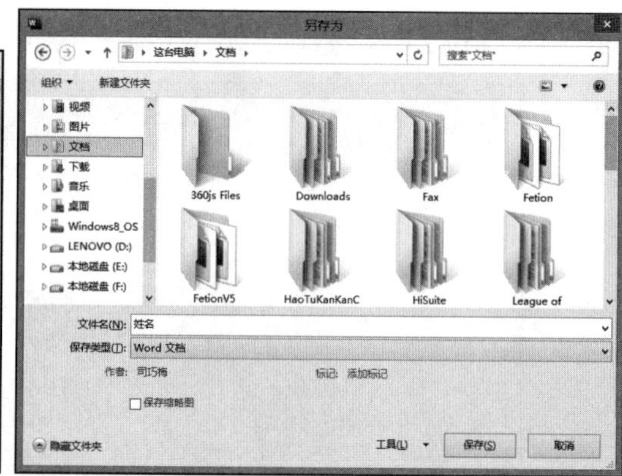

图 3-9 【另存为】对话框

② 单击快速访问工具栏上的【保存】按钮。

③ 按 Ctrl+S 组合键。

（2）另存文档。用户对已有文档进行编辑后，可以将其保存为同类型文档或其他类型文档。选择【文件】菜单中的【另存为】命令，打开【另存为】窗口，单击【浏览】按钮，弹出【另存为】对话框，其操作与新建文档的保存方法相同。

3）设置自动保存

为防止因意外断电、死机等突发事件丢失未保存的文档内容，用户可设置自动保存功能，指定自动保存的时间间隔，让 Word 文档自动保存。自动保存 Word 文档的操作步骤如下。

（1）选择【文件】菜单中的【选项】命令，弹出【Word 选项】对话框，如图 3-10 所示。

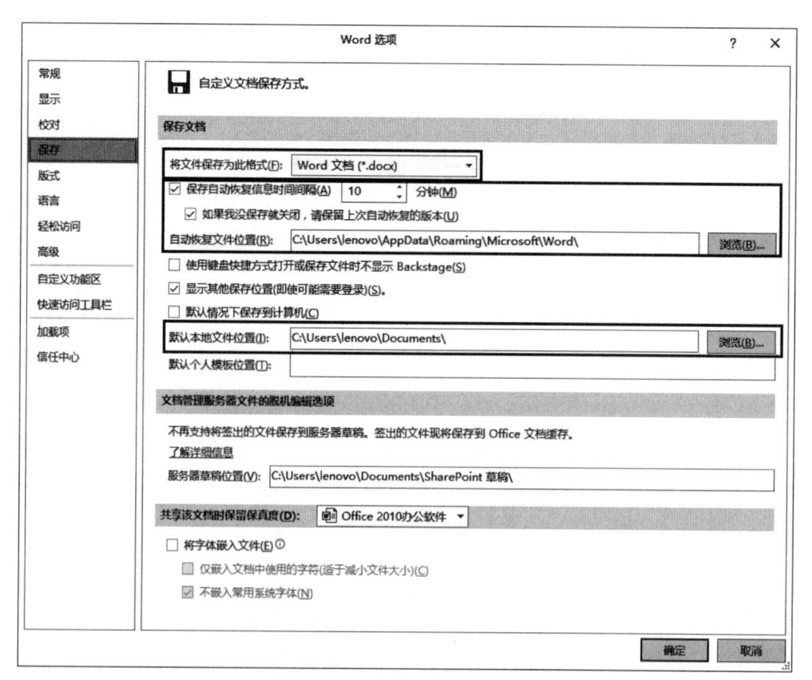

图 3-10 【Word 选项】对话框

（2）选择【保存】选项卡，在【保存文档】组的【将文件保存为此格式】下拉列表框中选择文件保存类型；选中【保存自动恢复信息时间间隔】复选框，并在其后的数值框中输入所需的时间间隔；在【自动恢复文件位置】文本框中输入保存文档的位置。

（3）单击【确定】按钮，Word 2016 将以自动保存时间间隔作为周期，定时保存文档。

4）设置默认的保存格式和路径

在默认情况下，Office 2016 均使用默认的文档格式和路径来保存文档，如 Word 2016 默认扩展名为“*.docx”的文档格式。用户可以根据需要更改默认的文档保存格式，并将文档默认的保存位置更改为其他的文件夹。下面以 Word 2016 为例介绍更改文档的默认保存格式和保存路径的方法。

（1）打开【Word 选项】对话框，选择【保存】选项卡，在【将文件保存为此格式】下拉列表框中选择文档保存格式。

（2）单击【默认本地文件位置】文本框右侧的【浏览】按钮，弹出【修改位置】对话框，选择要保存文档的文件夹后单击【确定】按钮，关闭对话框，文档的默认保存位置即被更改。

5. 共享文档

在实际工作中，用户可以通过协作的方式实现多人同时编辑同一个文档，用来完成文档的编写和信息的处理。

打开需要共享的文档，单击窗口右上角的【共享】按钮，如图 3-11 所示。在右侧弹出【共享】任务窗格，单击【保存到云】按钮，在打开的【另存为】窗口中单击【OneDrive】图标，单击右下方的【登录】按钮，如图 3-12 所示（如果没有账号，则需进行注册获取）。

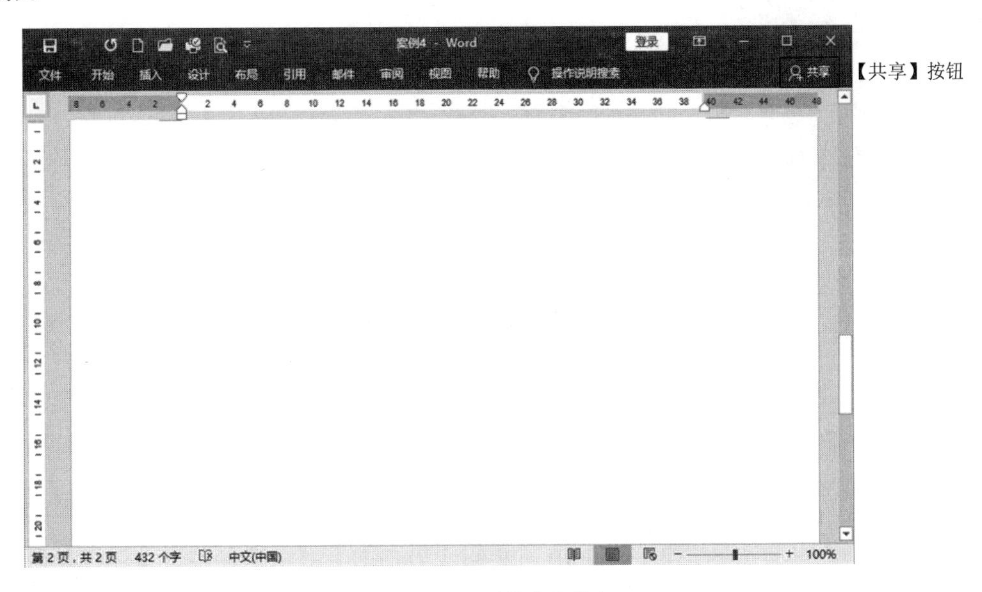

图 3-11　【共享】按钮

弹出【登录】对话框，输入本人的微软账号，如图 3-13 所示。

图 3-12 【登录】窗口　　图 3-13 【登录】对话框

根据向导，输入密码，登录成功后，生成图 3-14 所示的 OneDrive 个人文件夹。选择此文件夹，弹出图 3-15 所示的与服务器联系对话框。

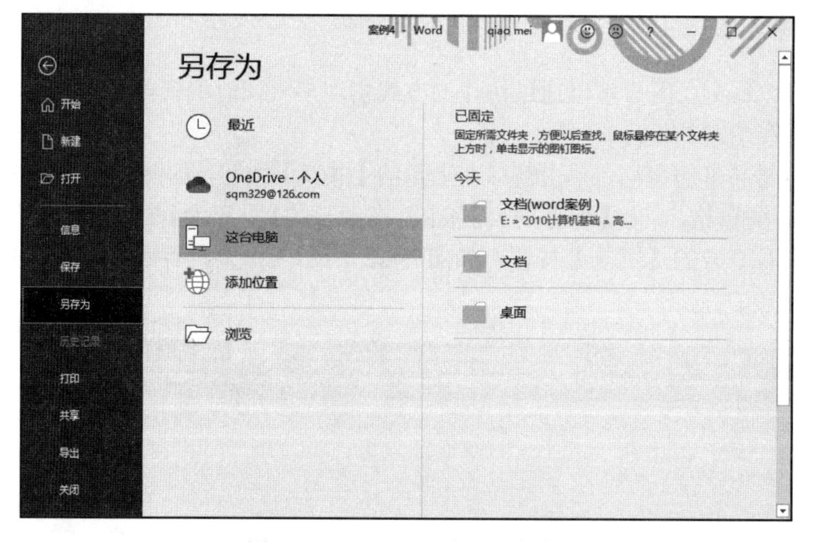

图 3-14 OneDrive 个人文件夹

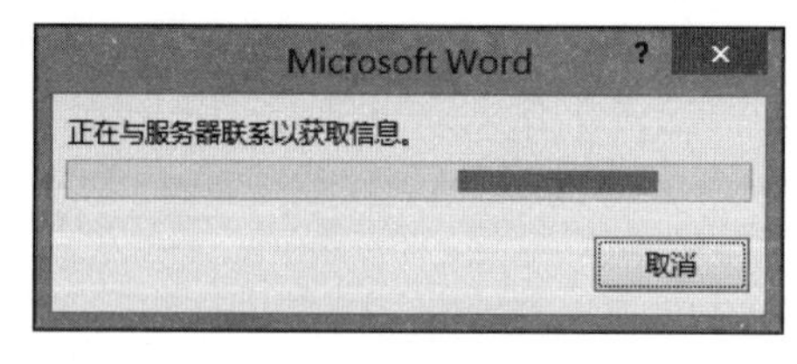

图 3-15 与服务器联系对话框

与服务器联系成功后，弹出图 3-16 所示的【另存为】对话框，单击【保存】按钮，将文件保存在 OneDrive 个人文件夹上。返回文档编辑界面，可以看到【共享】功能可以使用，将生成的“共享链接”发送给邀请人员，即可实现多人同时编辑同一个文档的操作。

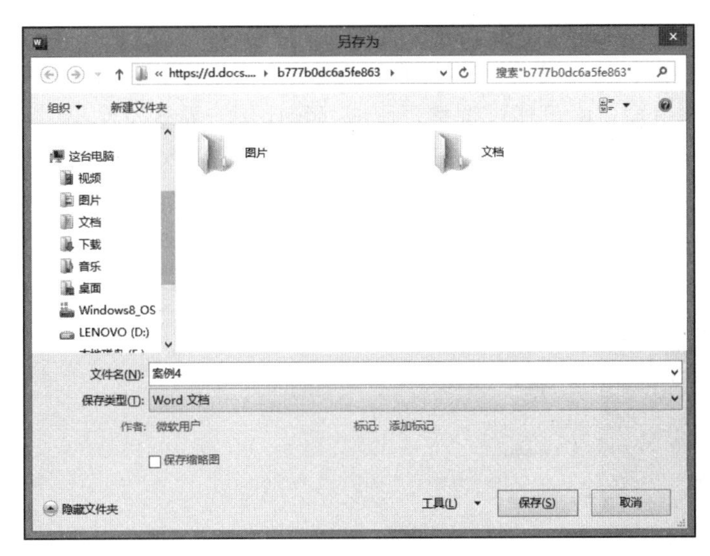

图 3-16　【另存为】对话框

6. 创建 PDF 文档

在 Word 2016 中，为了保证文件的格式在打印时不会出现变化，比较好的方法是将 Word 文档保存为 PDF 格式，具体操作步骤如下。

选择【文件】菜单中的【导出】命令，打开【导出】窗口，如图 3-17 所示，单击右侧的【创建 PDF/XPS】按钮，在弹出的【发布为 PDF/XPS】对话框中选择保存的路径并输入文件名，单击【发布】按钮。

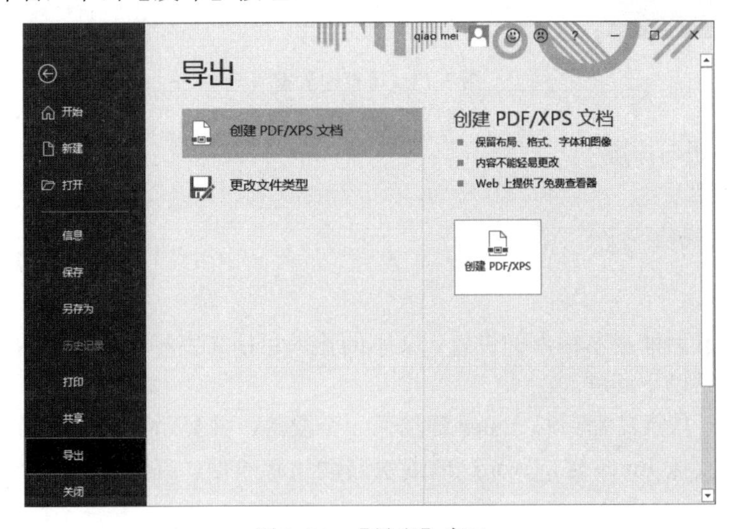

图 3-17　【导出】窗口

Word 2016 还能将 PDF 格式转换为 Word 文档，无须借助其他软件。

7. 打印文档

一般情况下，用户排版完成后需要对文档进行打印。为了确保打印效果，可以先对打印文档进行预览，然后根据需求对各项输出参数进行设置，最后用打印机打印。

如图 3-18 所示，选择【文件】菜单中的【打印】命令，打开【打印】窗口，在右侧出现的打印预览窗口中可通过调整页码或显示比例查看预览结果。打印预览与预期效果一致时，设置打印参数，如打印份数、打印范围（整个文档，当前页或奇数、偶数页等）、单面或双面打印、横向或纵向打印、纸张大小等。设置完成后，单击【打印】按钮。

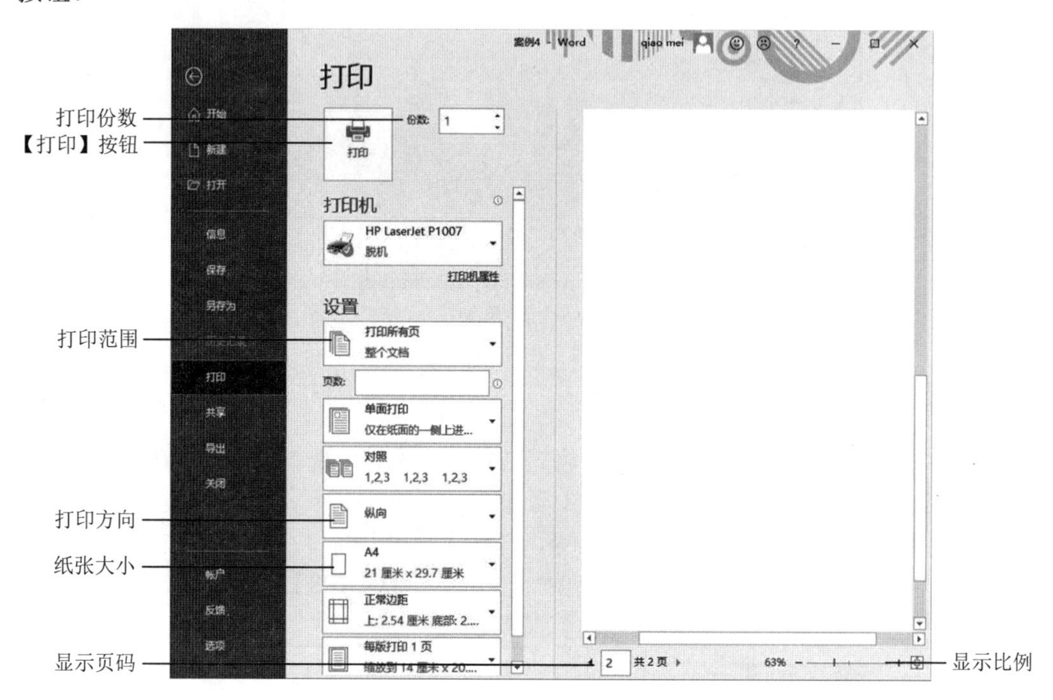

图 3-18 【打印】窗口

3.1.2 文档编辑与排版

1. 文本的编辑

1）输入文本

光标标志着当前文本输入的位置。文本的输入包括文字和符号的输入，在文本输入过程中需要注意以下问题。

（1）输入一段文字后，按 Enter 键结束一个段落，并显示其标志。当输入的文字充满一行时不需要按 Enter 键，Word 2016 会自动另起一行，直到开始一个新的段落时才需要按 Enter 键。

（2）按 Insert 键可实现插入状态和改写状态的切换。Word 2016 默认为插入状态，即在光标处输入内容，后面的字符依次后退；若切换为改写状态，则输入的内容将覆盖光标后的字符。

（3）输入特殊符号。对于键盘上的符号，只需要按对应的键即可完成输入。但是，对于键盘上没有的符号，就需要使用【插入】选项卡【符号】组中的符号来完成插入。

其具体操作步骤如下。

将光标定位在插入符号的位置，单击【插入】选项卡【符号】组中的【符号】下拉按钮，在弹出的【符号】下拉菜单中选择所需的符号，如图 3-19 所示。若想选择更多的符号，则选择【其他符号】命令，弹出【符号】对话框，如图 3-20 所示，在其中选择符号或特殊字符后，单击【插入】按钮。

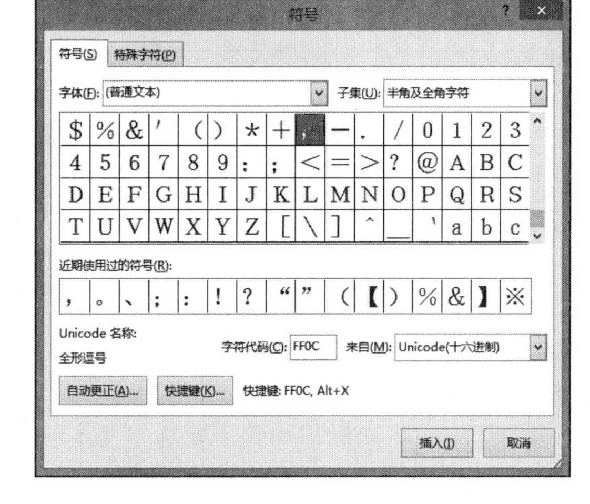

图 3-19　【符号】下拉菜单　　　　图 3-20　【符号】对话框

技巧：中文输入法中提供了软键盘功能，应用此功能也可以输入符号。

（4）输入公式。在编辑一些专业的文档（如数学或物理试卷）时，可能需要进行公式的输入编辑。这时可以使用 Word 2016 中提供的【公式】命令快速插入所需的公式。根据实现方法的不同，输入公式的方法有以下几种。

① 使用预置公式。单击【插入】选项卡【符号】组中的【公式】下拉按钮，在弹出的下拉菜单中选择公式类别。例如，需要输入二元一次方程的两个实根，则直接选择【二次公式】栏中的【$x=\frac{-b\pm\sqrt{b^2-4ac}}{2a}$】。若内置公式仍不满足需求，则可对内置公式进行相应的修改。

② 自定义输入公式。选择【公式】下拉菜单中的【插入新公式】命令，则在功能区会增加一个【公式工具-设计】选项卡，如图 3-21 所示。在【公式工具-设计】选项卡中设置公式的符号和结构，即可生成新公式。

图 3-21　【公式工具-设计】选项卡

③ 手写输入公式。在 Word 2016 中还新增了手写输入公式的功能——墨迹公式，该功能可以识别手写的数学公式，并将其转换成标准形式插入文档。其操作步骤如下。

选择【公式】下拉菜单中的【墨迹公式】命令，弹出【数学输入控件】对话框，如

图 3-22 所示，通过触摸屏或鼠标手写输入公式，书写过程中如果出现了识别错误，则可以单击【选择和更正】按钮。

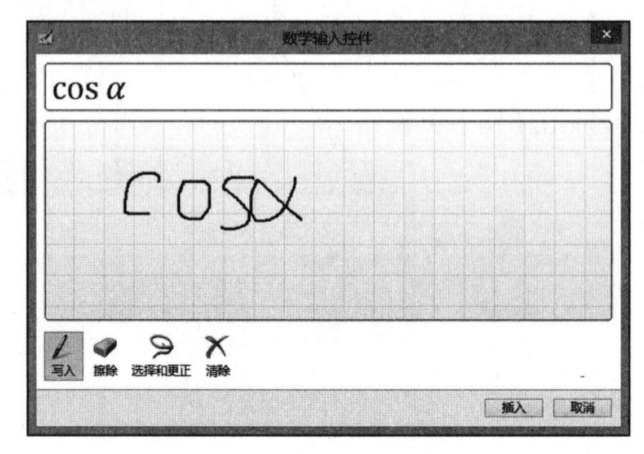

图 3-22 【数学输入控件】对话框

2）选中文本

（1）鼠标方式。

① 拖动选中：将光标移动到需要选中文本的第一个字符左侧，按住鼠标左键，拖动光标至需要选中文本的最后一个字符右侧即可。

② 利用选中区：在工作区左侧有一空白区域，称为选中区。当鼠标指针移动到此处时，就可以利用鼠标指针对行和段落进行选中操作：a. 单击，选中箭头所指向的一行；b. 双击，选中箭头所指向的一段；c. 三击，选中整个文档。

（2）组合选中。

① 选中一句：将光标移动到该句的任何位置，按住 Ctrl 键并单击。

② 选中连续区域：将光标定位到需要选中文本的起始位置，按住 Shift 键的同时，单击结束位置。

③ 选中矩形区域：按住 Alt 键，拖动鼠标选中所需的矩形区域。

④ 选中不连续区域：按住 Ctrl 键，再分别选中不同的区域。

⑤ 选中整个文档：将光标移到文本区，三击，或按 Ctrl+A 组合键。

提示：若取消对文本的选中，则只需在文档内任意处单击即可。

3）移动、复制和删除文本

（1）移动文本。

① 使用剪贴板：选中需要移动的文本，单击【开始】选项卡【剪贴板】组中的【剪切】按钮，定位光标到目标位置，单击【开始】选项卡【剪贴板】组中的【粘贴】按钮。

② 使用鼠标：选中需要移动的文本，按住鼠标左键，拖动光标到目标位置。

（2）复制文本。

① 使用剪贴板：选中需要复制的文本，单击【开始】选项卡【剪贴板】组中的【复制】按钮，将光标定位到目标位置，单击【开始】选项卡【剪贴板】组中的【粘贴】按钮。只要不修改剪贴板的内容，连续执行粘贴操作可以实现一段文本的多处复制。

② 使用鼠标：选中需要复制的文本，按住 Ctrl 键的同时按住鼠标左键，拖动光标到目标位置，释放鼠标左键和 Ctrl 键。

（3）删除文本。

选中需要删除的文本，按 Delete 或 Backspace 键即可。

提示：Delete 键删除的是光标后面的字符，Backspace 键删除的是光标前面的字符。

4）查找与替换文本

在 Word 2016 中编辑和修改文档时，使用查找与替换功能可以快速地在文档中查找或定位，并能快速修改文档中指定的内容。另外，利用查找与替换功能还可以查找和替换文档中特定的字符串、格式及特殊字符。

【例 3-2】在文档“背影.docx”中查找“父亲”。

具体操作步骤如下。

单击【开始】选项卡【编辑】组中的【查找】按钮，或按 Ctrl+F 组合键，打开【导航】任务窗格，在搜索框中输入需要查找的内容“父亲”，窗格中将显示所有包含该文字的页面片段，同时查找到的匹配文字将会在正文部分以黄色底纹标示，效果如图 3-23 所示。

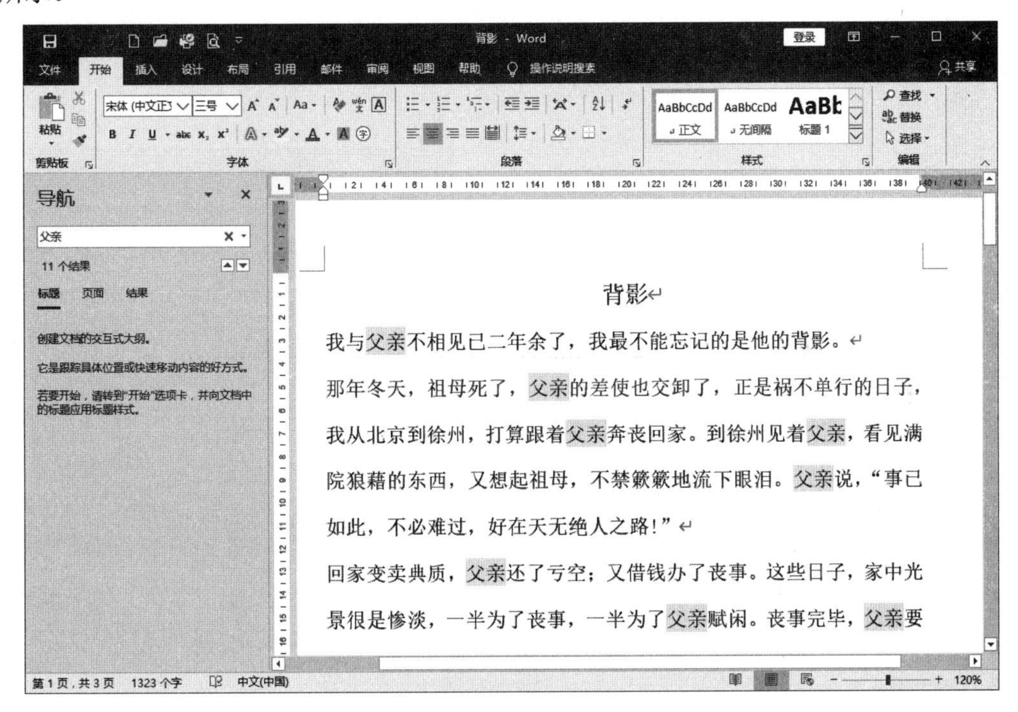

图 3-23　查找效果

若需要更详细地设置查找匹配条件，可以在【查找】下拉菜单中选择【高级查找】，弹出【查找和替换】对话框，单击【更多】按钮，进行相应的设置。

Word 的替换功能不仅可以对整个文档中查找到的文本进行替换，而且可以有选择地进行替换。替换方法与查找方法相似。

【例 3-3】将文档“背影.docx”中所有的“背影”替换为“身影”。

具体操作步骤如下。

（1）单击【开始】选项卡【编辑】组中的【替换】按钮，或按 Ctrl+H 组合键，弹出【查找和替换】对话框。

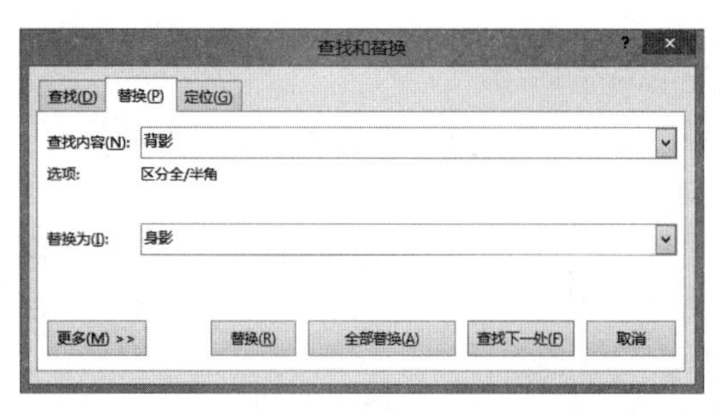

图 3-24　查找和替换内容的设置

（2）在【查找内容】文本框中输入“背影”，在【替换为】文本框中输入“身影”，如图 3-24 所示。

（3）单击【全部替换】按钮，将自动弹出提示对话框，提示已完成对文本的替换，单击【确定】按钮。

【例 3-4】将文档“背影.docx”中的“身影”全部替换为隶书、三号、加粗、加下划线的“背影”。

具体操作步骤如下。

（1）将光标定位到文档中，单击【开始】选项卡【编辑】组中的【替换】按钮，弹出【查找和替换】对话框。

（2）在【查找内容】文本框中输入“身影”，在【替换为】文本框中输入“背影”。单击【更多】按钮，展开高级设置选项，单击【格式】按钮，在弹出的【格式】下拉菜单中选择【字体】命令，如图 3-25 所示，弹出【替换字体】对话框，如图 3-26 所示。

图 3-25　扩展后的【查找和替换】选项卡

图 3-26　【替换字体】对话框

（3）在【中文字体】下拉列表框中选择【隶书】选项，在【字形】列表框中选择【加粗】选项，在【字号】列表框中选择【三号】选项，在【下划线线型】下拉列表框中选择一种下划线类型，单击【确定】按钮（图 3-26）。

（4）返回【查找和替换】对话框，单击【全部替换】按钮，弹出提示对话框，提示已完成对文档的替换，单击【确定】按钮。

【例 3-5】在文档“背影.docx”中使用智能查找功能查看“背影”。

作为 Office 2016 诸多新功能的一大亮点，智能查询可以利用 Microsoft 公司的必应搜索引擎自动在网络上查找信息，用户无须再打开互联网浏览器或手动运行搜索引擎。

选中文档“背影.docx”中的“背影”并右击，在弹出的快捷菜单中选择【智能查找】命令，在右侧打开【智能查找】窗格，开始搜索或加载相关内容，效果如图 3-27 所示。

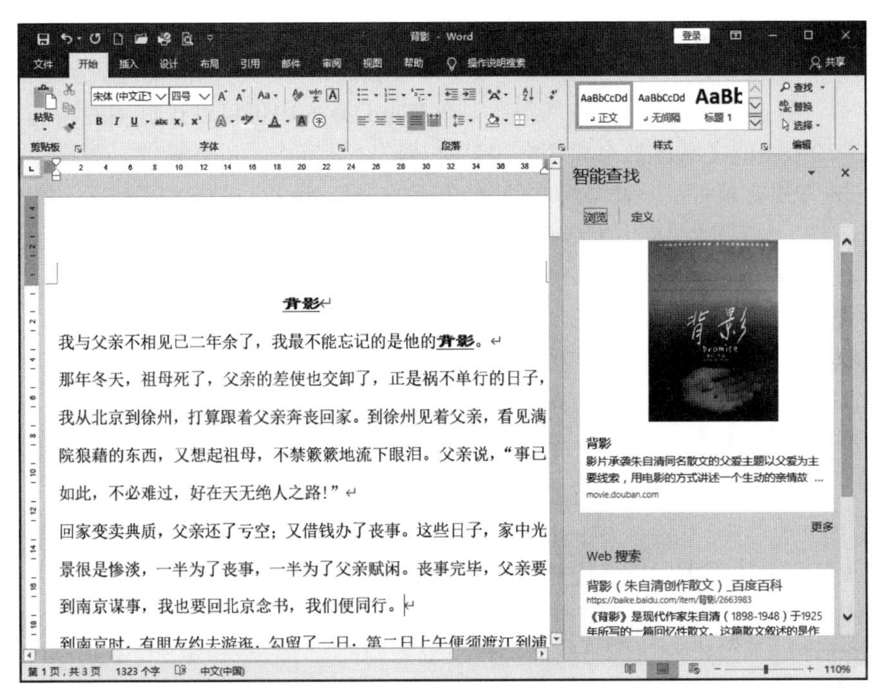

图 3-27　智能查找效果

5）撤销和恢复操作

在实际文本输入过程中经常出现误删除、光标定位错误、拼写错误等失误性操作，这就需要用到撤销和恢复操作。

（1）撤销操作。

撤销上一个操作的方法有两种。

① 单击快速访问工具栏上的【撤销】按钮，可撤销最近一次的操作；连续单击该按钮，可撤销最近执行的多步操作。

② 按 Ctrl+Z 组合键，可撤销最近一次的操作；连续按 Ctrl+Z 组合键，可撤销最近执行的多步操作。

（2）恢复操作。

恢复已撤销操作的方法有两种。

① 单击快速访问工具栏上的【恢复】按钮，可恢复最近一次的撤销操作；连续单击该按钮，可恢复最近执行的多步撤销操作。

② 按 Ctrl+Y 组合键，可恢复最近一次的撤销操作；连续按 Ctrl+Y 组合键，可恢复最近执行的多步撤销操作。

提示：在实际文本编辑中，熟练掌握撤销和恢复的快捷键会起到事半功倍的作用。

2. 文档的排版

文档排版是指对文档版面的一种美化，用户可以对文档格式进行反复修改，直到对整个文档的版面满意为止。文档的排版包括字符格式化、段落格式化和页面设置等。

1）设置字符格式

字符可以是汉字，也可以是字母、数字或单独的符号。字符格式包括字符的字体、字形、字号、下划线、效果、字符间距等。在 Word 2016 中可以通过提供的浮动工具栏、【开始】选项卡中的【字体】组和【字体】对话框对字符格式进行设置。需要说明的是，表述字号的方式有两种：一种是汉字的字号，如初号、小初、七号、八号等，数值越大，字符越小，其中八号字是最小的；另一种是用国际上通用的“磅”来表示，如 5、5.5、10、12、48、72 等，数值越小，字符越小。

（1）浮动工具栏。

Word 2016 为了方便用户设置字符格式，提供了一个浮动工具栏，如图 3-28 所示。当用户选中一段文字后，浮动工具栏会自动浮出，最初显示为半透明状态，当鼠标指针接近它时就会正常显示。利用浮动工具栏可以快速进行常用字符格式和段落格式的设置。

提示：若不显示浮动工具栏，可以右击，在弹出快捷菜单的同时显示浮动工具栏。

（2）【开始】选项卡中的【字体】组。

【开始】选项卡中的【字体】组提供了若干设置字体的按钮，如图 3-29 所示，其中有些按钮与浮动工具栏中的按钮相同，作用也相同。

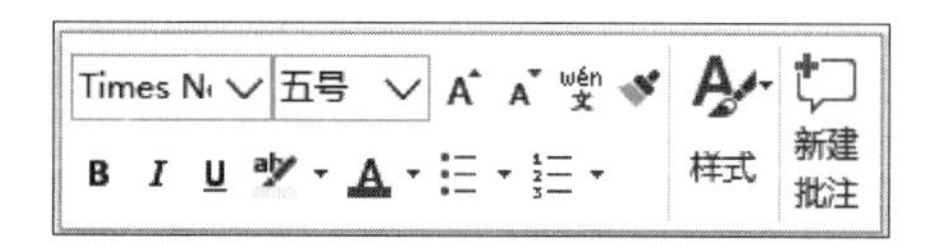

图 3-28 浮动工具栏

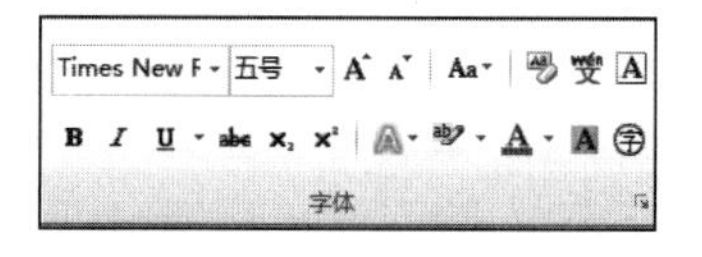

图 3-29 【字体】组

提示：当用户将鼠标指针指向功能区任一按钮时，会在下方自动浮出注释框，用于解释该按钮的作用及快捷键。

（3）【字体】对话框。

如果想为文本设置更加复杂的格式，则需要用到【字体】对话框。单击【开始】选项卡【字体】组中的对话框启动器按钮，弹出【字体】对话框，其中包含【字体】选项卡和【高级】选项卡，如图 3-30 所示。在【字体】选项卡中可以设置常用字符的外观格式。在【高级】选项卡中可以设置字符之间的关系，包含文字横向缩放比例、字符之间的间距及相对高度等；除此之外，还可以使用 OpenType 功能。OpenType 是一种新的字体，具有增强的跨平台功能，能够更好地支持 Unicode 标准定义的国际字符集，支持高级印刷控制能力，生成的文件尺寸更小，支持在字符集中加入数字签名，保证文件的集成功能。

（a）【字体】选项卡　　（b）【高级】选项卡

图 3-30　【字体】对话框

例 3-6　字符格式化

【例 3-6】将文档“背影.docx”中的标题“背影”字体设置为微软雅黑，字号设置为二号，加粗，调整字符间距，加宽 5 磅。

具体操作步骤如下。

（1）选中标题文本，单击【开始】选项卡【字体】组中的对话框启动器按钮，弹出【字体】对话框，选择【字体】选项卡，在【中文字体】下拉列表框中选择【微软雅黑】选项，在【字形】列表框中选择【加粗】选项，在【字号】列表框中选择【二号】选项。

（2）选择【高级】选项卡，在【字符间距】组的【间距】下拉列表框中选择【加宽】选项，在【磅值】数值框中设置 5 磅。

（3）单击【确定】按钮，效果如图 3-31 所示。

2）设置段落格式

段落可以由文字、图形和其他对象组成，以按 Enter 键作为结束标志。有时也会遇到这种情况，即输入没有达到文档右侧边界就需要另起一行，而又不想开始一个新的段落，此时可按 Shift+Enter 组合键，产生一个手动换行符（软回车），实现既不产生一个新的段落又可换行的操作。

段落格式通常包括段落对齐方式、行间距和段落之间的间距、缩进方式（首行缩进及整个段落的缩进等）、制表位等。

如果需要对一个或多个段落进行设置，首先必须选中该段落，然后可以通过浮动工具栏、【开始】选项卡中的【段落】组、【段落】对话框和水平标尺对段落格式进行设置。

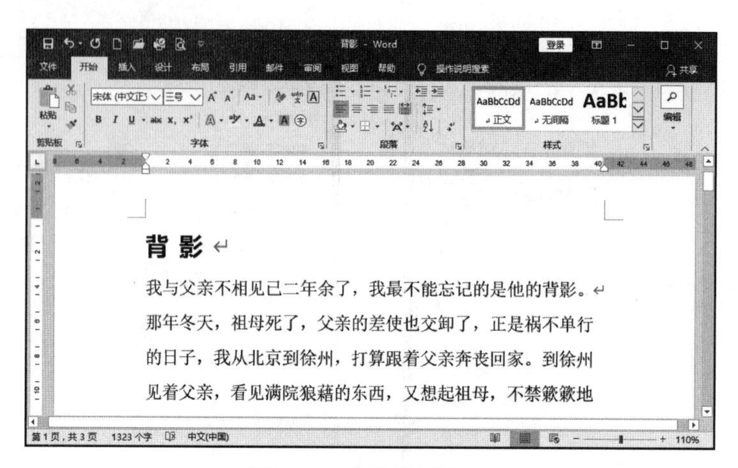

图 3-31 字体设置效果

（1）浮动工具栏。

使用浮动工具栏可以快速设置段落的居中方式、项目符号和编号。

（2）【开始】选项卡中的【段落】组。

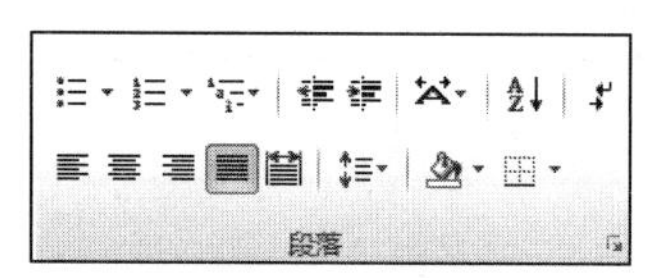

图 3-32 【段落】组

【开始】选项卡中的【段落】组提供了一组用来设置段落格式的按钮，如图 3-32 所示，其中有些按钮与浮动工具栏中的按钮相同，作用也相同。

（3）【段落】对话框。

使用【段落】对话框可以设置更多段落格式。单击【开始】选项卡【段落】组中的对话框启动器按钮，弹出【段落】对话框，其中包含【缩进和间距】选项卡、【换行和分页】选项卡和【中文版式】选项卡。

【缩进和间距】选项卡中【常规】组的【对齐方式】下拉列表框用于设置段落的对齐方式；【缩进】组的【左侧】数值框、【右侧】数值框用于设置段落的左缩进值、右缩进值，【特殊】下拉列表框用于设置段落的首行缩进或悬挂缩进；【间距】组中的【段前】数值框、【段后】数值框用于设置段落前后需要空出的距离，【行距】下拉列表框用于设置段落中行之间的间距。

提示：【换行和分页】及【中文版式】选项卡建议保持系统默认值，不要进行修改。

【例 3-7】将文档“背影.docx”中的标题设置为居中对齐，段前、段后间距 1 行，除标题外的段落设置为首行缩进 2 个字符，行距为 25 磅。

例 3-7 段落格式化

具体操作步骤如下。

（1）选中标题文字“背影”，单击【开始】选项卡【段落】组中的对话框启动器按钮，弹出【段落】对话框，选择【缩进和间距】选项卡，如图 3-33 所示。在【常规】组的【对齐方式】下拉列表框中选择【居中】选项，在【间距】组的【段前】和【段后】数值框中分别设置 1 行，单击【确定】按钮。

（2）选中除标题外的其他段落，打开【段落】对话框，选择【缩进和间距】选项卡。在【缩进】组的【特殊】下拉列表框中选择【首行】选项，并在【缩进值】数值框中设置 2 字符；在【间距】组的【行距】下拉列表框中选择【固定值】选项，并在【设置值】数值框中设置 25 磅。

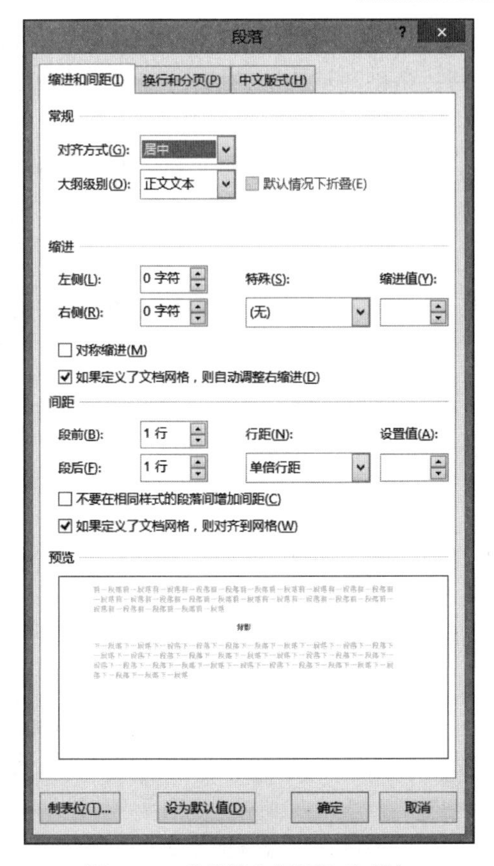

图 3-33　【缩进和间距】选项卡

（3）单击【确定】按钮，效果如图 3-34 所示。

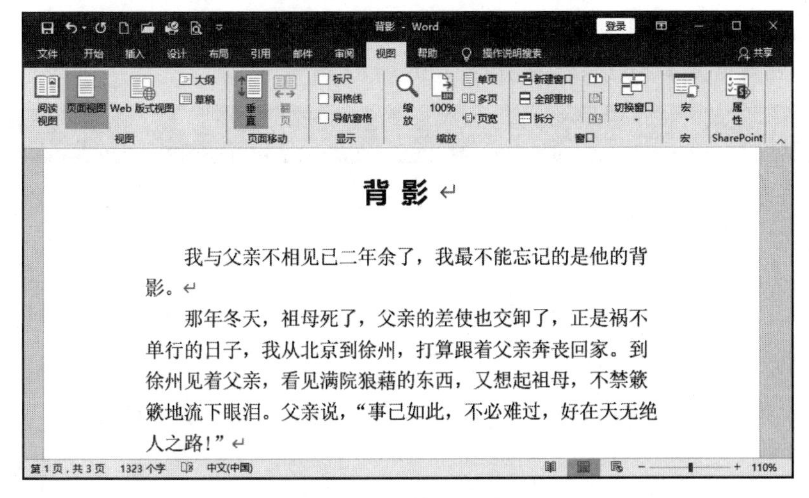

图 3-34　段落设置效果

3）设置边框和底纹

有时文档中的某些段落或文字需要突出强调或美化，这时可以为指定的段落或文字添加边框和底纹。

【例 3-8】设置文档“背影.docx”中的第 7 段“我说道……等着顾客。”的边框样式为阴影，边框宽度为 1.5 磅，边框线型为波浪线，应用范围为段落。

具体操作步骤如下。

（1）选中第 7 段文字，单击【开始】选项卡【段落】组中的【边框】下拉按钮，在弹出的【边框】下拉菜单中选择【边框和底纹】命令，弹出【边框和底纹】对话框，如图 3-35 所示。

例 3-8 设置边框

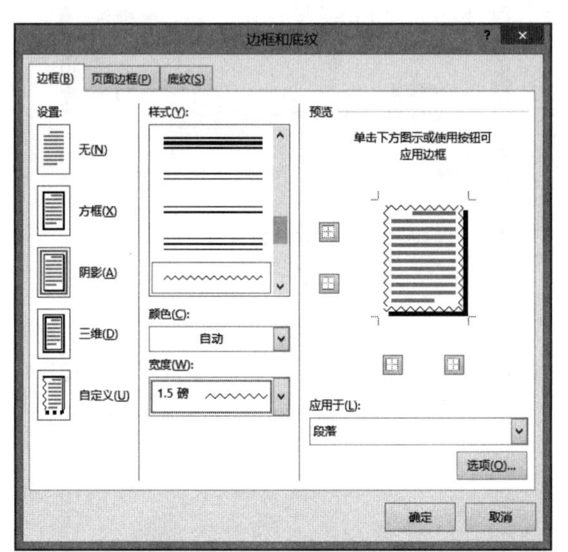

图 3-35 【边框和底纹】对话框

（2）选择【边框】选项卡，选择左侧的【阴影】选项；在【样式】列表框中选择波浪线，在【宽度】下拉列表框中选择 1.5 磅；在【应用于】下拉列表框中选择【段落】选项，即边框的应用范围为段落。

（3）单击【确定】按钮，效果如图 3-36 所示。

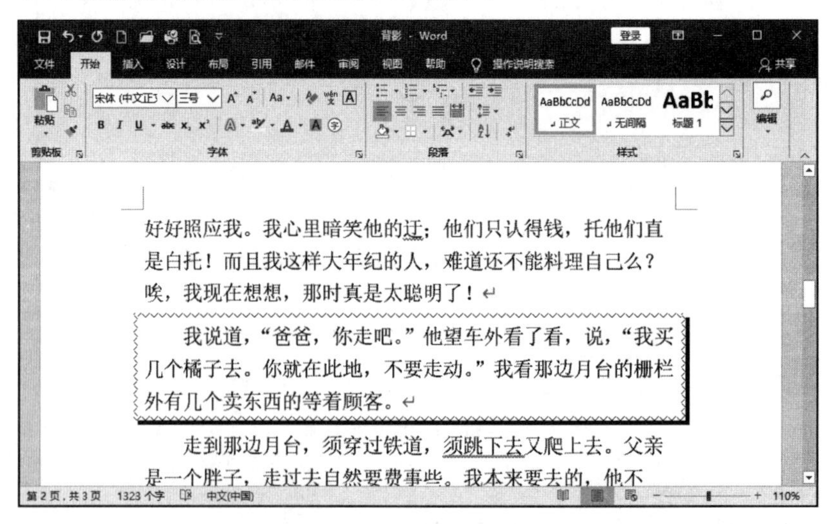

图 3-36 边框设置效果

【例 3-9】将文档“背影.docx”中的第 8 段“走到那边月台……就不容易了。”的文字底纹填充颜色设置为橙色。

具体操作步骤如下。

（1）选中第 8 段文字，打开【边框和底纹】对话框。

（2）选择【底纹】选项卡，如图 3-37 所示。选择【填充】下拉列表框中的【标准色-橙色】选项；在【应用于】下拉列表框中选择【文字】选项，即底纹的应用范围为文字。

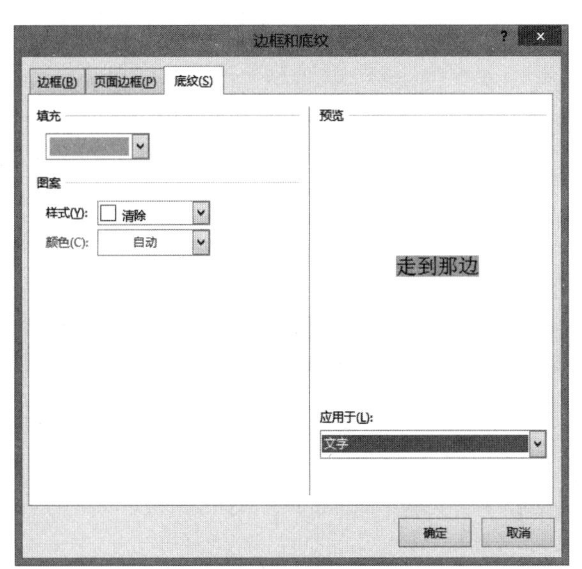

例 3-9　设置底纹

图 3-37　【底纹】选项卡

（3）单击【确定】按钮，效果如图 3-38 所示。

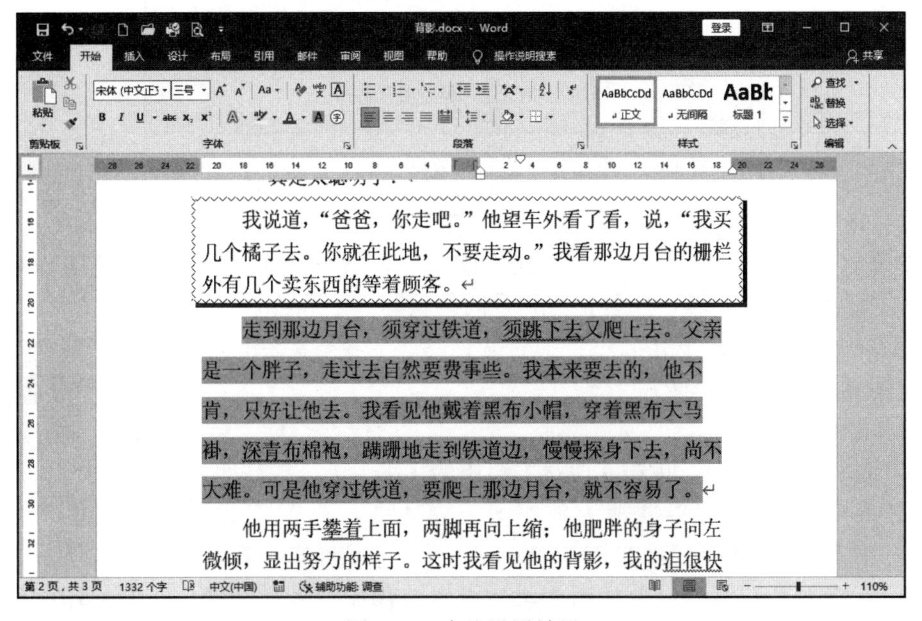

图 3-38　底纹设置效果

4）设置项目符号和编号

适当使用项目符号和编号，可以使文档内容更加清晰，层次分明。一般对有顺序的项目使用编号，对并列关系的项目则使用项目符号。

（1）设置项目符号。

Word 2016 提供了多种项目符号样式，同时允许用户将符号或图片设置为项目符号，这样可以使文档更美观，更具个性化。

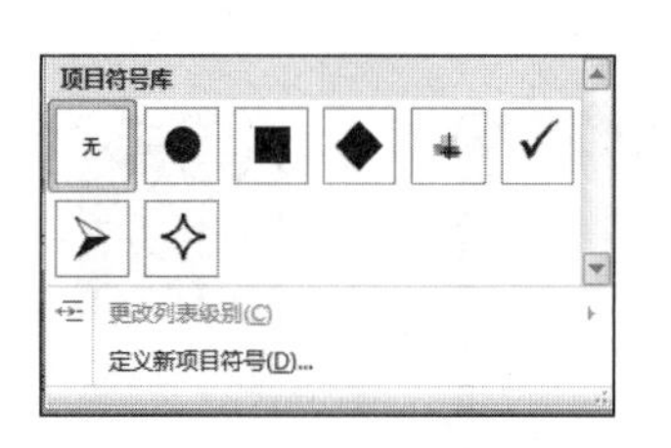

图 3-39 【项目符号库】下拉菜单

【例 3-10】将文档“背影.docx”中的第 4～6 段“到南京时……那时真是太聪明了！”的项目符号设置为【项目符号】下拉菜单中第 2 行第 2 列的样式。

具体操作步骤如下。

选中第 4～6 段，单击【段落】组中的【项目符号】下拉按钮，在弹出的【项目符号库】下拉菜单中选择第 2 行第 2 列项目符号，如图 3-39 所示。

添加项目符号的效果如图 3-40 所示。

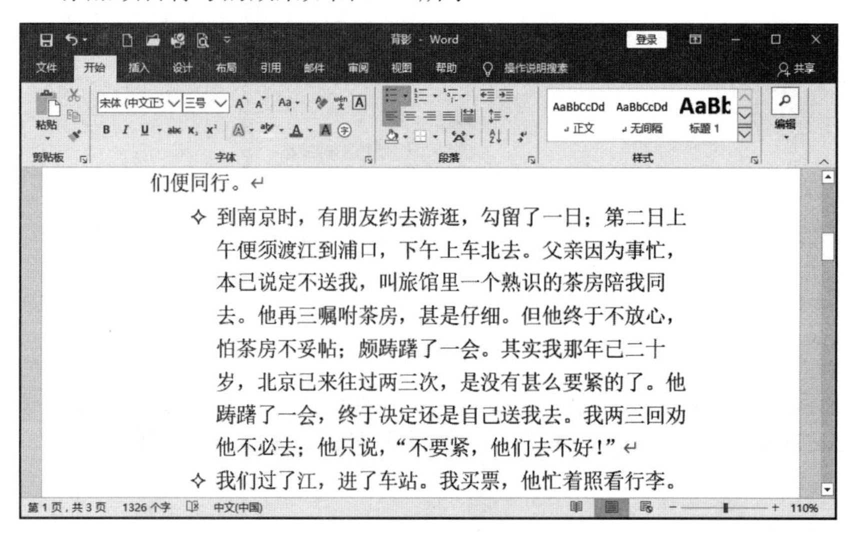

图 3-40 添加项目符号的效果

例 3-10 设置项目符号

（2）设置编号。

设置编号的方法与设置项目符号的方法类似，只是将项目符号变成顺序排列的编号。其主要用于操作步骤、主要论点和合同条款等。

【例 3-11】将文档“背影.docx”中的第 1～3 段“我与父亲不相见……我们便同行。”的编号设置为“一、二、三”。

具体操作步骤如下。

① 选中第 1～3 段，单击【段落】组中的【编号】下拉按钮，弹出【编号】下拉菜单，如图 3-41 所示。

例 3-11 设置项目编号

② 在【编号库】列表中选择“一、二、三”编号样式，效果如图 3-42 所示。

技巧：若对已设置好编号的列表进行插入或删除列表项操作，则 Word 2016 将自动调整编号。

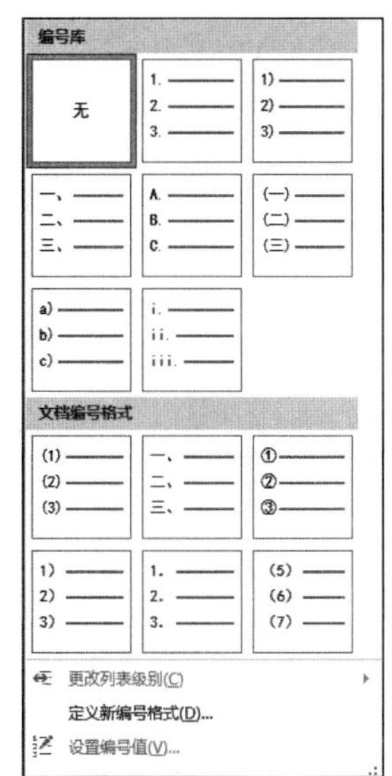

图 3-41　【编号】下拉菜单

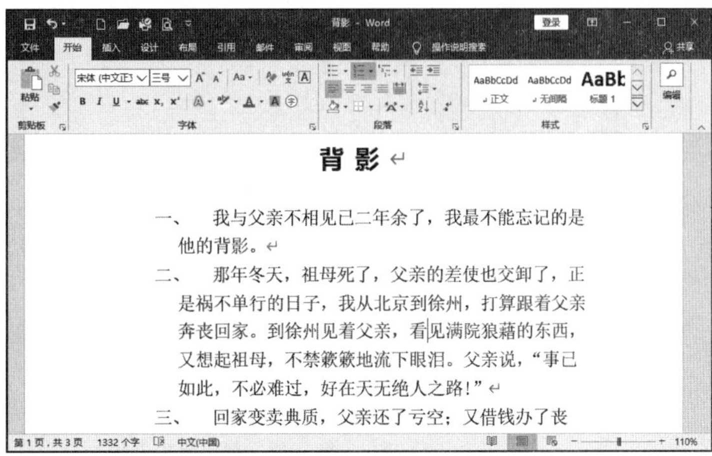

图 3-42　添加编号的效果

5）设置首字下沉

首字下沉是指段落的第一个字符以醒目的方式下沉或悬挂显示，以方便读者找到段落的起始位置。其主要用于报刊中的文档。

【例 3-12】将文档“背影.docx”中的第 11 段“近几年来……惦记着我的儿子。”进行首字下沉设置，字体为宋体，下沉行数为 2 行。

例 3-12　首字下沉

具体操作步骤如下。

（1）打开文档，将光标定位到第 11 段，单击【插入】选项卡【文本】组中的【首字下沉】下拉按钮，在弹出的【首字下沉】下拉菜单中选择【首字下沉选项】命令，如图 3-43 所示，弹出【首字下沉】对话框，如图 3-44 所示。

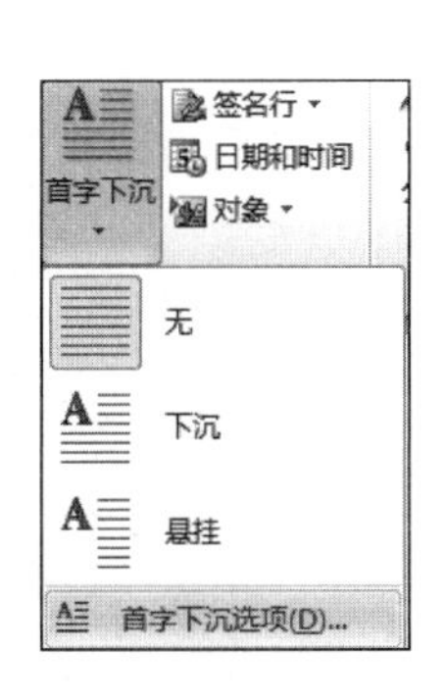

图 3-43　【首字下沉】下拉菜单

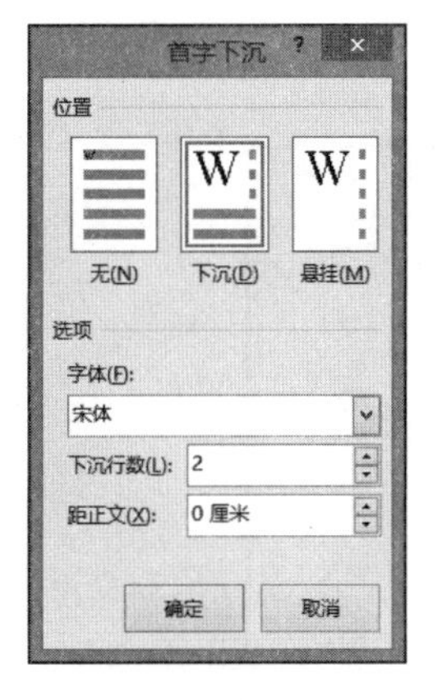

图 3-44　【首字下沉】对话框

（2）选择下沉方式，字体设置为宋体，下沉行数设置为 2。单击【确定】按钮，效果如图 3-45 所示。

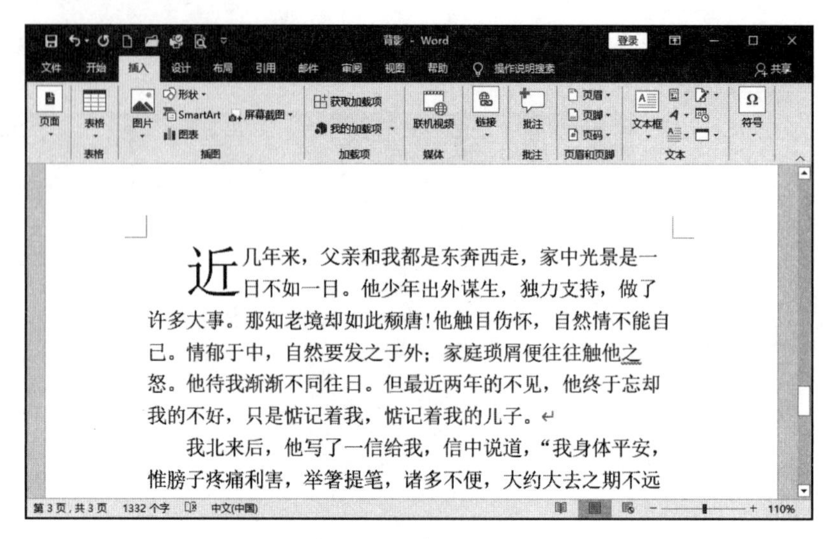

图 3-45 首字下沉效果

6）设置分栏

分栏是一种新闻样式的排版方式，广泛应用于报刊和广告等印刷品种中。使用分栏可以使文档美观整齐，易于阅读。

例 3-13 分栏

【例 3-13】将文档“背影.docx”中的第 10 段“我赶紧拭干了泪……我的眼泪又来了。”进行分栏设置，栏数为 2 栏，栏宽相等，栏间添加分隔线。

具体操作步骤如下。

（1）打开文档，选中第 10 段，单击【布局】选项卡【页面设置】组中的【栏】下拉按钮，在弹出的【栏】下拉菜单中选择【更多栏】命令，如图 3-46 所示，弹出【栏】对话框，如图 3-47 所示。

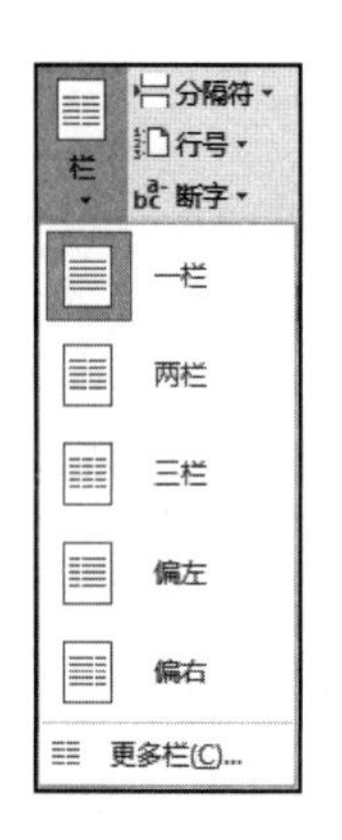

图 3-46 【栏】下拉菜单

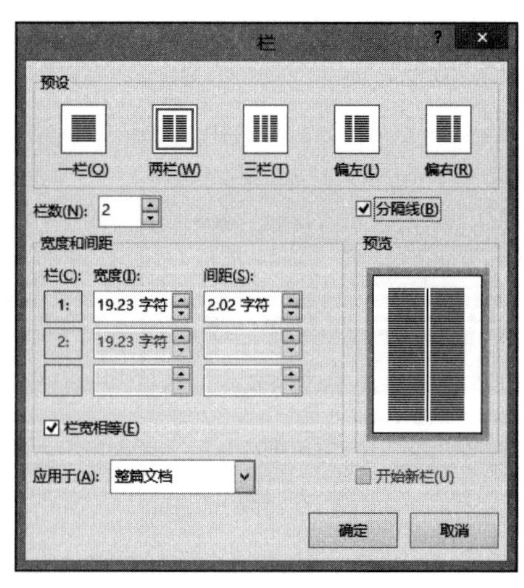

图 3-47 【栏】对话框

（2）选择【两栏】选项，选中【栏宽相等】和【分隔线】复选框，单击【确定】按钮，效果如图 3-48 所示。

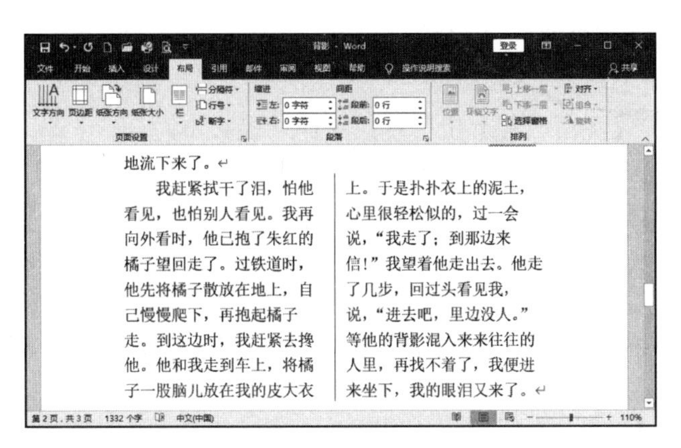

图 3-48　分栏效果

7）复制字符格式

Word 2016 提供了格式刷工具，可以快速复制字符格式。在不连续的相同格式的文本中使用格式刷工具，可以简化操作，节省时间。其具体操作步骤如下。

（1）选中已设置好字符格式的文本，或将光标定位在已设置好字符格式文本的任意位置。

（2）单击【开始】选项卡【剪贴板】组中的【格式刷】按钮，或单击浮动工具栏上的【格式刷】按钮，鼠标指针将变成刷子形状。

（3）在目标文本上拖动鼠标，即可完成格式复制。

若需要将选中格式复制到多处文本块，则需要双击【格式刷】按钮，然后按照步骤（3）完成复制。若取消复制，则单击【格式刷】按钮，或按 Esc 键，鼠标指针即恢复原状。

3. 文档的页面设计

文档的页面设计包括文档主题设计、输出的页面设置、稿纸设置、页面背景及排列设置等，其决定了 Word 文档的尺寸、外观等。页面设计主要使用【布局】选项卡和【设计】选项卡，如图 3-49 和图 3-50 所示。

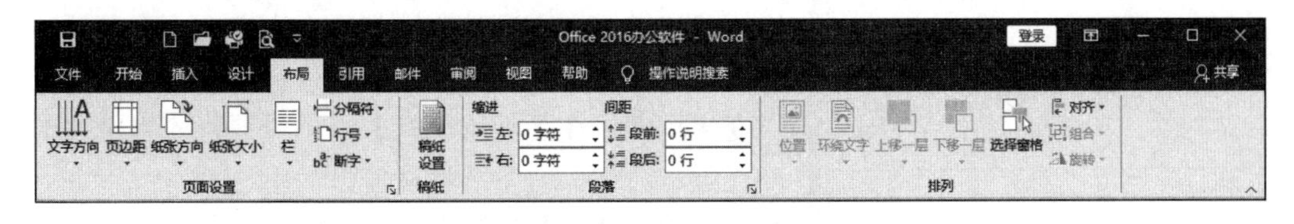

图 3-49　【布局】选项卡

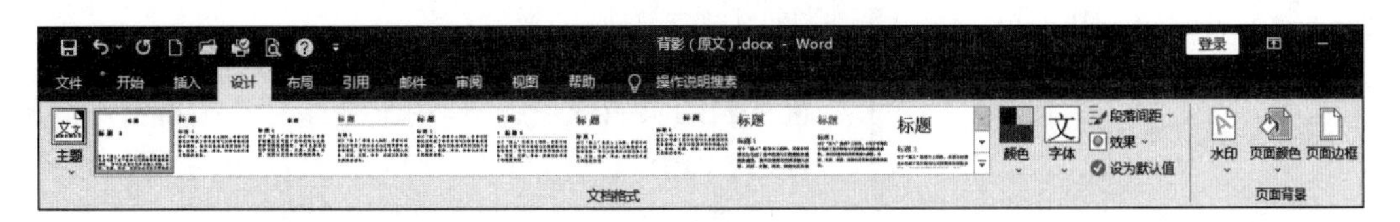

图 3-50　【设计】选项卡

1）页面设置

页面设置主要包括纸张大小、页边距、页眉页脚与边界的距离等的设置。可以通过以下两种方法进行页面设置。

（1）【页面设置】组。

【布局】选项卡【页面设置】组中各按钮的功能如下。

①【文字方向】：单击【文字方向】下拉按钮，可以在弹出的【文字方向】下拉菜单中选择文档或所选文字的方向。若选择【文字方向选项】命令，则弹出【文字方向-主文档】对话框。

②【页边距】：用于设置当前文档或当前节的页边距的大小。也可以选择【自定义边距】命令，在弹出的【页面设置】对话框中进行自定义设置。

③【纸张方向】：用于改变页面的横向或纵向布局。

④【纸张大小】：用于设置页面的纸张大小，系统提供了常用的 A4、B5 等纸张型号。若是特殊纸张，可以选择【其他纸张大小】命令进行自定义设置。

⑤【栏】：利用分栏可以产生类似于报纸的多栏版式效果。Word 2016 可以对整篇文档或部分文档进行分栏。若需要对分栏进行更精确的设置，可以选择【更多栏】命令，在弹出的【栏】对话框中设置栏数、栏宽等。

⑥【分隔符】：用于在文档中添加分页符、分节符或分栏符。

⑦【行号】：用于在文档每一行左侧的行距中添加行号。

（2）【页面设置】对话框。

单击【布局】选项卡【页面设置】组中的对话框启动器按钮，弹出【页面设置】对话框，如图 3-51 所示，在其中可以进行如下设置。

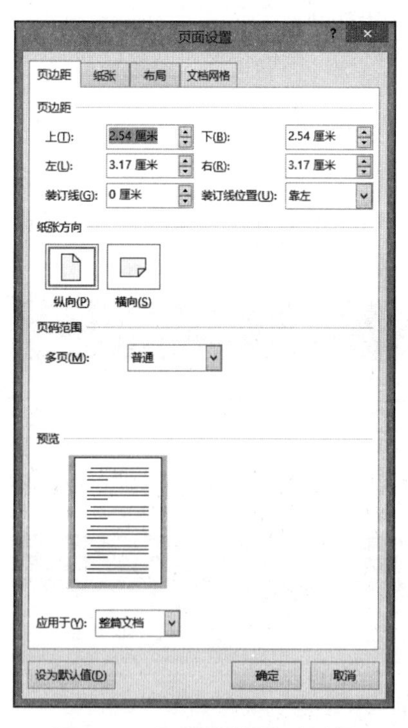

图 3-51 【页面设置】对话框

①【页边距】选项卡：用于设置上、下、左、右的页边距及装订线位置。用户可以利用微调按钮进行调整，也可以在相应的数值框内直接输入数值。设置完成后，可以通过【预览】组预览效果。

②【纸张】选项卡：用于设置打印所使用的纸张大小等。在【纸张大小】下拉列表框中给出了常用的纸张型号，如 A4、B5 等，此时系统显示纸张的默认宽度和高度；若选择【自定义大小】选项，则可在【宽度】和【高度】数值框中设置纸张的宽度和高度。在【纸张来源】组中设置打印机纸张的来源，通常保留系统默认值。

③【布局】选项卡：用于设置页眉和页脚、页面的垂直对齐方式。【页眉和页脚】组中，【奇偶页不同】复选框表示需要在文档的奇数页与偶数页设置不同的页眉或页脚，作用于整篇文档；【首页不同】复选框表示可使节或文档首页的页眉或页脚的设置与其他页不同。【页面】组中，【垂直对齐方式】下拉列表框用于设置文档内容在页面垂直方向上的对齐方式。

④【文档网格】选项卡：用于设置文字排列、网络、字符数和行数。设置纸张大小

和页边距后，系统对每行的字符数和每页的行数有一个默认值，此选项卡可用于改变这些默认值。

2）设置页面背景

页面背景主要用来设置页面颜色、水印效果及页面边框等。通过页面背景的设置可以使文档作为电子邮件或传真时更丰富、更有个性。页面背景的设置可以通过【设计】选项卡【页面背景】组中的按钮来完成，各按钮的功能如下。

（1）【水印】：当用户需要将文档做成机密等特殊文件时，可以采用水印效果，其下拉菜单如图 3-52 所示。若想设计特有的文字水印或图片水印，可以选择【自定义水印】命令，在弹出的【水印】对话框中进行设置，如图 3-53 所示。

图 3-52 【水印】下拉菜单

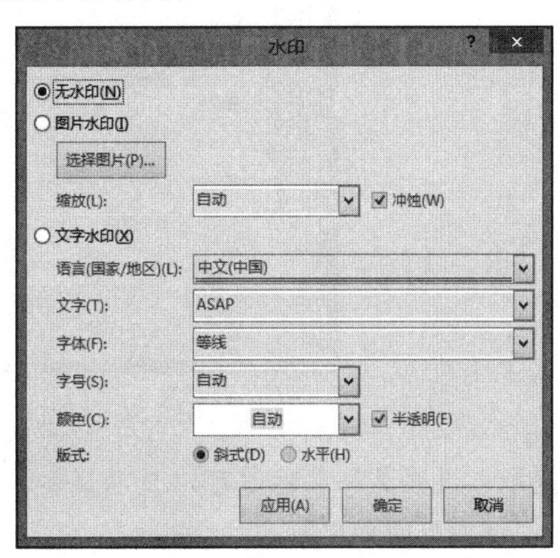

图 3-53 【水印】对话框

（2）【页面颜色】：用于设置页面的背景色，其下拉菜单如图 3-54 所示。若想设置较为复杂的背景效果，可以选择【填充效果】命令，弹出【填充效果】对话框，如图 3-55 所示，在其中可以进行复杂背景效果的设置。

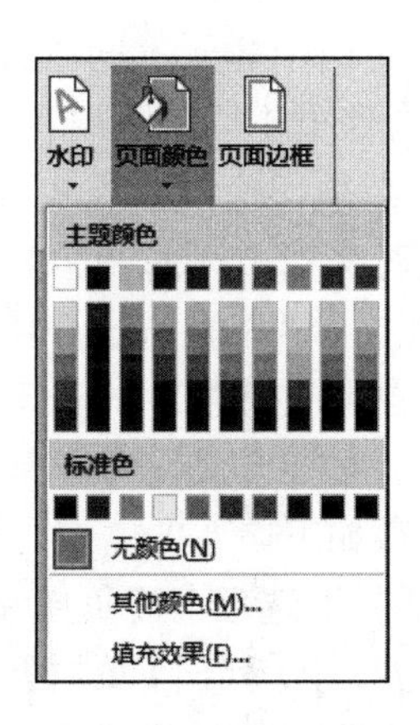

图 3-54 【页面颜色】下拉菜单

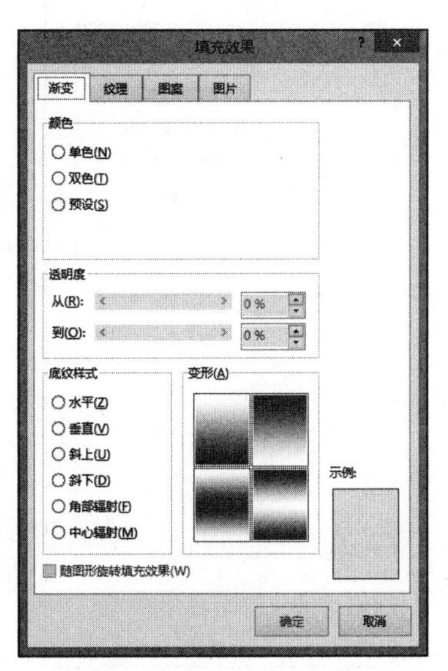

图 3-55 【填充效果】对话框

（3）【页面边框】：用于添加或修改页面周围的边框样式。单击此按钮，弹出【边框和底纹】对话框，如图 3-56 所示。用户可以在【页面边框】选项卡中选择页面的边框样式和颜色，也可以设置艺术型边框。

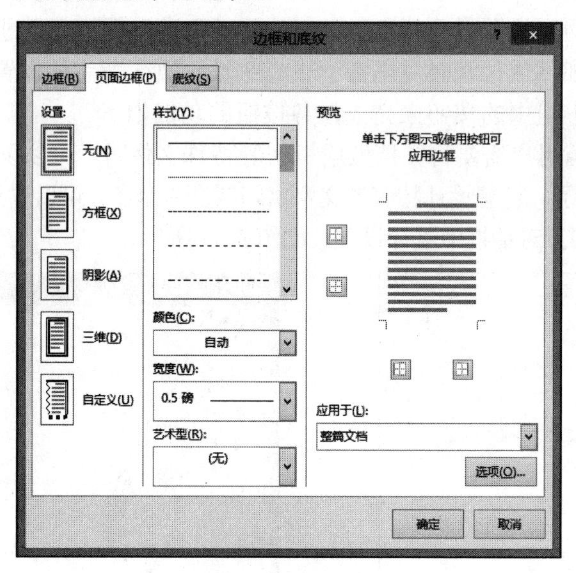

图 3-56 【边框和底纹】对话框

提示：设置页面颜色时可以自动显示预览效果，但打印时不会显示页面颜色。

3）设置页眉和页脚

页眉和页脚是指在文档每一页的顶部和底部加入的文字或图形等信息，其内容可以是文件名、标题名、日期、页码、单位名等。页眉和页脚的内容还可以用来生成各种文本的域代码（如页码、日期等）。与普通文本不同的是，域代码可以随时被当前的新内容所代替。例如，生成日期的域代码根据打印时的系统时钟生成当前日期。

（1）插入页眉和页脚。

用户可以在文档中插入不同格式的页眉和页脚，如可插入奇偶页不同的页眉和页脚。插入页眉和页脚时，必须切换到页眉和页脚编辑状态，这时将无法对文档进行编辑。

【例 3-14】在文档“背影.docx”中插入页眉，页眉内容为“朱自清《背影》—现代散文”；在页脚处插入页码，对齐方式设为居中。

具体操作步骤如下。

① 单击【插入】选项卡【页眉和页脚】组中的【页眉】下拉按钮，弹出【页眉】下拉菜单，如图 3-57 所示，选择【空白】选项。

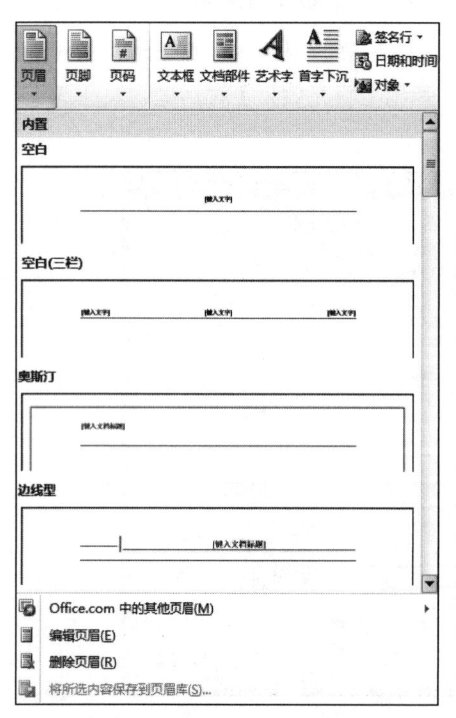

图 3-57 【页眉】下拉菜单

例 3-14 插入页眉和页脚

② 在页眉编辑区输入“朱自清《背影》—现代散文”。

③ 页眉设置完毕后，选择【页眉和页脚工具-设计】选项卡，如图 3-58 所示，单击【导航】组中的【转至页脚】按钮，切换到页脚编辑区。单击【页眉和页脚】组中的【页码】下拉按钮，在弹出的【页码】下拉菜单中选择【页面底端】中的【普通数字 2】命令。

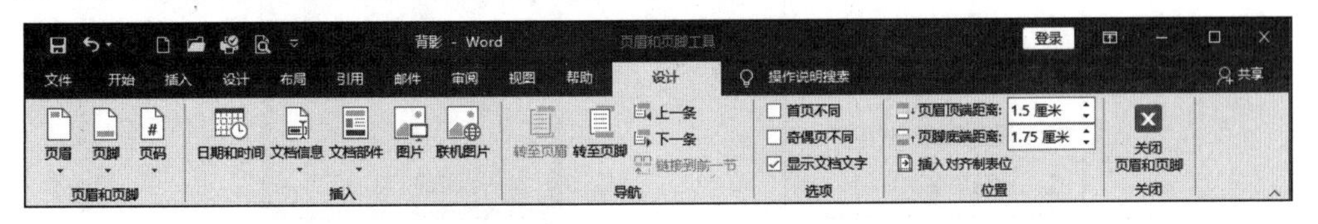

图 3-58 【页眉和页脚工具-设计】选项卡

④ 设置完成后，单击【关闭】组中的【关闭页眉和页脚】按钮，退出页眉和页脚的设置，返回文档编辑状态，效果如图 3-59 所示。

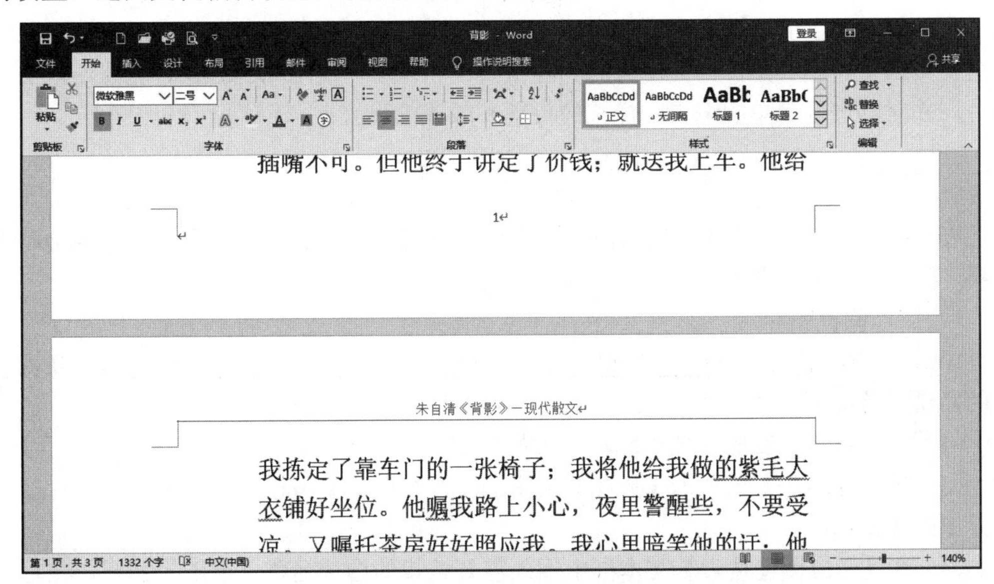

图 3-59 在文档中插入页眉和页脚的效果

技巧：也可以直接双击页眉或页脚编辑区，打开【页眉和页脚工具-设计】选项卡进行设置，在文档的其他位置双击返回文档编辑窗口。

（2）插入页码。

有些文章页数太多，这时就可为文档插入页码，便于用户整理和阅读。在文档中插入页码的操作步骤如下。

① 单击【插入】选项卡【页眉和页脚】组中的【页码】下拉按钮，弹出【页码】下拉菜单，如图 3-60 所示，其中提供了常用的页码格式。如果需要特殊格式，可以选择【设置页码格式】命令，弹出【页码格式】对话框，如图 3-61 所示。

② 在该对话框中设置所要插入页码的格式。

③ 设置完成后，单击【确定】按钮即可。

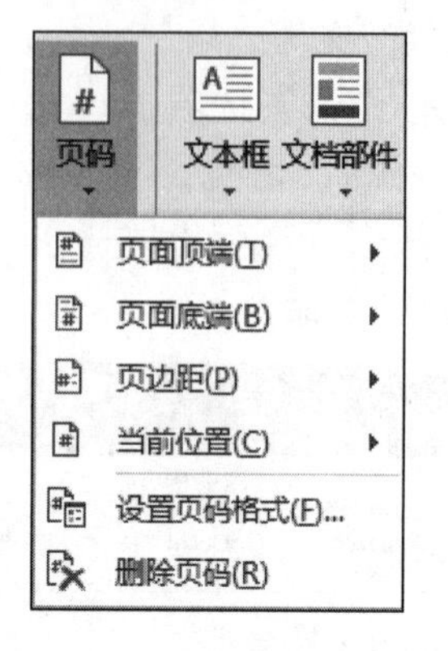

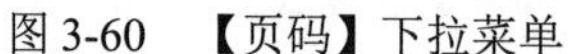

图 3-60 【页码】下拉菜单

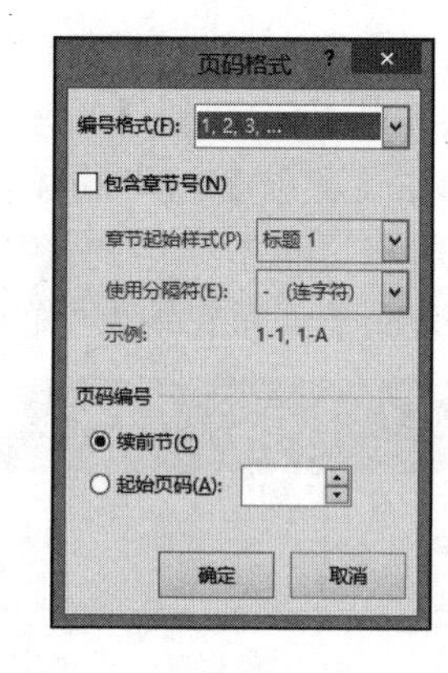

图 3-61 【页码格式】对话框

3.1.3 图文混排

全部都是文字的文档会使阅读者感到单调，产生视觉疲劳。在文档中适当地插入图片会使文档更具感染力，也会使文档更容易阅读和理解。使用 Word 2016 能方便地插入图片，并对其进行简单的编辑、样式的设置和版式的设置。

1. 插入图片

Word 中可使用的图片有自选图形、剪贴画、艺术字、公式、图片文件、SmartArt 图形、图表及屏幕截图等。

1）插入联机图片

Word 2016 自带了大量的剪贴画，用户可以从中选取需要的。在文档中插入联机图片的操作步骤如下。

（1）将光标定位在需要插入联机图片的位置。

（2）单击【插入】选项卡【插图】组中的【联机图片】按钮，打开【插入图片】窗格，如图 3-62 所示。

（3）在【必应图像搜索】文本框中输入需要查找的图片名称，单击 按钮，在打开的列表中显示所有找到的符合条件的图片，如图 3-63 所示。选中所需的图片，单击【插入】按钮，即可完成插入操作。

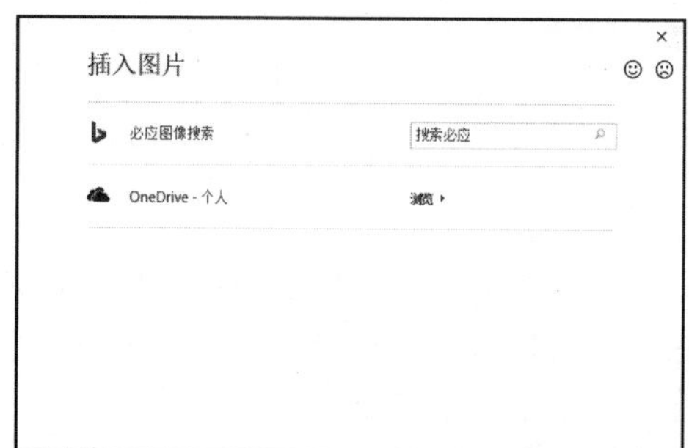

图 3-62 【插入图片】窗格

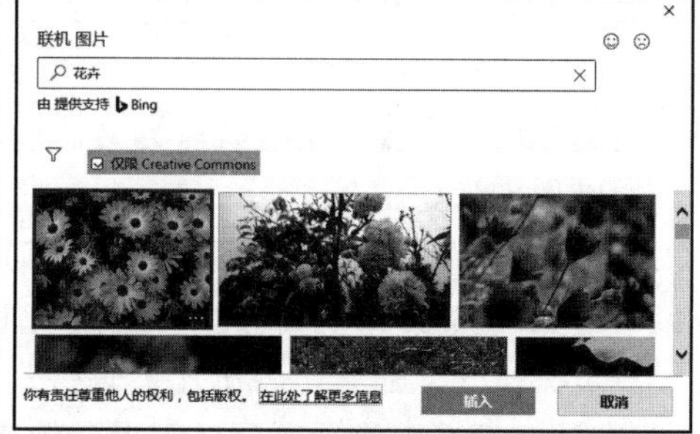

图 3-63 图片搜索结果

提示：如果在图 3-63 中按住 Ctrl 键并单击多个图片，则可将这些选中的图片全部插入文档中。

2）插入图片文件

Word 2016 支持当前流行的所有格式的图片文件，如.bmp 文件、.jpg 文件和.gif 文件等。Word 2016 允许用户在文档的任意位置插入常见格式的图片，操作步骤如下。

3.1.3 节 2）插入图片文件

（1）将光标定位在需要插入图片的位置。

（2）单击【插入】选项卡【插图】组中的【图片】按钮，弹出【插入图片】对话框，如图 3-64 所示。

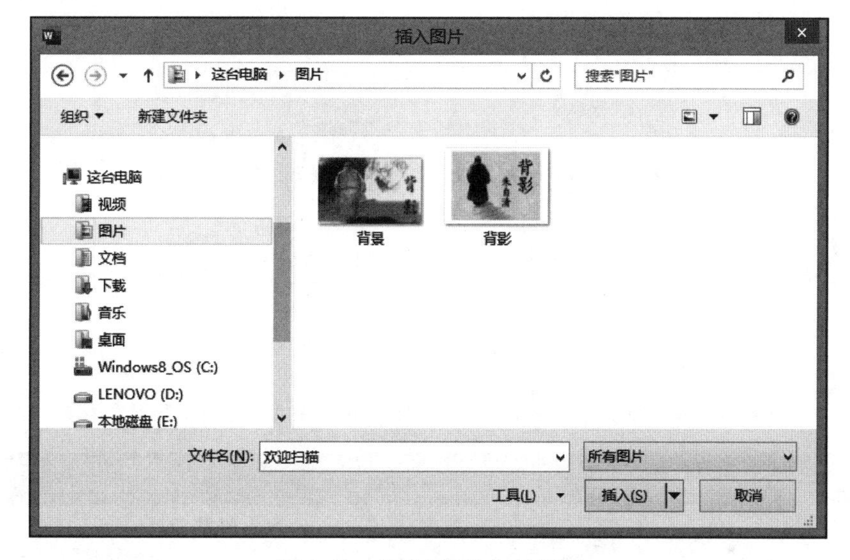

图 3-64 【插入图片】对话框

（3）找到图片所在位置，选择需要插入的图片文件。

（4）单击【插入】按钮。

3）插入自选图形

自选图形是指一组现成的图形，包括如矩形和圆这样的基本形状，以及各种线条和连接符、箭头汇总、流程图符号、星、旗帜和标注等。

Word 2016 为用户提供了丰富的自选图形，用户在文档中插入自选图形时应考虑图所表达的效果，从而选择适当的图形进行插入。单击【插入】选项卡【插图】组中的【形状】下拉按钮，弹出【形状】下拉菜单，如图 3-65 所示，从中选择一种，移动光标到需要插入自选图形的位置，拖动光标便可绘制相应的图形。

4）插入屏幕截图

编写某些特殊文档时，经常需要向文档中插入屏幕截图。Office 2016 提供了屏幕截图功能，用户编写文档时可以直接截取程序窗口或屏幕上某个区域的图像，这些图像将自动插入当前光标所在的位置。单击【插入】选项卡【插图】组中的【屏幕截图】下拉按钮，在弹出的【可用的视窗】下拉菜单中列出了当前打开的所有程序窗口，如图 3-66 所示。选择需要插入的窗口截图，此时该窗口截图将插入光标处，如图 3-67 所示。

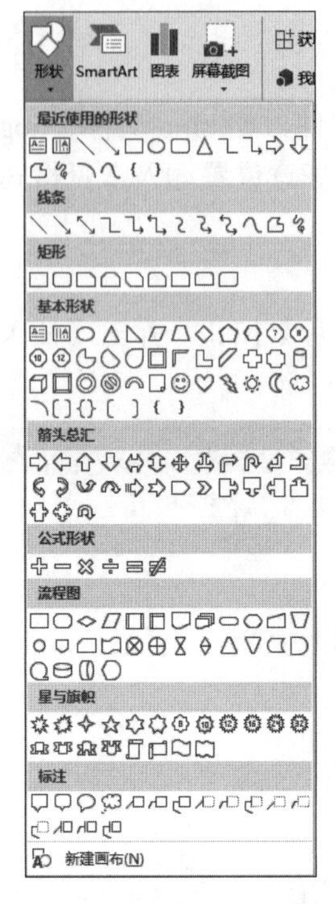

图 3-65 【形状】下拉菜单　　图 3-66 【可用的视窗】下拉菜单

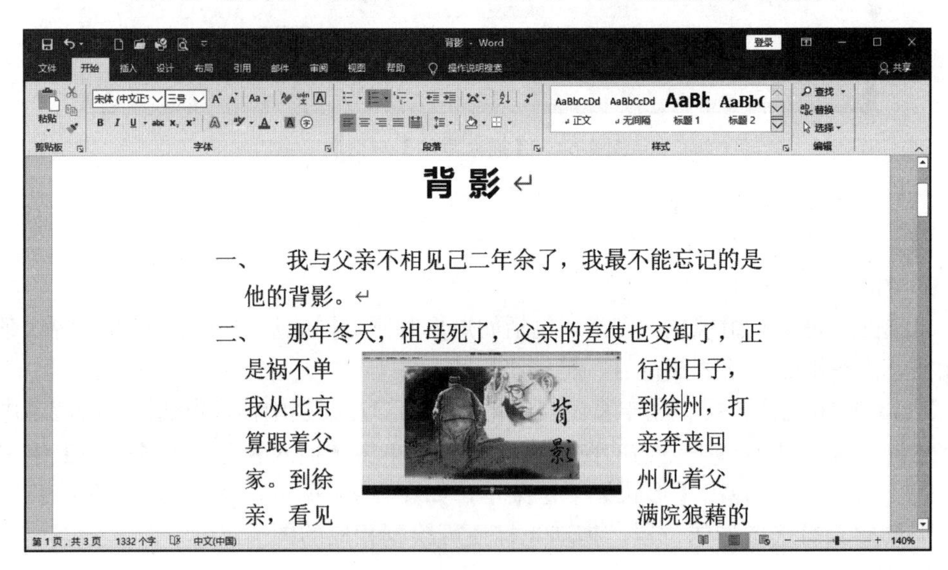

图 3-67 窗口截图插入文档中的效果

5）插入艺术字

为了提升文档的整体效果，文档内容常常需要应用一些具有艺术效果的文字。Word 提供插入艺术字的功能，并预设多种艺术字效果以供选择，且用户可以根据需要自定义设置艺术字效果。单击【插入】选项卡【文本】组中的【艺术字】下拉按钮，在弹出的【艺术字】下拉菜单中选择一种艺术字，此时选中的艺术字样式将插入光标处。用户输入文字内容即可。

2. 编辑图片的基本操作

Word 文档插入图片后，可以对图片进行编辑，如移动、复制、删除、调整位置、缩放和裁剪等。对某一图片进行编辑和处理，必须先选中该图片。单击图片，图片四周将显示 8 个控点（称为尺寸句柄），表示图片被选中。此时，【图片工具-格式】选项卡被激活，如图 3-68 所示。利用该选项卡可对图片亮度和对比度进行调整，对图片样式进行修改，对图片的排列方式和大小进行设置等。

图 3-68 【图片工具-格式】选项卡

1）移动、复制、删除图片

选中图片后，移动鼠标指针到图片中，当鼠标指针变为四向箭头时，拖动图片到任意位置，实现移动操作；图片的复制与文本的复制方法相同，可以使用菜单、键盘的方式；图片的删除可以通过右击，在弹出的快捷菜单中选择【删除】命令，也可以直接按 Delete 键。

2）缩放和裁剪图片

（1）缩放图片的操作步骤如下。

① 选中需要缩放的图片，此时图片四周显示 8 个尺寸句柄。

② 将鼠标指针悬停于某个尺寸句柄上，鼠标指针变成双箭头，此时根据需要进行拖动，以改变图片大小。

（2）裁剪图片的操作步骤如下。

① 选中需要裁剪的图片。

② 单击【图片工具-格式】选项卡【大小】组中的【裁剪】按钮。

③ 将鼠标指针悬停于某尺寸句柄上，指针变成裁剪形状，向图片内部拖动即可裁剪相应部分，操作完成后按 Enter 键。

提示：【裁剪】按钮只可以裁剪图片的部分内容，不可以改变图片的形状。如果想改变图片的形状，应使用专门的图片处理工具。

若要精确地缩放图形，可以利用菜单命令进行设置，其操作步骤如下。

① 选中需要缩放的图形。

② 单击【图片工具-格式】选项卡【大小】组中的【高度】微调按钮、【宽度】微调按钮，调整缩放值；也可以单击【大小】组中的对话框启动器按钮，弹出【布局】对话框，如图 3-69 所示，在【大小】选项

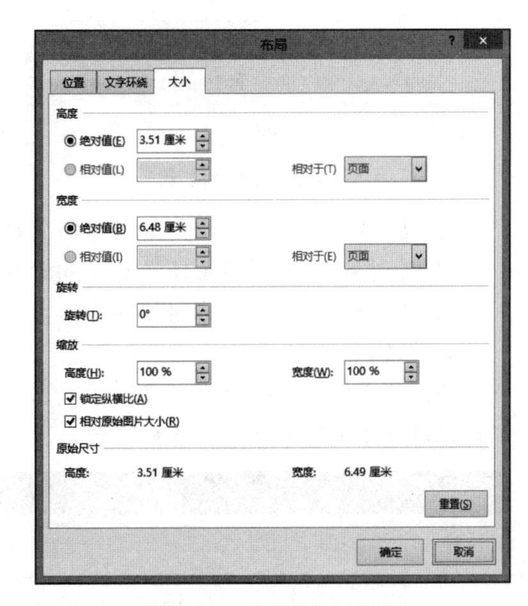

图 3-69 【布局】对话框

卡的【缩放】组中输入高度和宽度的百分比，单击【确定】按钮完成设置。

3）调整图片

利用【图片工具-格式】选项卡【调整】组中的按钮可以对图片进行亮度、对比度和颜色艺术效果等调整。

4）设置图片样式

在文档中插入的图片默认状态下都是不具备样式的，而 Word 2016 作为专业排版设计工具，考虑用户美化图片的需要，提供了一套精美的图片样式以供用户选择。这套样式不仅涉及图片外观的方形、椭圆等各式样式，还包括各种各样的图片边框与阴影等效果。【图片工具-格式】选项卡中的【图片样式】组如图 3-70 所示，其中部分按钮的功能如下。

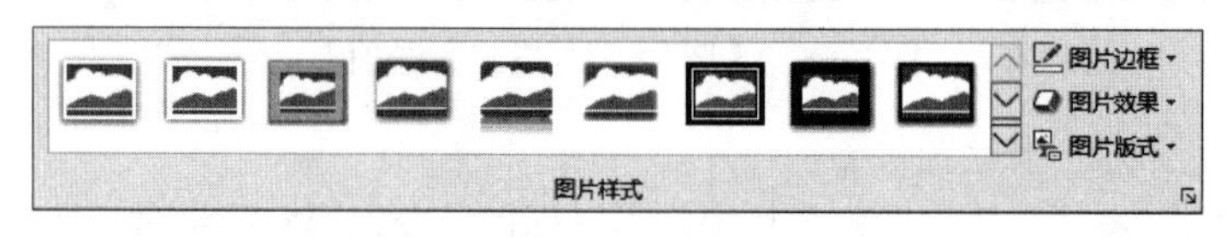

图 3-70 【图片样式】组

（1）【图片样式】：【图片样式】组中只提供了几种图片样式，若想选择更多的样式，可以单击向上或向下箭头按钮查看；也可以单击【图片样式】组中的【其他】下拉按钮，弹出【图片样式】下拉菜单，选择任意一种样式对图片进行修改。

（2）【图片边框】：用于设置图片边框的颜色、粗细和形状。

（3）【图片效果】：用于设置图片的预设、阴影、映像、发光、柔化边缘、棱台、三维旋转等三维效果。

（4）【图片版式】：用于将图片转换为 SmartArt 图形。

5）排列图片

当用户创建的文档中既有文字又有图片时，就涉及对图片和文字的版式进行排列。排列图片可利用【图片工具-格式】选项卡【排列】组中的各按钮完成，如图 3-71 所示，其中部分按钮的功能如下。

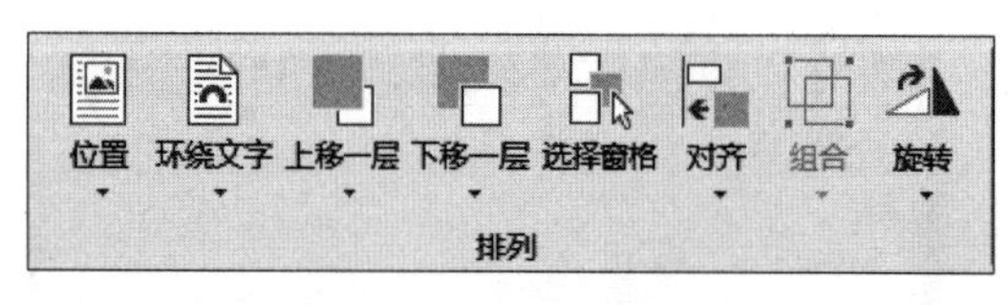

图 3-71 【排列】组

（1）【位置】：用于设置所选对象的环绕方式。

（2）【环绕文字】：用于更改图片与文本的环绕方式。

（3）【对齐】：用于设置所选对象的对齐方式。

（4）【旋转】：用于设置对象的旋转方式。

6）编辑艺术字

插入艺术字的同时将激活【绘图工具-格式】选项卡，如图 3-72 所示。利用该选项卡可以对选中的艺术字进行各种设置。

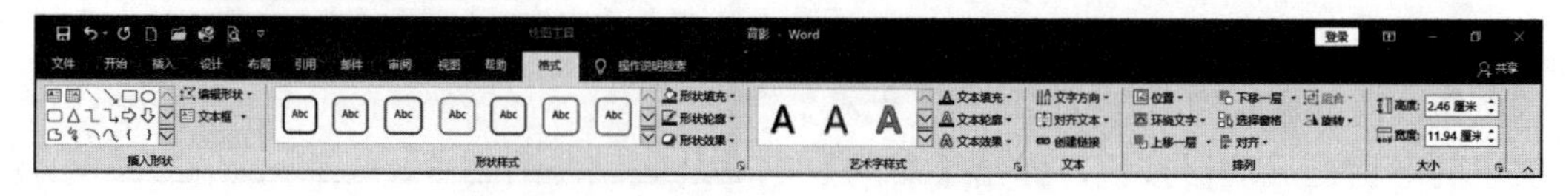

图 3-72 【绘图工具-格式】选项卡

【绘图工具-格式】选项卡中部分组的功能如下。

（1）【文本】组：用于调整艺术字的对齐方式、更改艺术字的方向及为艺术字创建超链接。

（2）【艺术字样式】组：用于设置艺术字的样式及更改艺术字的填充效果、轮廓、文本效果。

（3）【排列】组：用于设置选中艺术字的排列方式，其与图片排列作用相同。

（4）【大小】组：用于改变选中艺术字图片的大小。

7）编辑自绘图形

利用 Word 2016 中提供的自选图形，用户可以自行绘制需要的图形。绘制完图形后，窗口会自动显示【绘图工具-格式】选项卡，利用其中的按钮，用户可以进行自绘图形的填充、旋转、组合等多种设置。

（1）在图形中添加文字。

右击需要添加文字的图形，在弹出的快捷菜单中选择【添加文字】命令，光标会自动移到选中图形上，并在图形对象上显示文本框，输入文字即可。文字输入后，可以设置字体、字号等，设置方法与文档设置相同。

（2）图形的组合、叠放。

在文档中，绘制的图形可以根据需要进行组合，以防止它们的相对位置发生改变，操作步骤如下。

① 按住 Shift（或 Ctrl）键的同时选中需要组合的图形。

② 将光标移动到需要组合的某一个图形处。

③ 右击，在弹出的快捷菜单中选择【组合】子菜单中的【组合】命令。

在文档中有时需要绘制多个重叠的图形，此时需要设置图形的叠放次序或图形在文字中的叠放次序，其操作步骤如下。选中需要设置叠放次序的图形，右击，在弹出的快捷菜单中选择【置于顶层】（或【置于底层】）子菜单中的相应命令即可。

（3）设置自选图形的格式。

单击【绘图工具-格式】选项卡中的各按钮可以对图形进行颜色填充、线条、阴影和三维效果的设置，各按钮的作用与图片设置相同。

3. 文本框

文本框是一种比较特殊的对象，它不仅可以被置于页面中的任何位置，而且还可以在其中输入文本、插入图片和艺术字等对象，其本身的格式也可以进行设置。使用文本框，用户可以按照自己的意愿在文档页面中的任意位置放置文本，这对于排版报纸类文档十分有用。

1）插入文本框

文本框的插入方法有两种，可以先插入空文本框，确定好大小、位置后，再输入文本内容；也可以先选中文本内容，再插入文本框。

（1）插入空文本框。

插入空文本框的操作步骤如下。

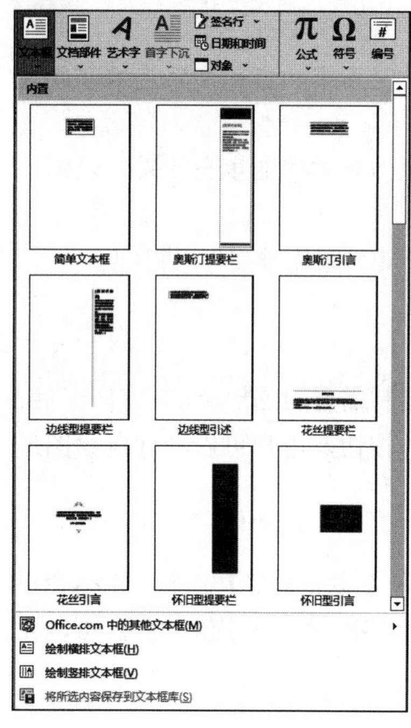

图 3-73　【文本框】下拉菜单

单击【插入】选项卡【文本】组中的【文本框】下拉按钮，在弹出的【文本框】下拉菜单（图 3-73）中选择【绘制横排文本框】命令，此时鼠标指针在文档中变成十字形，在文档中的合适位置拖动即可绘制所需的文本框。

插入文本框后光标在文本框中，根据需要，可以在文本框中插入适当的图片或添加文本。

（2）将文档中指定的内容放入文本框。

将文档中指定的内容放入文本框的操作步骤如下。

① 选中指定文本内容。

② 单击【插入】选项卡【文本】组中的【文本框】下拉按钮，在弹出的【文本框】下拉菜单中选择一种文本框样式。

2）编辑文本框

插入文本框后，系统会自动显示【绘图工具-格式】选项卡，利用该选项卡可以对文本框的样式、大小和排列等进行设置，设置方法同图片设置。

4. SmartArt 图形

SmartArt 图形是信息和观点的视觉表示形式。可以通过从多种不同布局中进行选择来创建 SmartArt 图形，从而快速、轻松、有效地传达信息。借助 SmartArt 图形可以制作出具有专业设计师水准的插图。SmartArt 图形包括列表、流程、循环、层次结构、关系和矩阵等。

1）插入 SmartArt 图形

在文档中插入 SmartArt 图形的操作步骤如下。

（1）将光标定位在需要插入 SmartArt 图形的位置。

（2）单击【插入】选项卡【插图】组中的【SmartArt】按钮，弹出【选择 SmartArt 图形】对话框，如图 3-74 所示。

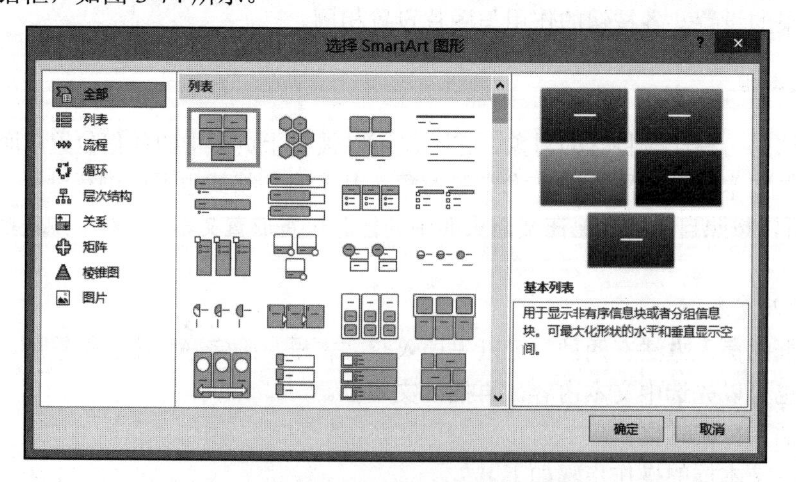

图 3-74　【选择 SmartArt 图形】对话框

（3）在该对话框的左侧窗格中选择 SmartArt 图形的类型，在中间窗格中选择子类型，在右侧窗格中显示 SmartArt 图形的预览效果。

（4）设置完成后，单击【确定】按钮，即可在文档中插入 SmartArt 图形，并显示【SmartArt 工具】选项卡。若需要输入文本，只需在“[文本]”字样处输入文字即可。

2）编辑 SmartArt 图形

可利用【SmartArt 工具-设计】选项卡（图 3-75）和【SmartArt 工具-格式】选项卡（图 3-76）中的按钮编辑 SmartArt 图形，以达到所需效果。

图 3-75　【SmartArt 工具-设计】选项卡

图 3-76　【SmartArt 工具-格式】选项卡

（1）【SmartArt 工具-设计】选项卡中部分内容介绍如下。

①【添加形状】：可以为 SmartArt 图形添加形状，其下拉菜单如图 3-77 所示。

②【版式】组：可以为 SmartArt 图形重新定义版式样式。

③【更改颜色】：可以为 SmartArt 图形设置颜色，其下拉菜单如图 3-78 所示。

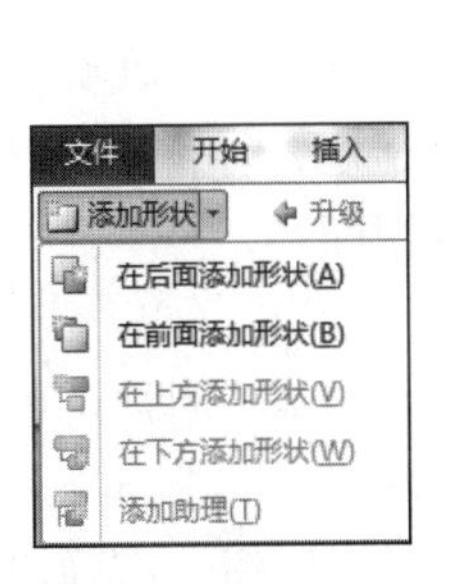

图 3-77　【添加形状】下拉菜单

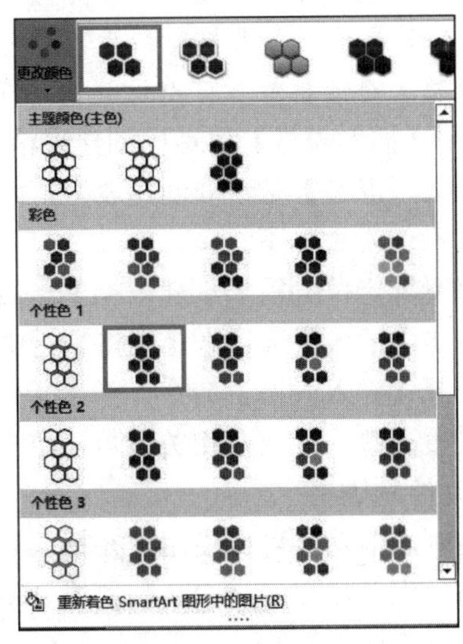

图 3-78　【更改颜色】下拉菜单

④【SmartArt 样式】组：可以选择 SmartArt 图形的样式。

⑤【重置图形】按钮：取消对 SmartArt 图形的所有操作，恢复到原始插入状态。

（2）【SmartArt 工具-格式】选项卡中部分内容介绍如下。

①【形状样式】组：可以为 SmartArt 图形中的形状设置样式、填充、轮廓和效果。

②【艺术字样式】组：可以为 SmartArt 图形中的文本设置艺术字样式、填充、轮廓和效果。

3.1.4 表格制作与处理

在制作报表、合同、简历、工作总结等各类文档时，经常需要在文档中插入表格，以清晰直观地表现各种类型的数据。表格以行和列的形式组织信息，结构严谨，效果直观，而且信息量较大。Word 2016 提供了强大的表格功能，方便用户创建和使用表格。

1. 创建表格

表格由若干行和列组成，行列的交叉区域称为单元格。单元格中可以填写数值、文字和插入图片等。利用菜单命令和【插入表格】对话框均可以快捷地创建表格。

1）自动插入表格

如果用户需要插入的表格不大于 8 行 10 列，可单击【插入】选项卡【表格】组中的【表格】下拉按钮插入表格。

【例 3-15】插入一个 5 行 5 列的表格。

具体操作步骤如下。

（1）将光标定位到要创建表格的位置，单击【插入】选项卡【表格】组中的【表格】下拉按钮。

（2）在弹出的【表格】下拉菜单的虚拟表格内拖动鼠标，如图 3-79 所示，当表格的列数和行数均为 5 时释放鼠标即可。

提示：利用上述方法创建表格十分方便，但表格的行、列数会有限制，最多只能创建 8 行 10 列的表格。当表格行列数较多时，应该使用其他方式来创建表格。例如，使用【插入表格】对话框最多可以设置 32767 行 63 列的表格。

2）使用【插入表格】对话框创建表格

使用【插入表格】对话框创建表格，可以使用户在插入表格前事先设置表格的尺寸和格式，其操作步骤如下。

（1）将光标定位到需要创建表格的位置。

（2）单击【插入】选项卡【表格】组中的【表格】下拉按钮，在弹出的【表格】下拉菜单中选择【插入表格】命令，弹出【插入表格】对话框，如图 3-80 所示。

（3）设置列数、行数及相关参数，单击【确定】按钮即可。

3）手动绘制表格

手动绘制表格功能可以使用户在插入表格时更加随心所欲。用户可以绘制多种不同大小的表格，也可以在表格中绘制斜线。手动绘制表格的操作步骤如下。

（1）单击【插入】选项卡【表格】组中的【表格】下拉按钮，在弹出的【表格】下拉菜单中选择【绘制表格】命令，此时鼠标指针变成笔形。

（2）拖动鼠标在文档中绘制一个矩形区域，到达所需要设置表格大小的位置，释放鼠标，即可形成整个表格的外部轮廓，同时显示【表格工具】选项卡。

（3）拖动鼠标在表格中绘制一条从左到右或从上到下的虚线，释放鼠标，一条表格中的划分线即形成。

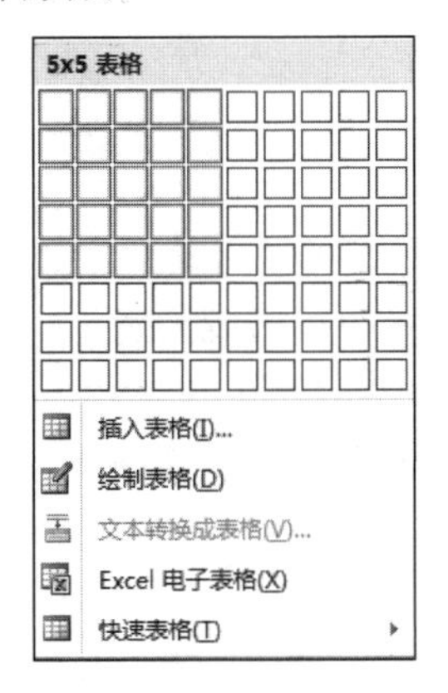

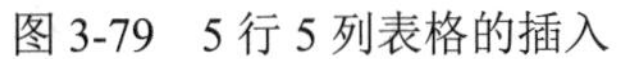

图 3-79　5 行 5 列表格的插入

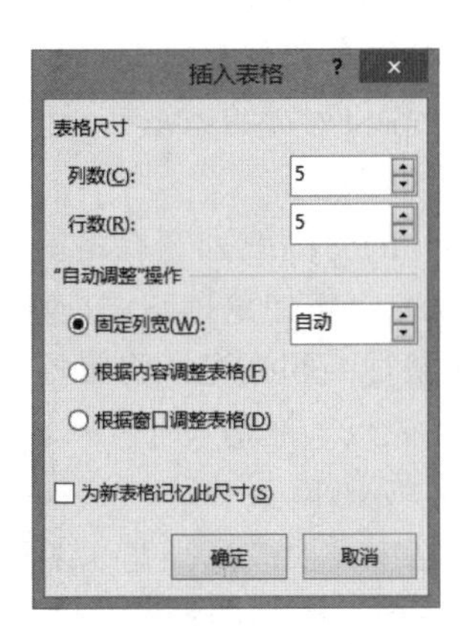

图 3-80　【插入表格】对话框

在单元格内也可以绘制斜线，以便根据需要划分不同的单元格，斜线的绘制方法同直线的绘制方法。

若要删除一条或多条线，可以单击【表格工具-布局】选项卡【绘图】组中的【橡皮擦】按钮。

提示：创建不规则的表格时经常使用这种方法，在规则表格基础上添加或擦除表格线时也可以使用这种方法。

2. 编辑表格

创建好表格后，通常需要对表格进行编辑，如调整行高和列宽、插入和删除行或列、合并和拆分单元格等，以满足用户的特定要求。对表格的编辑主要通过【表格工具-布局】选项卡中的各按钮来实现，如图 3-81 所示。

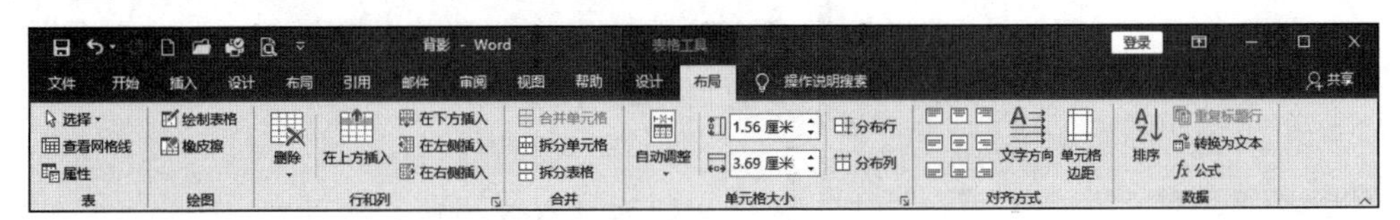

图 3-81　【表格工具-布局】选项卡

1）选中表格的单元格、行或列

（1）选中单元格：将鼠标指针移动到需要选中单元格的左侧边界，当指针变成右上黑色箭头↗时单击即可。

（2）选中一行：将鼠标指针移动到需要选中行左侧的选中区，当指针变成右上空心箭头⇗时单击即可。

（3）选中一列：将鼠标指针移动到该列顶部的选中区，当指针变成向下黑色箭头⬇时单击即可。

（4）选中连续单元格区域：拖动鼠标选中连续单元格区域即可。这种方法也可以用于选中单个、一行或一列单元格。

（5）选中整个表格：将鼠标指针指向表格左上角，单击显示的移动控制点图标⊞即可。

提示：表格、行、列、单元格的选中也可以通过【表格工具-布局】选项卡【表】

组中【选择】下拉菜单中的相应命令完成。

2）调整表格行高和列宽

调整表格行高和列宽的方法有以下几种。

（1）使用鼠标操作。

① 调整单一的行高或列宽：将鼠标指针指向需要改变行高或列宽的表格边框线，待指针改变形状时，按住鼠标左键拖动，即可改变表格的行高或列宽。

② 整体调整行高和列宽：将鼠标指针指向表格，表格的右下方会显示一个空心小方格，称为尺寸控点。拖动尺寸控点，即可整体调整表格的行高和列宽。

（2）使用菜单操作。

① 选中表格中需要改变列宽（或行高）的列（或行）。

② 单击【表格工具-布局】选项卡【表】组中的【属性】按钮，或右击表格的任意位置，在弹出的快捷菜单中选择【表格属性】命令，弹出【表格属性】对话框，如图 3-82 所示。

图 3-82　【表格属性】对话框

③ 在【列】（或【行】）选项卡的【指定宽度】（或【指定高度】）数值框中输入数值。

④ 单击【确定】按钮。

（3）使用【自动调整】按钮操作。

Word 2016 提供了 3 种自动调整表格的方式，分别是根据内容自动调整表格、根据窗口自动调整表格和固定列宽。自动调整表格的操作步骤如下。

① 将光标定位在表格的任意单元格。

② 单击【表格工具-布局】选项卡【单元格大小】组中的【自动调整】下拉按钮，在弹出的下拉菜单中选择相应命令，系统会根据设置自动进行调整。

3）插入和删除行或列

（1）插入行和列。

将光标定位在表格中，单击【表格工具-布局】选项卡【行和列】组中的【在上方插入】或【在下方插入】按钮，即可在光标所在位置的上方或下方插入一行；单击【在左侧插入】或【在右侧插入】按钮，即可在光标所在位置的左侧或右侧插入一列。

技巧：将光标移动到表格右下角的最后一个单元格，按 Tab 键，可以立即自动在表格后增加一行。

（2）删除行或列。

在表格中选中需要删除的行或列，单击【表格工具-布局】选项卡【行和列】组中的【删除】下拉按钮，在弹出的【删除】下拉菜单中选择【删除行】或【删除列】命令，如图 3-83 所示。

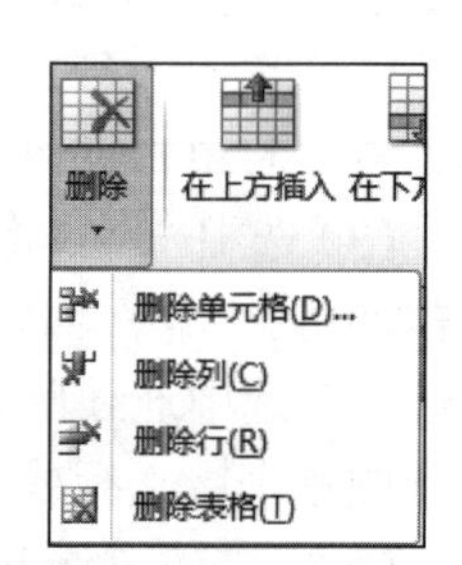

图 3-83　【删除】下拉菜单

提示：选中区域，按 Delete 键，删除的是该选中区域中的数据，即表格中的内容。

4）合并和拆分单元格

合并单元格是指把相邻的多个单元格合并成一个单元格；拆分单元格与合并单元格相反，是把一个单元格拆分为多个单元格。

（1）合并单元格。

选中需要进行合并的多个单元格，右击，在弹出的快捷菜单中选择【合并单元格】命令，或单击【表格工具-布局】选项卡【合并】组中的【合并单元格】按钮。

（2）拆分单元格。

选中需要进行拆分的单元格，右击，在弹出的快捷菜单中选择【拆分单元格】命令，或单击【表格工具-布局】选项卡【合并】组中的【拆分单元格】按钮，弹出【拆分单元格】对话框，如图 3-84 所示。在【列数】数值框中输入应拆分成的列数，在【行数】数值框中输入应拆分成的行数，单击【确定】按钮即可。

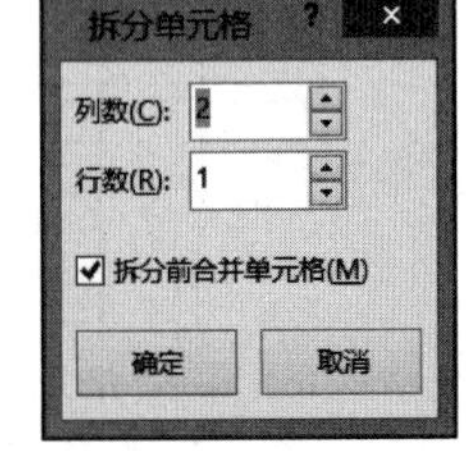

图 3-84　【拆分单元格】对话框

3. 表格的格式化

创建好一个表格之后，可以对表格外观进行美化，如设置表格的边框样式、文字方向等，增强表格的表现力。通过【表格工具-设计】选项卡可以实现对表格外观的设置，如图 3-85 所示。

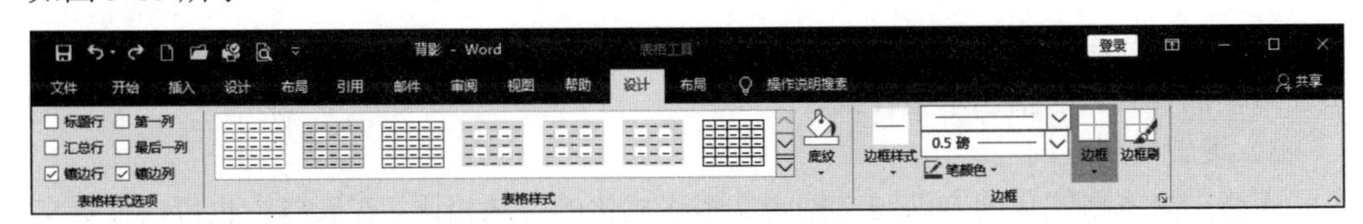

图 3-85　【表格工具-设计】选项卡

1）设置单元格对齐方式

一般在某个表格的单元格中输入文本时，文本都将按照一定的方式显示在表格的单元格中。Word 2016 提供了 9 种单元格中文本的对齐方式，分别是靠上左对齐、靠上居中对齐、靠上右对齐、中部左对齐、水平居中、中部右对齐、靠下左对齐、靠下居中对齐、靠下右对齐。设置单元格对齐方式时，应选中单元格，在【表格工具-布局】选项卡【对齐方式】组中选择一种文本的对齐方式。

2）设置表格边框和底纹

利用 Word 2016 的插入表格功能生成的表格边框线默认为 0.5 磅单线，当设置整个表格为无框线时，实际上还可以看到表格的虚框。设置表格的边框和底纹有以下两种方法。

（1）利用【边框】和【底纹】下拉菜单。

单击【表格工具-设计】选项卡【边框】组中的【边框】下拉按钮，弹出【边框】下拉菜单，如图 3-86 所示，选择其中一种边框样式；单击【表格样式】组中的【底纹】下拉按钮，弹出【底纹】下拉菜单，如图 3-87 所示，选择底纹的颜色。

（2）利用【边框和底纹】对话框。

以下 3 种方法均可弹出【边框和底纹】对话框：①单击【表格工具-设计】选项卡【边框】组中的对话框启动器按钮；②单击【表格工具-设计】选项卡【边框】组中的

【边框】下拉按钮，在【边框】下拉菜单中选择【边框和底纹】命令；③右击表格，在弹出的快捷菜单中选择【表格属性】命令，在弹出的【表格属性】对话框中单击【表格】选项卡中【边框和底纹】按钮。

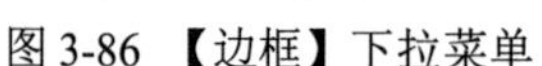
图 3-86 【边框】下拉菜单

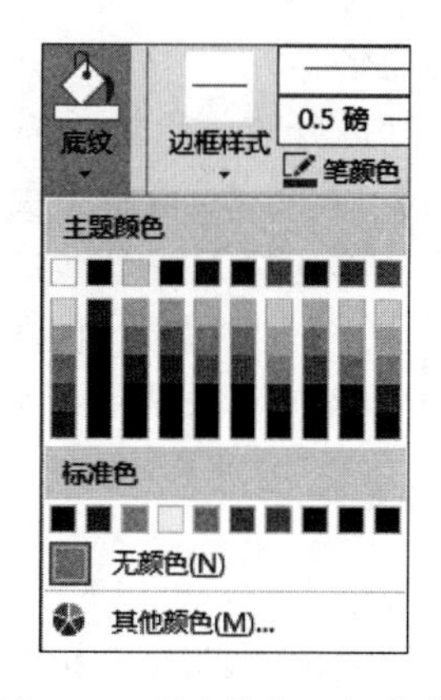

图 3-87 【底纹】下拉菜单

在【边框和底纹】对话框中不仅可以设置单元格的边框和底纹，而且可以设置整个页面边框的样式，包括艺术型样式。

3）设置文字方向

表格中文本格式化的方法与文档中文本格式化的方法相同。在表格中也可以设置文字方向，操作步骤如下。

（1）选中需要设置文字方向的单元格。

（2）单击【表格工具-布局】选项卡【对齐方式】组中的【文字方向】按钮，可直接实现文字横向和竖向的转换；或右击，在弹出的快捷菜单中选择【文字方向】命令，弹出【文字方向】对话框，在【方向】组中选择所需的文字方向，单击【确定】按钮。

4. 表格中的数据处理和生成图表

Word 2016 提供了可以在表格中进行计算的函数，但只能进行求和、求平均值等较为简单的操作。若解决较为复杂的表格数据的计算和统计方面的问题，可以使用 Microsoft Excel 软件。

表格中单元格列标依次用 A、B、C、D、E 等字母表示；行号依次用 1、2、3、4、5 等数字表示；用列、行坐标表示单元格，如 A1、B2 等。

1）表格中的数据计算

表格中的数据计算的操作步骤如下。

（1）将光标定位到需要放置计算结果的单元格。

（2）单击【表格工具-布局】选项卡【数据】组中的【公式】按钮，弹出【公式】对话框，如图 3-88 所示。

（3）在【粘贴函数】下拉列表框中选择所需的函数，或在【公式】文本框中直接输入公式。

（4）单击【确定】按钮。

2）表格中的数据排序

根据某几列内容对表格进行升序或降序排列，其操作步骤如下。

（1）选中需要排序的列或单元格。

（2）单击【表格工具-布局】选项卡【数据】组中的【排序】按钮，弹出【排序】对话框，如图 3-89 所示。

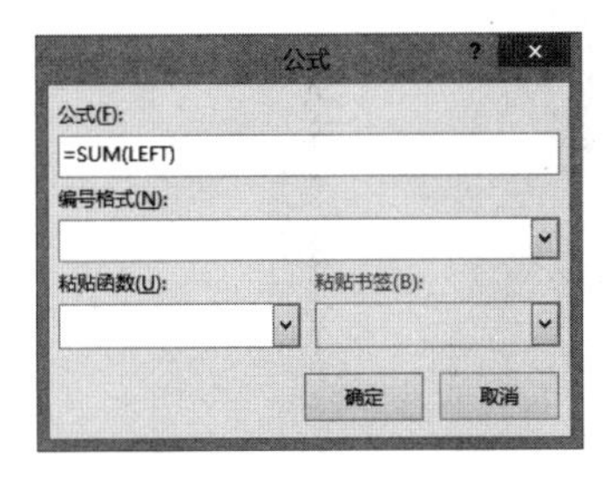

图 3-88 【公式】对话框

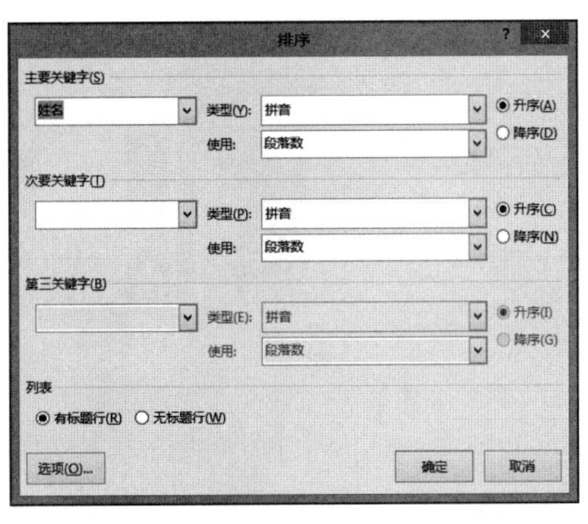

图 3-89 【排序】对话框

（3）设置排序关键字的优先次序、类型、排序方式等。

（4）单击【确定】按钮。

3）生成图表

若要在 Word 文档中插入一个图表，可将光标定位在文档中需要插入图表的位置，单击【插入】选项卡【插图】组中的【图表】按钮，弹出【插入图表】对话框，如图 3-90 所示。选择合适的图表类型，单击【确定】按钮后，可以看到，在文档中插入了一个默

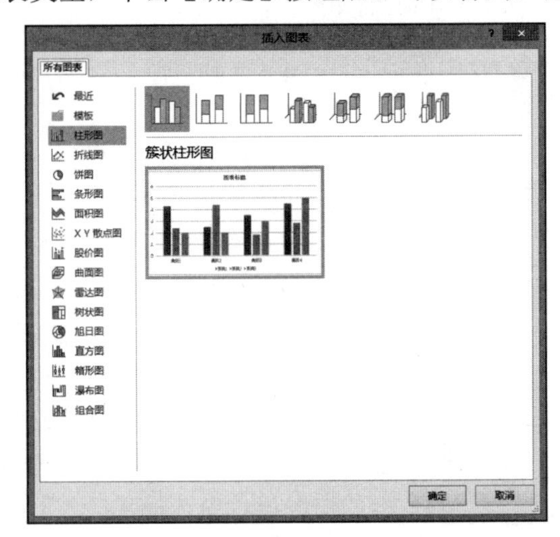

图 3-90 【插入图表】对话框

认的图表。此时系统自动打开 Excel 工作表，在 Excel 窗口中编辑图表的数据，如图 3-91 所示。若要调整数据区域，可以拖动区域的右下角。完成 Excel 表格中数据编辑的过程中，可以看到 Word 窗口中同步显示的图表效果。

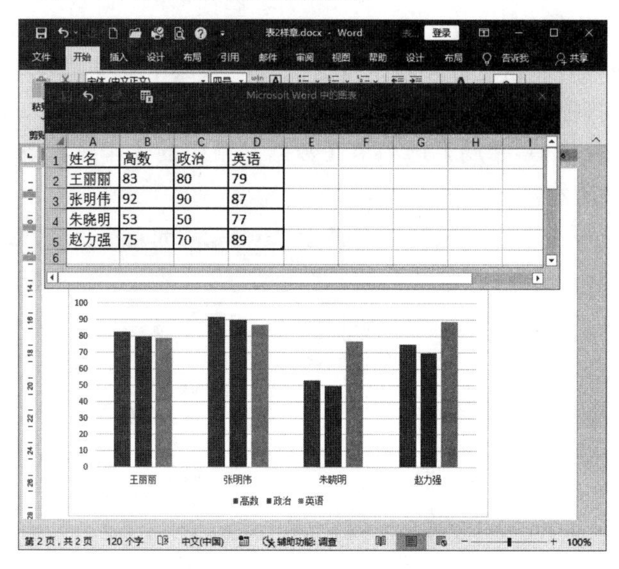

图 3-91　在 Excel 窗口中编辑图表的数据

【例 3-16】现有以下学生信息，按要求完成操作。

例 3-16　表格制作与处理

王丽丽　83　80　79　90
张明伟　92　90　87　78
朱晓明　53　50　77　90
赵力强　75　70　89　95
周薪宇　62　60　86　90

（1）将学生成绩信息转换成 5 行 5 列的表格。
（2）在第一行前增加标题行，具体标题为姓名、高数、政治、英语、计算机。
（3）以计算机为主要关键字，并升序排序。

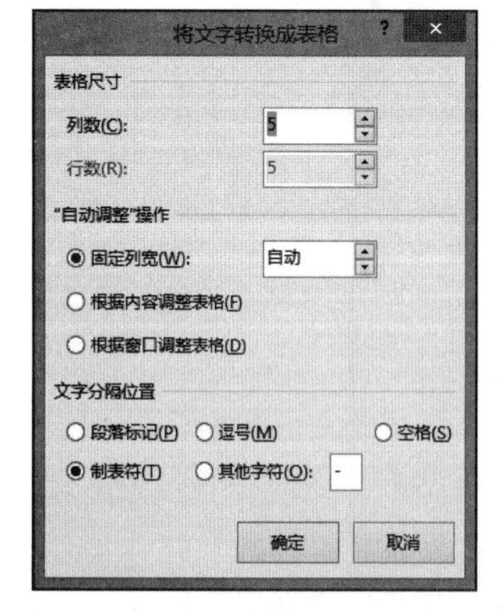

图 3-92　【将文字转换成表格】对话框

（4）增加“总分”列，通过求和函数计算各学生的总分。

（5）添加边框和底纹，美化表格。

具体操作步骤如下。

（1）选中以上文字信息，单击【插入】选项卡【表格】组中的【表格】下拉按钮，在弹出的下拉菜单中选择【文本转换成表格】命令，弹出【将文字转换成表格】对话框，进行图 3-92 所示的设置。单击【确定】按钮，完成转换。

（2）选中第一行的任意单元格，右击，在弹出的快捷菜单中选择【插入】的【在上方插入行】命令，在生成的第一行中依次从左向右输入“姓名”

“高数”“政治”“英语”“计算机”。

（3）选中最后一列的任意单元格，右击，在弹出的快捷菜单中选择【插入】的【在右侧插入列】命令，在生成列的第一个单元格中输入“总分”。

（4）选中第二行计算总分的单元格，单击【表格工具-布局】选项卡【数据】组中的【公式】按钮，弹出如图 3-88 所示的【公式】对话框，在【公式】文本框中输入“=SUM(LEFT)”或在【粘贴函数】下拉列表框中选择需要的函数进行编辑，单击【确定】按钮，完成第一个总分的计算。

（5）选中计算出结果的单元格，复制后粘贴到剩下的单元格，再按 F9 键，完成所有总分的计算。

（6）选中整个表格，单击【表格工具-布局】选项卡【对齐方式】组中的【水平居中】按钮。

（7）添加边框和底纹，对表格进行格式化，效果如图 3-93 所示。

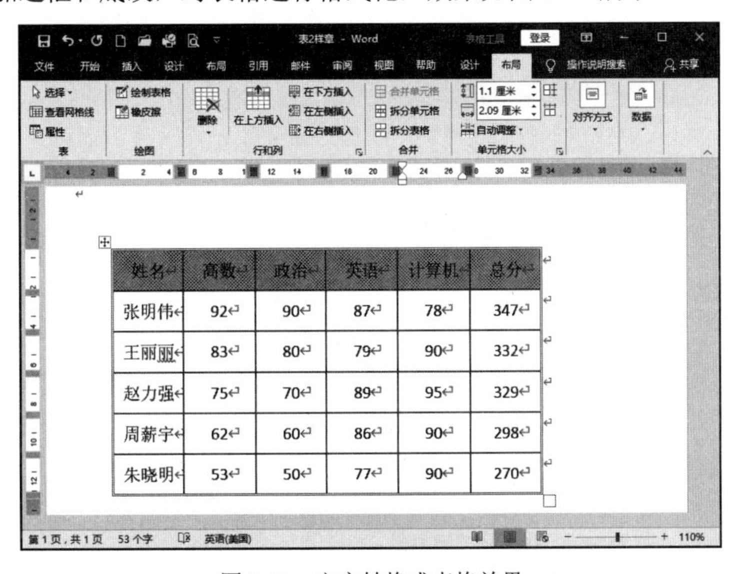

图 3-93　文字转换成表格效果

3.1.5　Word 2016 的其他功能

1. 向文本添加视觉效果

Word 2016 的【开始】选项卡【字体】组中提供了【文本效果和版式】功能。单击【开始】选项卡【字体】组中【文本效果和版式】下拉按钮，弹出图 3-94 所示的下拉菜单。通过该功能可以设置文字的艺术效果，还可以设置轮廓、阴影、映像和发光效果。这些功能都是针对选择了字体样式后再加以修改的情况。如果使用编号样式、连字和样式集功能，则可以制作出一些特殊的效果。

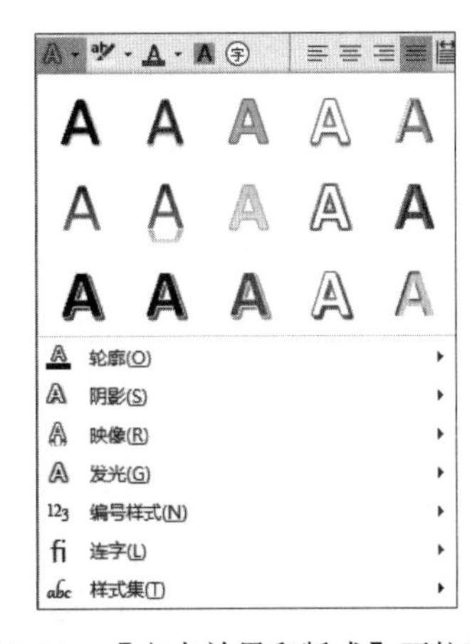

图 3-94　【文本效果和版式】下拉菜单

2. 校对

Word 2016 提供了对文档中的英文进行拼写和语法检查、自动翻译、字数统计等校对功能，可以单击【审阅】选项卡【校对】组中的各按钮实现，如图 3-95 所示。

图 3-95 【校对】组

1）自动检查方式

选择【文件】菜单中的【选项】命令，在弹出的【Word 选项】对话框中提供了许多实用的工具式命令，如图 3-96 所示。若设置拼写和语法检查的自动方式，可以选择【校对】选项卡，并在【在 Word 中更正拼写和语法时】组中选中【键入时检查拼写】和【随拼写检查语法】复选框。

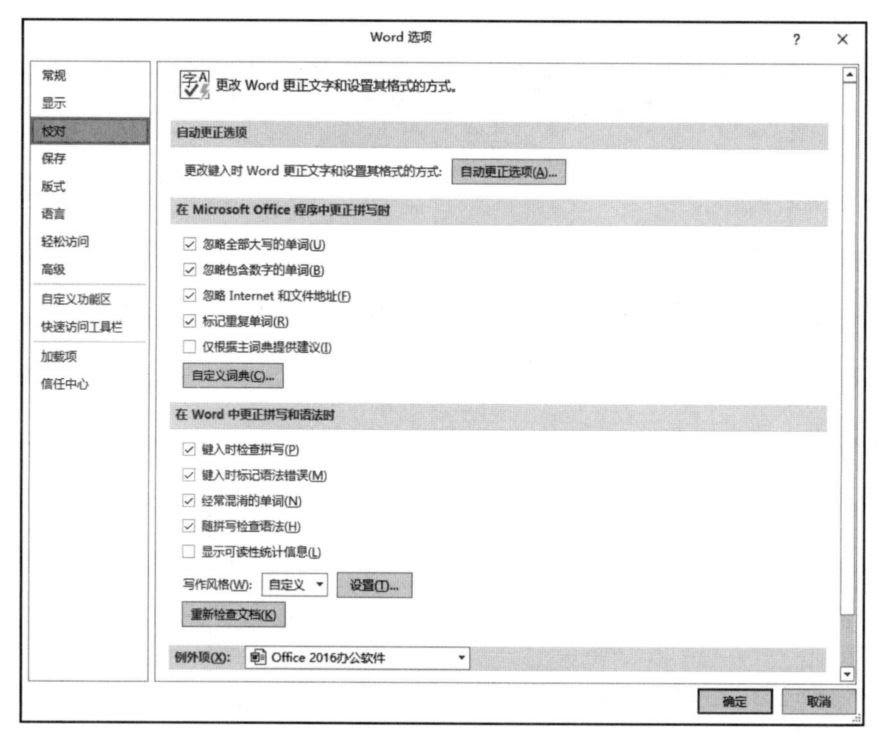

图 3-96 【Word 选项】对话框

设置完成后，在输入文档的过程中，Word 2016 会随时检查输入过程中出现的错误，并在其认为有拼写或语法错误的位置用波浪线进行标志，其中红色波浪线表示出错的单词，绿色波浪线表示出错的语法。修改错误内容有两种方式：一种是用户自己修改错误；另一种是利用 Word 2016 的提示进行修改。在提示显示语法错误的地方右击，在弹出的快捷菜单中选择修改建议即可；若不需要进行修改，则可以选择【忽略】命令。

2）利用手动检查方式

如果未设置拼写和语法的自动检查，则可以利用手动方式进行检查。单击【审阅】选项卡【校对】组中的【拼写和语法】按钮，Word 2016 将自动检查文档的拼写与语法错误。

3. 添加和删除批注

批注是指文章的编写者或审阅者为文档添加的注释或批语。在对文章进行审阅时，可以使用批注来对文档中的内容给出说明意见和建议，方便文档的审阅者与编写者之间进行交流。可以单击【审阅】选项卡【批注】组中的【新建批注】(【删除】) 按钮插入（删除）批注。

4. Word 的网络功能

随着计算机技术的发展，Internet 已经深入社会生活的各个领域，Word 2016 也在之前版本的基础上增加了更多网络功能。

Word 2016 可以直接创建博客文章，也可以将已有的 Word 文档保存为网页或直接进行电子邮件和 Internet 传真的发送，还可以将设置好的文档直接发布在博客或文档服务器上。

1）博客文章

设置博客文章的操作步骤如下。

（1）选择【文件】菜单中的【新建】命令，打开【新建】窗口。

（2）在【可用模板】组中选择【博客文章】选项，单击【创建】按钮，打开一个博客文章空白页，如图 3-97 所示，输入并编辑博客内容。

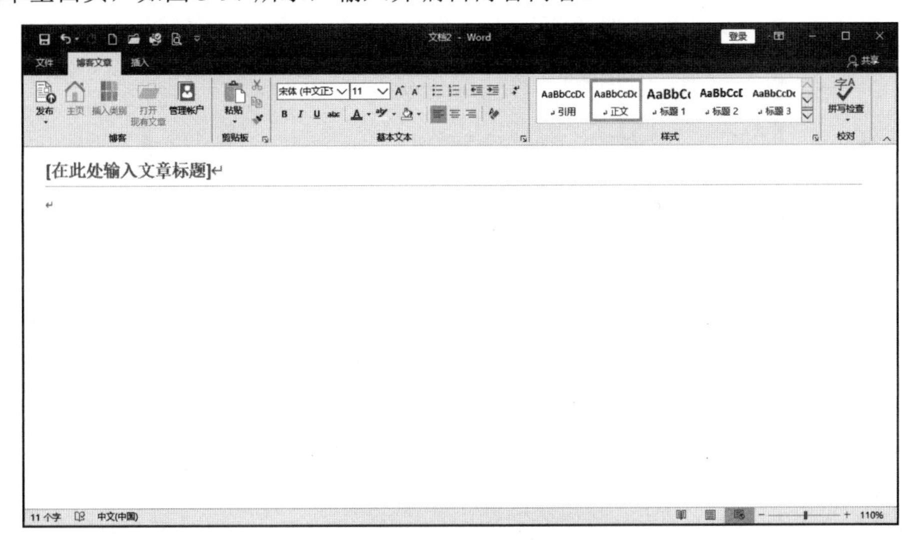

图 3-97　博客文章空白页

（3）编辑完成后，选择【文件】菜单中的【保存】命令，打开【另存为】窗口，单击【浏览】图标，弹出【另存为】对话框。

（4）设置保存位置、输入文件名等。

（5）单击【保存】按钮。

2）将已有的文档转换为网页

将已有的文档转换为网页的操作步骤如下。

（1）打开已有的文档。

（2）选择【文件】菜单中的【另存为】命令，打开【另存为】窗口，单击【浏览】图标，弹出【另存为】对话框。

（3）输入文件名，选择保存类型，在【保存类型】下拉列表框中选择网页类型。

（4）单击【保存】按钮。

5. 超链接

超链接是将文档中的文本、图形、图像等与相关的信息连接起来，以带颜色下划线的方式显示文本。将光标定位到该处，按住 Ctrl 键后单击，即可跳转到与其相关的信息处。在文档中建立超链接的方法如下：选中需要作为超链接显示的文本或图片，单击【插入】选项卡【链接】组中的【链接】按钮，弹出【插入超链接】对话框，如图 3-98 所示。可以将选中的文本或图片超链接到现有的文件或网页中，也可以超链接到本文档中的位置或某一电子邮件地址。选择超链接的位置后，选择具体超链接的文件或文档，单击【确定】按钮即可。超链接成功后的文本或图片下方将显示带颜色的下划线。

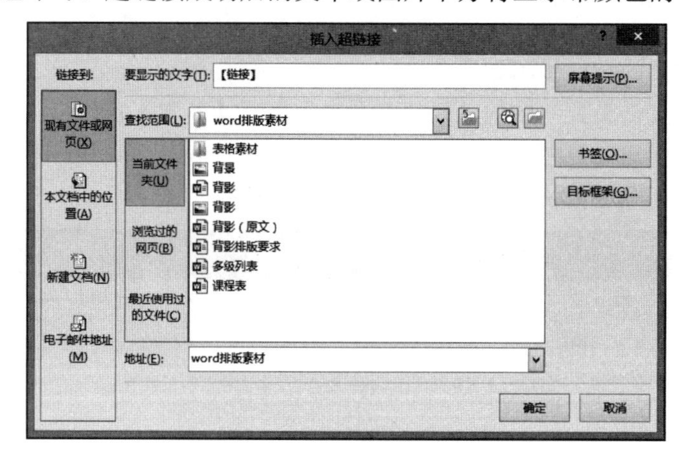

图 3-98 【插入超链接】对话框

3.2 Excel 2016 电子表格处理软件

Excel 2016 是一款功能强大的电子表格制作软件，其具有强大的计算功能和友善的操作界面，在公司日常事务管理、商品营销分析、人事档案管理和财会统计、资产管理及金融分析和决策预算等诸多领域得到了广泛应用。工作簿、工作表和单元格是 Excel 表格处理的基础，Excel 功能的实现离不开对它们的操作。

3.2.1 Excel 2016 的基础知识

Excel 2016 是 Office 2016 的一个重要组件，主要用于进行数据运算和数据管理，其内置了多种函数，可以对大量数据进行分类、排序、汇总及绘制图表。与之前版本相比，Excel 2016 新增了插入三维地图、一键式预测、内置的 PowerQuery、改进透视表等功能，使用起来更加便捷，更具吸引力。

1. 启动和退出

1）启动

启动 Excel 2016 常用的方法如下。

（1）选择【开始】菜单中【所有程序】的【Excel】命令，启动 Excel 2016。

（2）双击桌面上的 Excel 快捷方式图标，启动 Excel 2016。

2）退出

退出 Excel 2016 常用的方法如下。

（1）双击 Excel 2016 窗口左上角的控制菜单按钮。

（2）按 Alt+F4 组合键。

（3）选择【文件】菜单中的【退出】命令。

（4）单击 Excel 窗口标题栏上的【关闭】按钮。

提示： 若当前编辑的电子表格文档没有保存，则系统会提示用户保存。

2. 工作界面

与 Word 2016 等其他的 Office 2016 程序相似，Excel 2016 的工作界面中也有【文件】选项卡、快速访问工具栏、功能区、标题栏、状态栏。除此之外，其还包括编辑栏、工作簿窗口和工作表标签等，如图 3-99 所示。

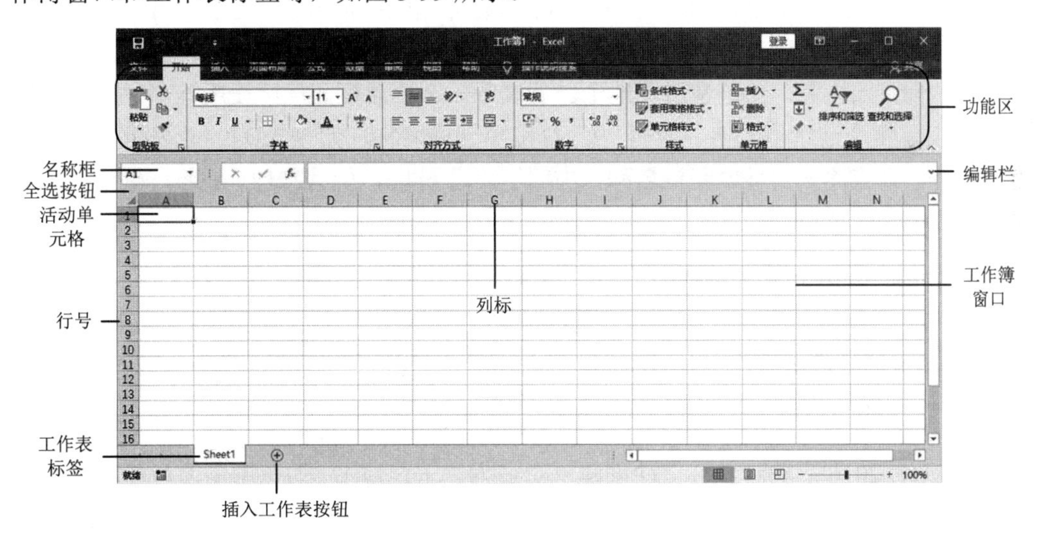

图 3-99　Excel 2016 的工作界面

1）编辑栏

编辑栏位于功能区和工作簿窗口之间，用来显示和编辑活动单元格中的数据和公式，由左侧的名称框、右侧的编辑框和 3 个按钮组成。名称框用来显示当前活动单元格的地址，如单元格 A1。若在此框中输入单元格地址，则会将该单元格设置为当前活动单元格。在编辑框中可以输入或编辑单元格的数据。中间显示的【×】【√】【*fx*】3 个按钮分别表示【取消】【确定】【插入函数】，其作用分别是恢复到单元格输入以前的状态、确定输入的内容和在单元格中插入函数。

2）工作簿窗口

每打开一个 Excel 2016 文档，就会出现一个工作簿窗口，用于记录和编辑数据。

3）工作表标签

工作表标签用于标示当前的工作表位置和名称。一个 Excel 2016 文档称为一个工作簿（Book），一个工作簿由一张或若干张工作表（Sheet）组成。默认情况下，Excel 2016 自动显示当前默认的一个工作表为 Sheet1，如图 3-99 所示。可以根据需要创建新的工作表标签。若在 Sheet1 上工作，则称 Sheet1 为当前工作表，若使用其他工作表，可单击工作表标签进行切换。

3. 基本概念

（1）工作簿：由若干表格组成，每个表格称为一个工作表。Excel 2016 将每个工作簿作为文件保存起来，其扩展名为.xlsx。

（2）工作表：一个二维表格，又称电子表格，用于组织和分析数据。Excel 2016 为每个工作表分配了一个默认名，分别是 Sheet1、Sheet2 等，称为工作表标签。由于标签区域有限，只能显示一部分工作表名称。单击某个工作表标签，可以使其成为当前工作表。

工作表由 16384 列和 1048576 行组成。列标用 26 个英文字母及其组合表示，即 A、B、C、…、AA、…、ZZ、AAA、…、XFD；行号用阿拉伯数字表示，即 1～1048576。

（3）单元格：行和列交叉的区域称为单元格。单元格的地址由其所在的列标和行号组成，称为单元格名，也是其引用地址。若表示一个单元格，直接使用其名称即可，如 A1；若表示多个连续单元格，应用“:”分隔单元格名称，如 A2:D4；若表示多个不连续单元格，则应逐一列举单元格名称，中间用“,”分隔，如 A2,B3,C4,D5。单元格是工作簿的最小组成单位。

3.2.2 Excel 2016 的基本操作

1. 工作簿的基本操作

1）创建工作簿

当 Excel 2016 启动时，会自动创建一个名为“工作簿 1”的空工作簿，并预置工作表 Sheet1 为当前工作表。如果需要重新创建工作簿，可以选择【文件】菜单中的【新建】命令，打开【新建】面板，如图 3-100 所示，选择【空白工作簿】选项，单击【创建】按钮；也可以在【可用模板】组中选择需要的模板，单击【创建】按钮或双击模板图标，新建一个与模板样式相同的工作簿。

2）打开已有的工作簿

选择【文件】菜单中的【打开】命令，在弹出的【打开】窗口中选择已有工作簿所在的位置，单击打开即可。

3）保存创建好的工作簿

选择【文件】菜单中的【保存】命令，或单击快速访问工具栏上的【保存】按钮，如果是第一次保存，系统将会弹出【另存为】窗口，如图 3-101 所示。Excel 工作簿将以文件的形式保存在磁盘中，文件的默认扩展名为.xlsx，默认的保存类型是 Excel 工作簿（*.xlsx）。

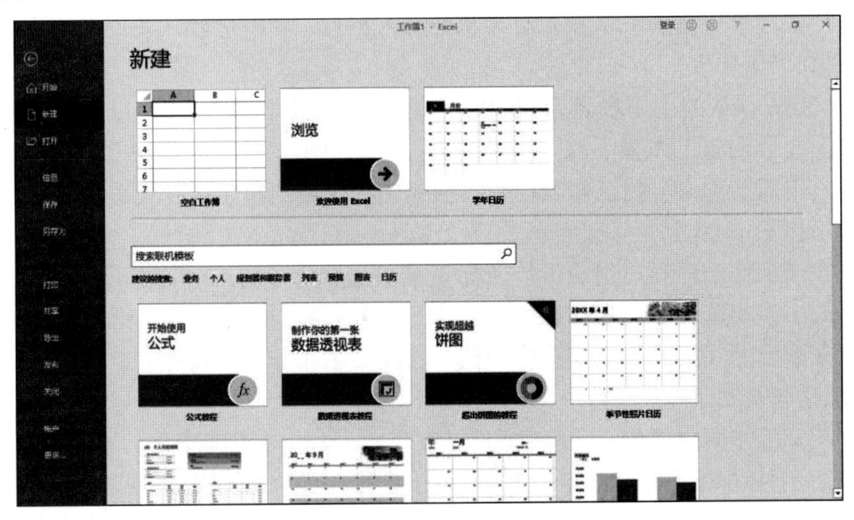

图 3-100 【新建】面板

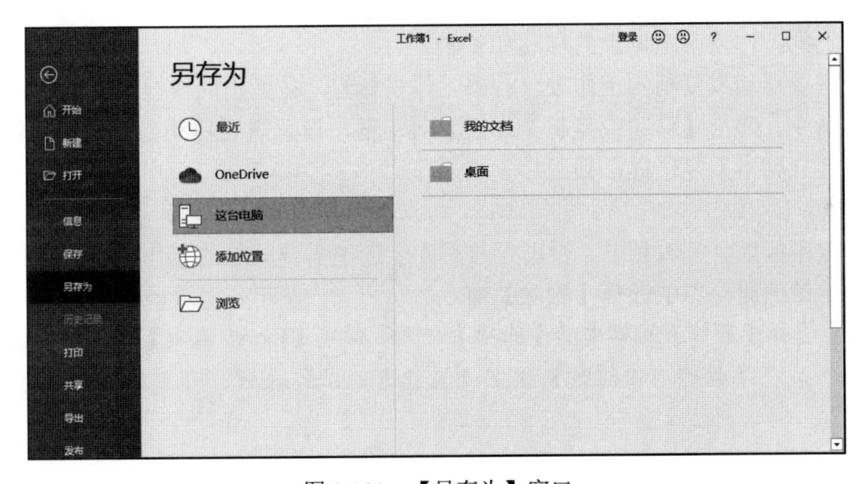

图 3-101 【另存为】窗口

2. 工作表的基本操作

1）选中工作表

（1）选中单个工作表：单击相应的工作表标签即可选中单个工作表。

（2）选中多个工作表：若要选中多个相邻的工作表，则先单击第一个工作表标签，然后按住 Shift 键，再单击最后一个工作表标签；若要选中多个不相邻的工作表，则先单击第一个工作表标签，然后按住 Ctrl 键，再逐一单击每个需要选中的工作表标签。

2）添加工作表

添加工作表的方法有以下两种。

（1）单击【开始】选项卡【单元格】组中的【插入】下拉按钮，在弹出的【插入】

下拉菜单中选择【插入工作表】命令，即可插入一个工作表。默认插入的工作表在当前工作表之前。

（2）右击工作表标签，在弹出的快捷菜单中选择【插入】命令。

提示：若选中连续多个工作表后再执行插入操作，可同时插入多个工作表。

3）重命名工作表

Excel 2016 默认的工作表名为 Sheet，为方便记忆和管理，用户可以对工作表进行重命名，将其命名为与工作表中内容相符的名称。重命名工作表的方法有以下 3 种。

（1）右击需要重命名的工作表标签，在弹出的快捷菜单中选择【重命名】命令，输入新名称后按 Enter 键。

（2）双击工作表标签，当前工作表标签呈灰底显示，输入新名称后按 Enter 键。

（3）选中需要重命名的工作表，单击【开始】选项卡【单元格】组中的【格式】下拉按钮，在弹出的【格式】下拉菜单中选择【重命名工作表】命令。

4）移动和复制工作表

（1）同一工作簿中工作表的移动和复制。

选中需要移动或复制的工作表，直接拖动到目标位置即可实现移动操作。按住 Ctrl 键的同时拖动工作表到目标位置即可实现复制操作，并自动为副本命名。例如，Sheet1 副本的默认名为 Sheet1（2）。

（2）不同工作簿中工作表的移动和复制。

选中需要移动或复制的工作表，右击工作表标签，在弹出的快捷菜单中选择【移动或复制】命令，弹出【移动或复制工作表】对话框，设置需要移动或复制的目标位置。若选中【建立副本】复选框，则进行复制操作。

5）删除工作表

工作表不能处于编辑状态，否则无法删除。选中需要删除的工作表，右击工作表标签，在弹出的快捷菜单中选择【删除】命令。

提示：选择【文件】菜单中的【选项】命令，弹出【Excel 选项】对话框，选择【常规】选项卡，在【新建工作簿时】组中设置包含的工作表数，可更改 Excel 默认的工作表张数。

3. 单元格的基本操作

1）选中单元格

在某个单元格输入内容或编辑内容，首先必须选中该单元格。单击某个单元格，或在名称框中直接输入其地址，即可选中单元格。

2）插入和删除单元格

（1）插入单元格。

选中需要插入单元格的位置，单击【开始】选项卡【单元格】组中的【插入】下拉按钮，在弹出的【插入】下拉菜单中选择【插入单元格】命令，弹出【插入】对话框，如图 3-102 所示。Excel 2016 提供了 4 种插入方式，即活动单元格右移、活动单元格下移、整行和整列，其中整行（或整列）表示在当前单元格的上方（或左侧）插入新行（或新列）。

（2）删除单元格。

选中需要删除的单元格，单击【开始】选项卡【单元格】组中的【删除】下拉按钮，在弹出的【删除】下拉菜单中选择【删除单元格】命令，弹出【删除】对话框，如图 3-103 所示。选择需要删除的方式，单击【确定】按钮。

技巧：【删除单元格】命令会把单元格的内容和格式全部删除，如果只希望更改单元格中的数据或格式，可以单击【开始】选项卡【编辑】组中的【清除】下拉按钮，在弹出的【清除】下拉菜单中选择需要清除的内容，如图 3-104 所示。

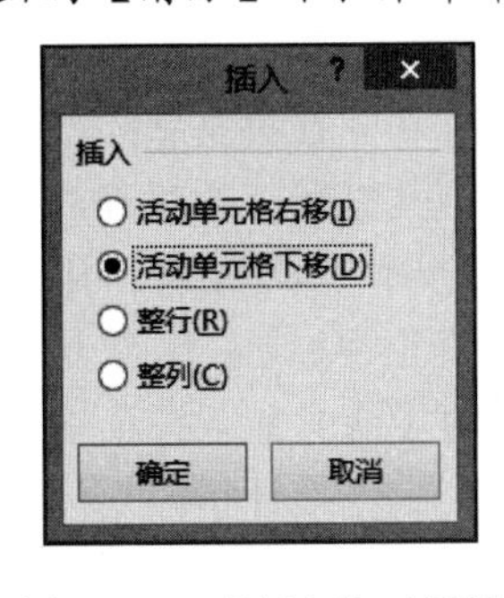

图 3-102　【插入】对话框

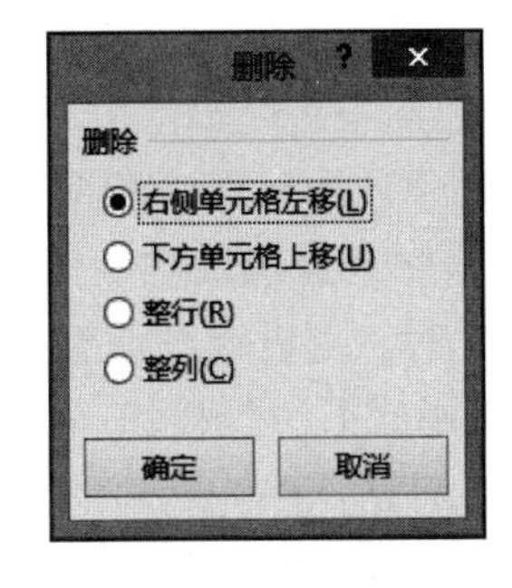

图 3-103　【删除】对话框

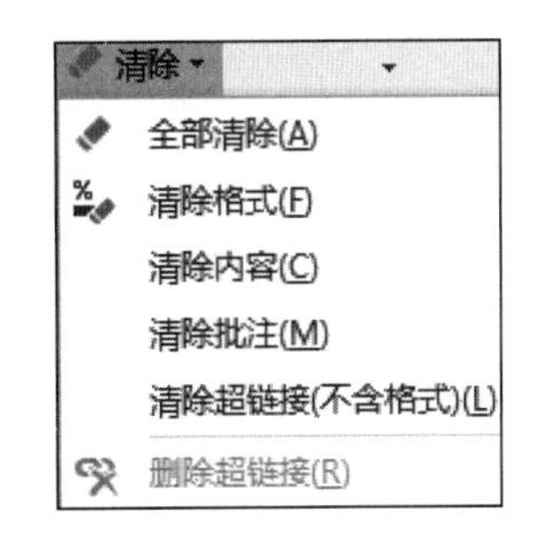

图 3-104　【清除】下拉菜单

3）移动和复制单元格

（1）在同一工作表中移动或复制单元格。

选中需要移动或复制的单元格，将鼠标指针放到单元格的边缘，当指针变成十字形时，按住鼠标左键拖动鼠标指针到目标位置；若拖动的同时按住 Ctrl 键，则可以实现复制操作。

（2）在不同工作表中移动或复制单元格。

选中需要移动或复制的单元格，按住 Alt 键，同时拖动鼠标指针至目标工作表处，在切换的工作表中拖动鼠标指针到目标位置再释放按键及鼠标；若拖动的同时按住 Ctrl+Alt 组合键，则可以实现在不同工作表中单元格的复制操作。

4）合并及居中单元格

合并及居中单元格的作用是使多个单元格合并成为一个单元格并使其内容居中显示。单击【开始】选项卡【对齐方式】组中的【合并后居中】下拉按钮，在弹出的【合并后居中】下拉菜单中选择【合并后居中】命令，如图 3-105 所示。

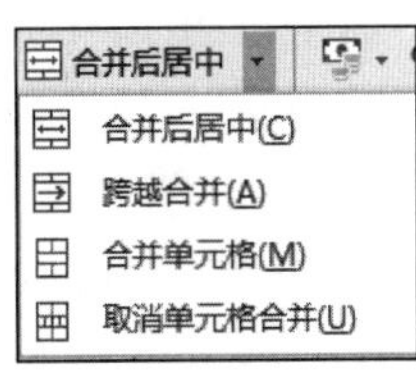

图 3-105　【合并后居中】下拉菜单

3.2.3　工作表的编辑

单元格是工作表的基本组成元素，工作表的编辑即单元格中数据的输入、修改及单元格格式的设置。

1. 输入和修改数据

建立报表、完成相关数据的计算和统计分析，首先应将相关数据输入，Excel 2016 中可输入文本型、数值型、日期型等不同类型的数据。

1）输入数据

在某个单元格中输入内容，应先选中该单元格，此时单元格被激活，名称框中显示该单元格的地址，状态栏左侧显示就绪状态。用户可以在单元格中使用输入法进行输入，在输入数据过程中，状态栏左侧显示输入状态，输入完毕后，按 Enter 键，或将光标指向其他单元格。

Excel 2016 单元格中的数据有类型的区分，因此输入数据时应注意不同数据类型的输入方法，且不同数据类型有不同的对齐方式。不同类型的数据之间可以方便灵活地进行转换。

（1）输入数值型数据。

数值型数据就是数值常量，即数字，在单元格中直接输入即可。在英文状态下，可以输入任意正数、负数、百分数和科学计数法形式数据。数值型数据默认的对齐方式为右对齐。若输入的数据过长，单元格中只显示数字的前几位或一串“#”字符，用来提示用户该单元格无法显示该数据。此时，可以通过调整列宽使其正常显示，方法是单击【开始】选择卡【单元格】组中的【格式】下拉按钮，在弹出的【格式】下拉菜单中选择【列宽】命令，在弹出的【列宽】对话框中输入新的列宽值；或将指针指向列标的分隔线处，待鼠标指针变成双向箭头后拖动鼠标调整列宽。

技巧：输入负数时，也可以给数字加一个圆括号，如（3），即得到-3。

提示：输入分数时，应在分数前加“0”和空格，否则系统会默认为日期格式。例如，输入“3/4”，系统会自动转换为“3月4日”，其正确的输入应为“0 3/4”。

（2）输入字符型数据。

字符型数据包括汉字、字母、数字、特殊字符等。若该字符串不全是数字，也不是科学计数法表示的数字，则可直接输入；若该字符串全部由数字组成，如学号（20190001）和电话号码（1390453××××）等，则必须先输入单引号“'”后再输入数字。字符型数据默认的对齐方式为左对齐。

（3）输入日期（时间）型数据。

Excel 2016 中常用的日期格式有“年-月-日”“月-日”“年/月/日”“月/日”等形式，其中“年-月-日”为系统默认形式；时间型数据的输入格式有“时:分:秒”“时:分”等形式。输入日期型数据时，只输入数字，数字间用日期分隔符分隔即可。例如，输入 2019 年 8 月 18 日，可以只输入“2019-8-18”或“19-8-18”或“2019/8/18”；输入 8 月 18 日，可输入“8/18”或“8-18”。若同时输入日期和时间，则日期和时间之间用一个空格分隔。日期型数据默认的对齐方式为右对齐。

技巧：输入系统日期按 Ctrl+;组合键，输入系统时间按 Ctrl+:组合键。

提示：输入数据时的注意事项如下。

① 输入方法中的符号，如括号、空格、冒号等都必须在半角、英文状态下输入。

② 单元格中的数字格式决定 Excel 2016 在工作表中显示数字的方式。

③ 当数字长度超出单元格宽度时以科学计数法表示。

④ 输入日期时，如果只输入月和日，Excel 2016 则取计算机内部时钟的年份作为默认的年份值。

⑤ 输入时间型数据时，可以只输入时和分，也可以只输入小时数和冒号。

⑥ 工作表中的时间或日期的显示方式取决于所在单元格的格式设置。

（4）输入相同数据。

在不同单元格输入相同的数据，可以采用复制的方式；也可以先选中需要输入相同内容的单元格，然后在编辑框中输入数据内容，最后按 Ctrl+Enter 组合键。

2）数据的自动填充

Excel 2016 提供了数据自动填充功能，用户可以利用此功能在若干连续单元格中快速填充一组有规律的数据内容，从而增加输入速度，减少工作量。

（1）输入相同数据。

在多个单元格输入相同数据的方法有很多，下面通过例 3-17 进行介绍。

【例 3-17】相同数据的输入（方法 1、方法 2：在 A1:A5 单元格区域输入“办公软件”；方法 3：在 A1、B3、A5 单元格输入“办公软件”）。

例 3-17　相同数据的输入

方法 1：使用命令。

具体操作步骤如下。

① 选中 A1 单元格，输入“办公软件”。

② 选中 A1:A5 单元格。

③ 单击【开始】选项卡【编辑】组中的【填充】下拉按钮，在弹出的【填充】下拉菜单中选择【向下】命令，完成填充。

方法 2：使用填充柄。

具体操作步骤如下。

① 选中 A1 单元格，直接输入“办公软件”，将鼠标指针指向 A1 单元格填充柄。

② 向下拖动 A1 单元格的填充柄。

③ 当移动到 A5 单元格时，释放鼠标，实现填充。

方法 3：使用 Ctrl+Enter 组合键。

具体操作步骤如下。

① 选中 A1、B3、A5 单元格区域。

② 直接输入“办公软件”。

③ 按 Ctrl+Enter 组合键，快速填充，效果如图 3-106 所示。

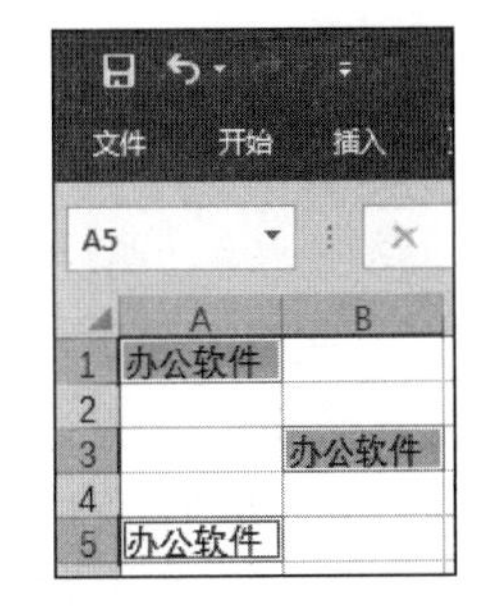

图 3-106　填充效果

提示：方法 1 和方法 2 只适合向连续多个单元格输入相同内容，当向不连续的多个单元格输入相同数据时应选择方法 3。

（2）使用【序列】对话框建立序列。

在日常工作和学习时，经常会遇到学号、序号、编号等有规律的数据，对于此类数据的填充，Excel 2016 也为用户提供了有效的方法。其操作步骤如下。

① 选中需要填充区域的第一个单元格并输入初始值。

② 单击【开始】选项卡【编辑】组中的【填充】下拉按钮，在弹出的【填充】下拉菜单中选择【序列】命令，弹出【序列】对话框，如图 3-107 所示。

③ 在【序列产生在】组、【类型】组、【步长值】文本框、【终止值】文本框中进行填充方向、数据类型、递增或递减及终止值等的设置。

④ 设置完成后，单击【确定】按钮即可。

（3）自定义序列。

系统提供的序列有时不能满足用户的需求，Excel 2016 允许用户自定义序列，其操作步骤如下。

① 选择【文件】菜单中的【选项】命令，弹出【Excel 选项】对话框。单击【高级】选项卡【常规】组中的【编辑自定义列表】按钮，弹出【自定义序列】对话框，如图 3-108 所示，该对话框显示了系统已经提供的所有序列。

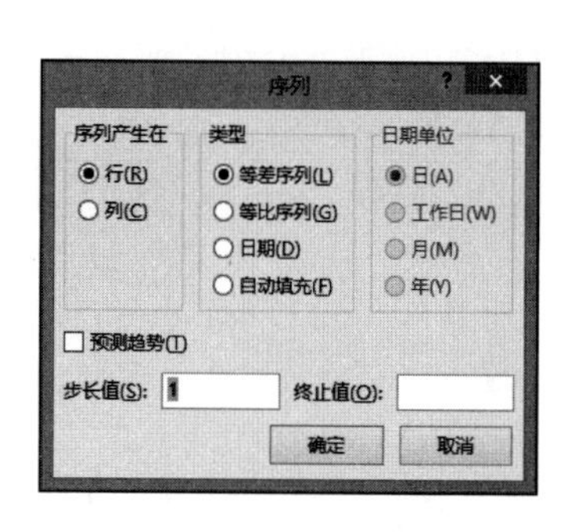

图 3-107 【序列】对话框

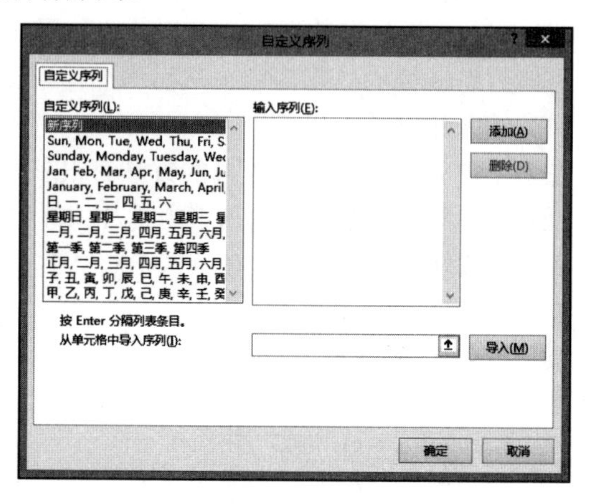

图 3-108 【自定义序列】对话框

② 在【输入序列】列表框中输入用户需要定义的新序列，每项之间按 Enter 键进行分隔，输入完毕后单击【添加】按钮，即可把新序列加入【自定义序列】列表框中。

③ 在单元格中输入新添加序列的第一项，再拖动填充柄，即可实现新序列的填充操作。

3）修改数据

修改一个单元格的内容，可以双击该单元格，使指针变为“I”形，此时系统默认为编辑状态，用户可以在此状态下进行修改操作；也可以在选中该单元格后在编辑框单击，在原有内容上进行修改。

提示：如果选中单元格直接进行修改，则会将原有内容删除，输入新内容。

4）添加批注

为了提高数据的可读性，Excel 2016 允许向单元格插入批注。插入批注的单元格右上角会显示一个红色标记，将鼠标指针指向它时，会自动显示批注内容，如图 3-109 所示。插入批注的操作步骤如下。

（1）选中需要插入批注的单元格，如选中 B2 单元格。

（2）单击【审阅】选项卡【批注】组中的【新建批注】按钮，如图 3-110 所示。

（3）在编辑框输入批注内容，如图 3-111 所示，在工作表其他位置单击，即完成批注的添加。

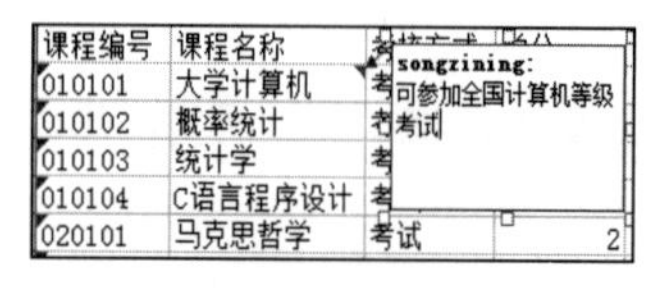

图 3-109 批注

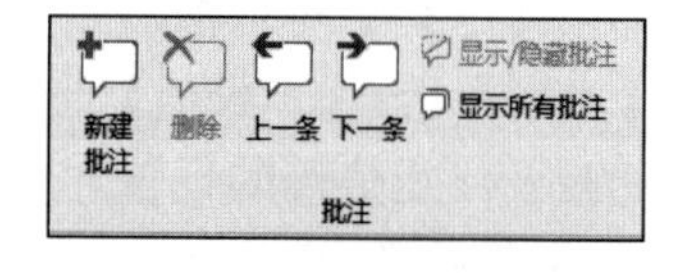

图 3-110 【新建批注】按钮

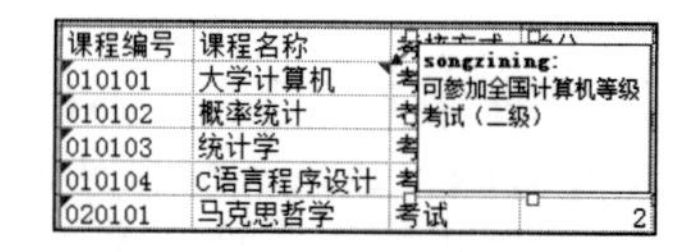

图 3-111 批注内容的输入

默认情况下，插入的批注只显示一个红色标记，如果需要在工作表中显示批注，则单击【审阅】选项卡【批注】组中的【显示所有批注】按钮；如果需要修改批注内容，则先选中单元格，然后单击【审阅】选项卡【批注】组中的【编辑批注】按钮；如果需要删除批注，则先选中单元格，然后单击【审阅】选项卡【批注】组中的【删除】按钮；如果需要依次查看多个批注，可单击【审阅】选项卡【批注】组中的【上一条】或【下一条】按钮。

2. 单元格的格式

设置单元格格式不仅可以美化单元格，而且可以突出显示单元格的内容。单元格格式包括输入内容格式、边框底纹和对齐方式等，可以通过【设置单元格格式】对话框或【开始】选项卡中的功能区来完成操作。

1）【设置单元格格式】对话框

选中需要设置格式的单元格，单击【开始】选项卡【字体】组、【对齐方式】组或【数字】组的对话框启动器按钮，弹出【设置单元格格式】对话框；或右击单元格，在弹出的快捷菜单中选择【设置单元格格式】命令，弹出【设置单元格格式】对话框。

（1）【数字】选项卡。

利用【数字】选项卡，可以将单元格的数值按照指定格式显示，也可以完成数据类型的转换。数字有常规、数值、货币、日期等格式，如图 3-112（a）所示。

技巧：【数字】选项卡有很多实际用途，若用户在输入学号时误输入为数值型，可以通过此选项卡来修改类型；输入货币时可以先输入数值，然后选中单元格，在【数字】选项卡中修改为货币，设置货币符号和小数点位数，系统会自动将选中的单元格内容修改为用户需要的货币类型。

提示：Excel 2016 提供了 12 种类型的数字格式可供设置，用户可在【设置单元格格式】对话框【数字】选项卡的【分类】列表框中选择需要设置的数字格式。其中，【常规】类型为默认的数字格式，数字以整数、小数或科学计数法的形式显示；【数值】类型的数字可以设置小数点位数、添加千位分隔符及设置如何显示负数；【货币】类型和【会计专用】类型的数字可以设置小数位、选择货币符号及设置如何显示负数。

（2）【对齐】选项卡。

【对齐】选项卡用来设置文本的对齐方式。在【文本对齐方式】组可以设置对齐方式，其中水平对齐和垂直对齐包括不同的对齐方式。在【文本控制】组可以选择自动换行、缩小字体填充、合并单元格，如图 3-112（b）所示。

（3）【字体】选项卡。

【字体】选项卡可进行字体、字号、字形、下划线、颜色、特殊效果的设置，设置效果可通过【预览】组查看，如图 3-112（c）所示。

（4）【边框】选项卡。

【边框】选项卡用来设置单元格边框的有无、形状、线型和颜色，如图 3-112（d）所示。

（5）【填充】选项卡。

【填充】选项卡用来设置单元格的底纹，如图 3-112（e）所示。

（6）【保护】选项卡。

【保护】选项卡中有锁定和隐藏两种保护方式。只有在保护工作表的情况下锁定或隐藏单元格才能生效，如图 3-112（f）所示。

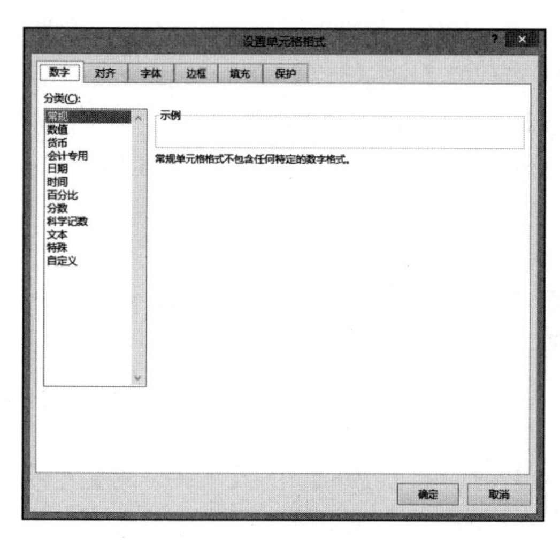

(a)【数字】选项卡

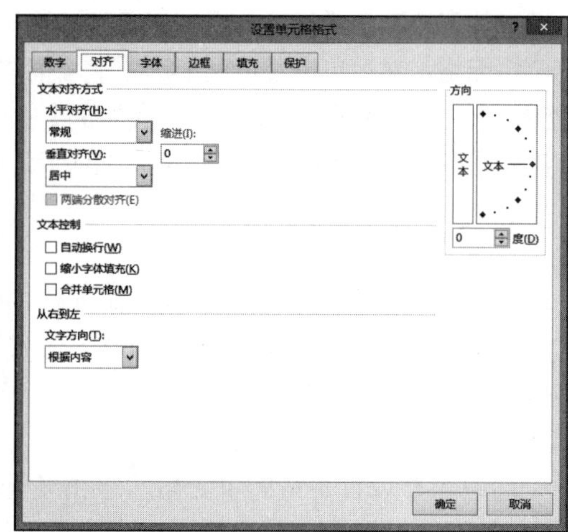

(b)【对齐】选项卡

(c)【字体】选项卡

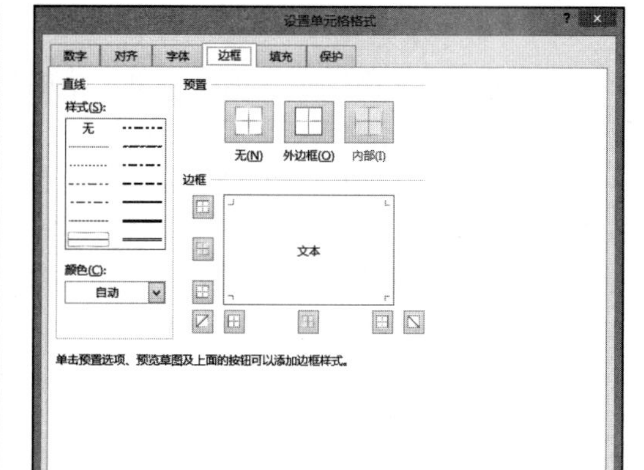

(d)【边框】选项卡

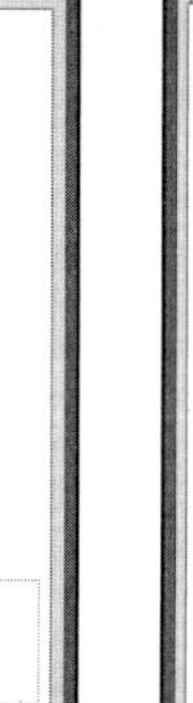

(e)【填充】选项卡

(f)【保护】选项卡

图 3-112 【设置单元格格式】对话框

2）【开始】选项卡

单元格格式的设置也可以通过单击【开始】选项卡各功能区中的按钮来设置，如图 3-113 所示。除了与 Word 2016 中相同的字体、字号等设置外，Excel 2016 还有一些对数据类型和表格样式设置等功能。

图 3-113　【开始】选项卡

（1）【对齐方式】组。默认情况下，Excel 2016 中输入的文本显示为左对齐，数值显示为右对齐。为保证工作表中数据的整齐性，该组提供了 6 种对齐方式，可以对数据进行重新设置。另外，该组还包括【方向】下拉按钮，用于沿对角或垂直方向旋转文字；【增加缩进量】和【减少缩进量】按钮；【自动换行】按钮，用于通过多行显示过多的文本；【合并后居中】按钮等。

（2）【数字】组。该组提供了对数据格式的设置及会计数字格式、百分比样式、千位分隔样式、增加小数位和减少小数位 5 种特殊格式设置按钮。

（3）【样式】组。Excel 2016 提供了丰富的表格样式供用户套用，在该组中提供了系统中已有的表格和单元格样式，其中【套用表格格式】下拉菜单如图 3-114 所示，【单元格样式】下拉菜单如图 3-115 所示。

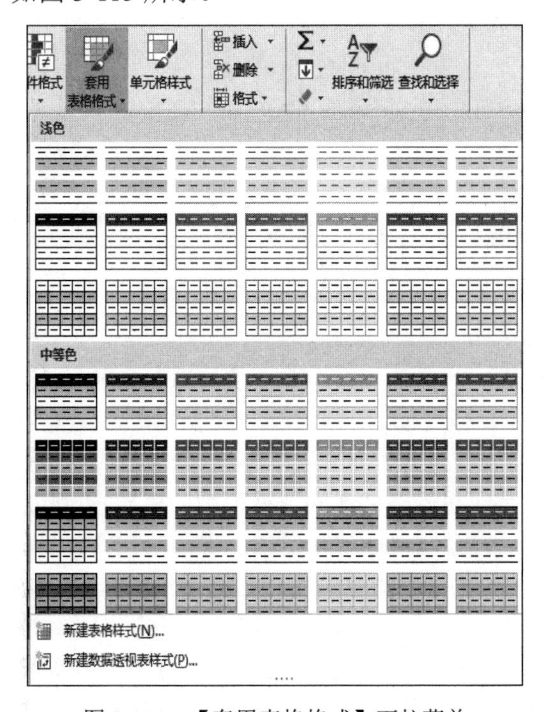

图 3-114　【套用表格格式】下拉菜单

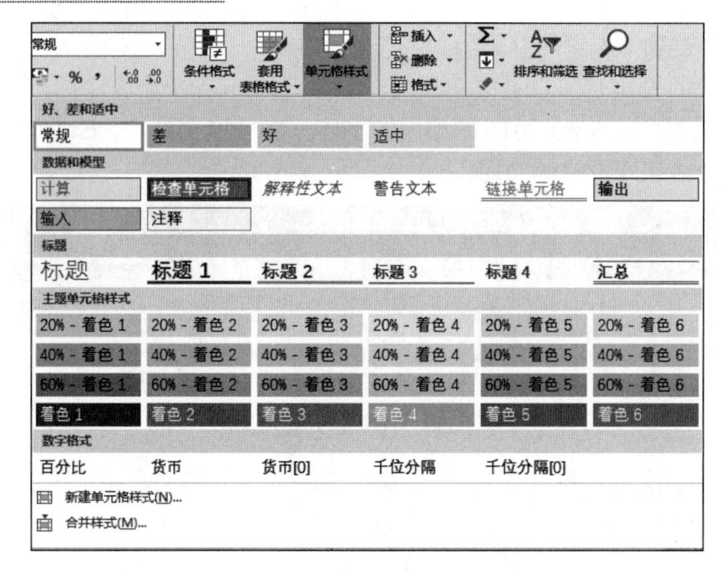

图 3-115 【单元格样式】下拉菜单

3. 套用表格格式和与条件格式

1）自动套用格式

Excel 2016 为用户提供了一些预设格式，可以直接应用到数据清单中。这里的数据清单指包含标题行的连续的矩形数据区域，如“教师信息”工作簿中“教师表”工作表的 A1:H10 单元格区域，如图 3-116 所示。

	A	B	C	D	E	F	G	H
1	教师编号	姓名	性别	系别	职称	学历	工资	联系电话
2	0101	刘佳	女	计算机	副教授	硕士	3,000.00	15844441988
3	0102	李可人	女	计算机	讲师	博士	4,500.00	13944556678
4	0103	孙光宇	男	计算机	讲师	学士	2,900.00	13378945686
5	0104	李征成	男	计算机	讲师	学士	1,800.00	13845625654
6	0105	王丽	女	计算机	副教授	硕士	4,500.00	13977889988
7	0106	张强	男	计算机	讲师	博士	2,700.00	15455662356
8	0201	李阳	男	英语	副教授	学士	3,400.00	15856455432
9	0202	魏微	女	英语	助教	学士	1,800.00	13689564564
10	0203	方杭	女	英语	副教授	硕士	3,200.00	15844441986

图 3-116 数据清单

套用表格格式的方法如下。

（1）在数据清单中选中一个单元格，单击【开始】选项卡【样式】组中的【套用表格格式】下拉按钮。

（2）在弹出的【套用表格格式】下拉菜单中选择一种样式，弹出图 3-117 所示的【套用表格式】对话框，确定应用表格格式的数据范围，单击【确定】按钮。

应用自动套用格式后，会发现标题行自动出现筛选按钮。另外，套用表格格式的数据清单无法应用部分功能，为了在数据清单中进行后续操作，需要将其转换为普通区域。其操作步骤如下。

选中数据清单区的一个单元格，【表格工具-设计】选项卡被激活，单击【工具】组中的【转换为区域】按钮，弹出图 3-118 所示的提示对话框，单击【是】按钮完成转换，效果如图 3-119 所示。

图 3-117　【套用表格式】对话框

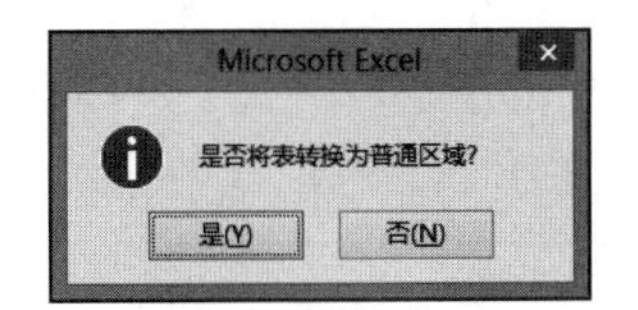

图 3-118　确认转换提示对话框

	A	B	C	D	E	F	G	H
1	教师编号	姓名	性别	系别	职称	学历	工资	联系电话
2	0101	刘佳	女	计算机	副教授	硕士	3,000.00	15844441988
3	0102	李可人	女	计算机	讲师	博士	4,500.00	13944556678
4	0103	孙光宇	男	计算机	讲师	学士	2,900.00	13378945686
5	0104	李征成	男	计算机	讲师	学士	1,800.00	13845625654
6	0105	王丽	女	计算机	副教授	硕士	4,500.00	13977889988
7	0106	张强	男	计算机	讲师	博士	2,700.00	15455662356
8	0201	李阳	男	英语	副教授	学士	3,400.00	15856455432
9	0202	魏微	女	英语	助教	学士	1,800.00	13689564564
10	0203	方杭	女	英语	副教授	硕士	3,200.00	15844441986

图 3-119　转换为普通区域效果

2）条件格式

条件格式的主要功能是突出显示所关注的单元格或单元格区域，强调异常值，使用数据条、色阶和图标集来直观地显示数据值及其差异。

单击【开始】选项卡【样式】组中的【条件格式】下拉按钮，弹出【条件格式】下拉菜单，如图 3-120 所示，根据具体要求选择不同的方式来设置条件格式。【条件格式】下拉菜单中各项命令含义如下。

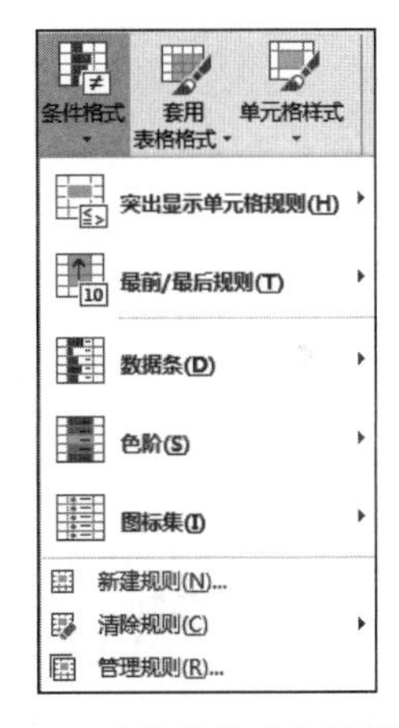

图 3-120　【条件格式】下拉菜单

（1）突出显示单元格规则：使用比较运算符设置条件，对属于该数据范围内的单元格设定格式。

（2）最前/最后规则：可以选中单元格区域中的前若干最大值、后若干最小值、高于平均值或低于平均值的若干值等。

（3）数据条：可以帮助用户查看某个单元格相对于其他单元格的值。数据条的长度代表单元格中的值，数据条越长，表示值越大；数据条越短，表示值越小。

（4）色阶：利用颜色的渐变效果直观地比较单元格区域中的数据，用于显示数据分布与变化。一般来说，颜色深浅表示值的大小。

（5）图标集：使用图标对数据进行注释，每个图标代表一个值的范围。

（6）新建规则：当现有规则无法满足用户需求时，可以自定义新规则。

（7）清除规则：清除不同范围的规则，包括所选单元格规则、当前工作表规则等。

（8）管理规则：管理应用于当前工作表中的所有规则，包括新建规则、编辑规则和删除规则。

【例 3-18】使用“学生成绩表”工作簿数据，利用条件格式将各科成绩小于 60 的单元格设置为浅红色填充。

例 3-18　条件格式

具体操作步骤如下。

（1）打开“学生成绩表”工作簿，选中“学生成绩表”工作表。

（2）选中 D5:F16 单元格区域，单击【开始】选项卡【样式】组中的【条件格式】下拉按钮，在弹出的【条件格式】下拉菜单中选择【突出显示单元格规则】中的【小于】命令，在弹出的【小于】对话框中输入 60，如图 3-121 所示。

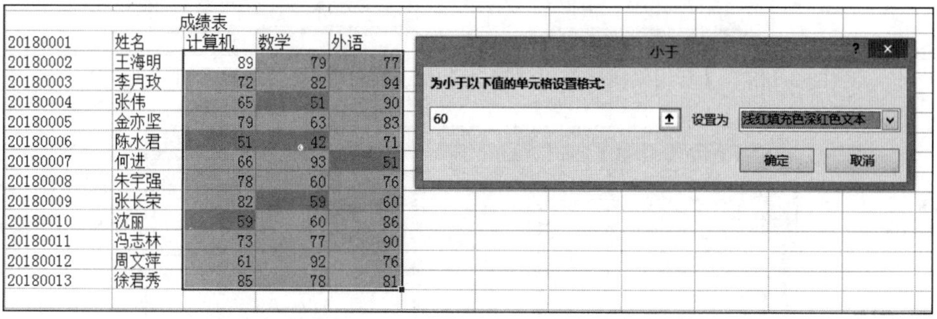

成绩表				
20180001	姓名	计算机	数学	外语
20180002	王海明	89	79	77
20180003	李月玫	72	82	94
20180004	张伟	65	51	90
20180005	金亦坚	79	63	83
20180006	陈水君	51	42	71
20180007	何进	66	93	51
20180008	朱宇强	78	60	76
20180009	张长荣	82	59	60
20180010	沈丽	59	60	86
20180011	冯志林	73	77	90
20180012	周文萍	61	92	76
20180013	徐君秀	85	78	81

小于
为小于以下值的单元格设置格式:
60 设置为 浅红填充色深红色文本
确定 取消

图 3-121　条件格式的设置

（3）单击【设置为】下拉列表框右侧的按钮，选择【浅红色填充】选项，单击【确定】按钮，结果如图 3-122 所示。

成绩表				
20180001	姓名	计算机	数学	外语
20180002	王海明	89	79	77
20180003	李月玫	72	82	94
20180004	张伟	65	51	90
20180005	金亦坚	79	63	83
20180006	陈水君	51	42	71
20180007	何进	66	93	51
20180008	朱宇强	78	60	76
20180009	张长荣	82	59	60
20180010	沈丽	59	60	86
20180011	冯志林	73	77	90
20180012	周文萍	61	92	76
20180013	徐君秀	85	78	81

图 3-122　条件格式设置结果

3.2.4　公式和函数

在单元格中不仅可以输入上述数据类型，还可以输入公式和函数，从而利用公式和函数对数据进行分析和计算。

1. 输入和修改公式

Excel 2016 的数据计算是通过公式来实现的，其既可对工作表中的数据进行加、减、乘、除等运算，又可对字符、日期型数据进行相应的处理和运算。

1）公式中的运算符

（1）算术运算符。算术运算符包括“+”（加）、“-”（减）、“*”（乘）、“/”（除）、“%”（百分号）、“ ^ ”（乘方）等。

（2）字符连接运算符。字符连接运算符“&”可以将文本与文本、文本与单元格内容、单元格与单元格内容连接起来。

（3）比较运算符。比较运算符包括“=”（等于）、“<”（小于）、“>”（大于）、“< >”（不等于）、“<=”（小于等于）、“>=”（大于等于）等。

（4）单元格引用运算符。单元格引用运算符包括“:”（区域运算符）和“,”（联合运算符），区域运算符的作用是引用区域内全部单元格，如 A1:A3 表示引用 A1～A3 这 3 个单元格组成的区域；联合运算符的作用是引用多个区域内的全部单元格，如 A1:A3,B1:B3 表示引用 A1～A3 和 B1～B3 两个区域的所有单元格。

（5）运算符的优先级。当运算公式使用了多个运算符时，需要根据各运算符的优先级进行运算，同一级别的运算符按照从左至右的顺序运算，括号的优先级高于上述所有运算符。运算符的优先级如表 3-1 所示。

表 3-1　运算符的优先级

优先级别	符号	优先级别	符号
1	：和 ，	5	*和/
2	-（负号）	6	+和-
3	%	7	&
4	^	8	=、>、<、>=、<=、<>

2）建立公式

（1）选中需要输入公式的单元格。

（2）在单元格中首先输入一个等号（=）；然后输入编制好的公式内容，可以是和公式有关的单元格名称、常量、运算符和函数等。

（3）确认输入，计算结果自动填入该单元格。

提示：公式输入完毕后，在单元格中看到的是计算结果，在编辑框中看到的是公式。

技巧：输入公式过程中，若需要输入单元格名称，可以直接单击相应单元格或拖动鼠标选中单元格区域，单元格名称就会自动填入公式中。

3）修改公式

若需要修改公式，可先单击包含该公式的单元格，然后在编辑框中修改；也可双击单元格，在单元格内显示光标之后直接在单元格中修改。

【例 3-19】使用“职工工资情况”工作簿数据，利用公式计算各位员工工资合计。员工工资的计算公式如下：

工资合计=基本工资+岗位津贴+书报费

例 3-19　公式

具体操作步骤如下。

（1）打开“职工工资情况”工作簿，选中“工资表”工作表。

（2）计算工资合计。选中 E3 单元格，输入公式“=B3+C3+D3”，如图 3-123 所示。

（3）按 Enter 键，或单击✔按钮，单元格会显示计算结果，如图 3-124 所示。

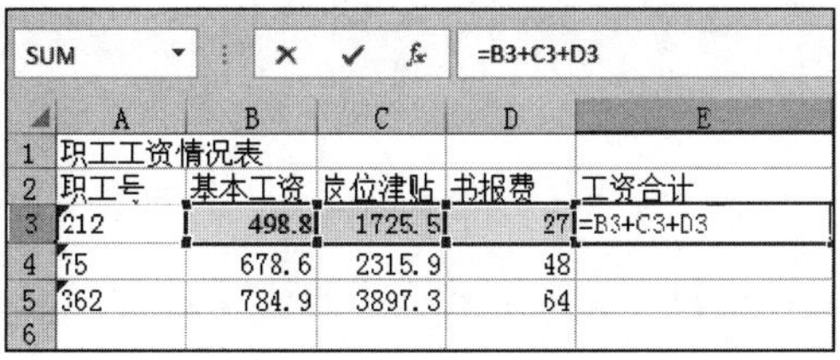

SUM　=B3+C3+D3

	A	B	C	D	E
1	职工工资情况表				
2	职工号	基本工资	岗位津贴	书报费	工资合计
3	212	498.8	1725.5	27	=B3+C3+D3
4	75	678.6	2315.9	48	
5	362	784.9	3897.3	64	
6					

图 3-123　公式输入操作

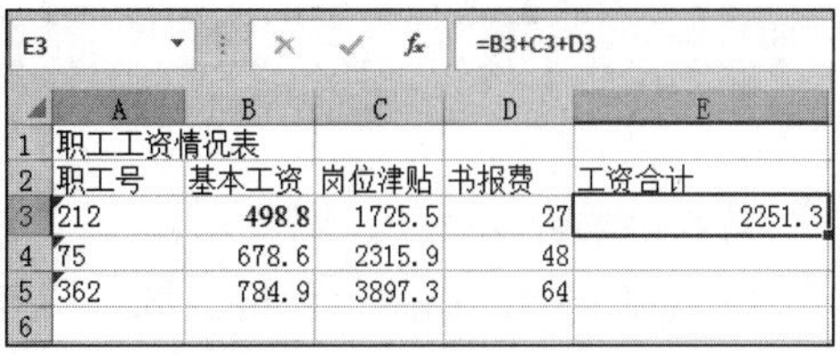

E3　=B3+C3+D3

	A	B	C	D	E
1	职工工资情况表				
2	职工号	基本工资	岗位津贴	书报费	工资合计
3	212	498.8	1725.5	27	2251.3
4	75	678.6	2315.9	48	
5	362	784.9	3897.3	64	
6					

图 3-124　计算结果

4）单元格引用

单元格引用是指将单元格的地址（行号列标）作为参数，通过引用同一区域或不同区域的单元格来进行计算。

Excel 2016 的单元格引用分为相对引用、绝对引用和混合引用 3 种。

（1）相对引用。相对引用是指在公式进行复制或自动填充时，随着计算对象的位移，公式中被引用的单元格也发生相对位移。

（2）绝对引用。如果在行号和列标前面均加上“$”符号，则表示绝对引用。在公式复制时，绝对引用单元格将不随公式位置的移动而改变单元格的引用，即无论公式被复制到哪里，公式中引用的单元格都不变。

（3）混合引用。单元格引用的一部分为绝对引用，另一部分为相对引用，如 A$2 或$A2，则表示混合引用。在公式复制时，带“$”符号的采取绝对引用方式，不带“$”符号的采取相对引用方式。

提示：如果创建了一个公式并希望将相对引用更改为绝对引用，则先选中包含该公式的单元格，然后在编辑框中拖动鼠标选中需要更改的引用并按 F4 键即可。

2. 函数的使用

1）函数

函数是系统预定义的对数据进行求值计算的公式。当用户遇到同一类计算问题时，只需要引用函数，而不需要再编制计算公式，从而减少了工作量。

函数的结构形式为

```
函数名(参数 1,参数 2,…)
```

提示：如果函数以公式的形式出现，则在函数名称前面输入等号“=”；函数的参数可以是数字、文本、单元格引用等。给定的参数必须与函数中要求的顺序和类型保持一致。参数也可以是常量、公式或其他函数。

2）输入函数

输入函数可以有以下 3 种方法，但首先必须选中需要输入函数的单元格。

（1）直接输入函数。

（2）使用【插入函数】对话框。单击【*fx*】按钮，弹出【插入函数】对话框，如图 3-125 所示。从【选择函数】列表框中选择函数，单击【确定】按钮，弹出【函数参数】对话框，如图 3-126 所示。在该对话框中可以设置计算区域，并且给出函数的相关解释和用法。

（3）【公式】选项卡中的【函数库】组提供了各种常用函数，如图 3-127 所示。单击【插入函数】按钮，弹出【插入函数】对话框。

3）常用函数

常用函数介绍如下。

（1）SUM( )：返回单元格区域中所有数值的总和，多用于求总和的计算。

（2）AVERAGE( )：返回所有参数的平均值。

（3）MAX( )：返回一组数值中的最大值。

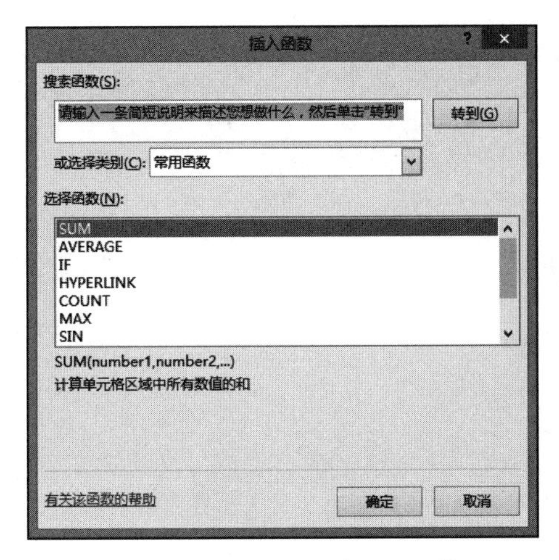

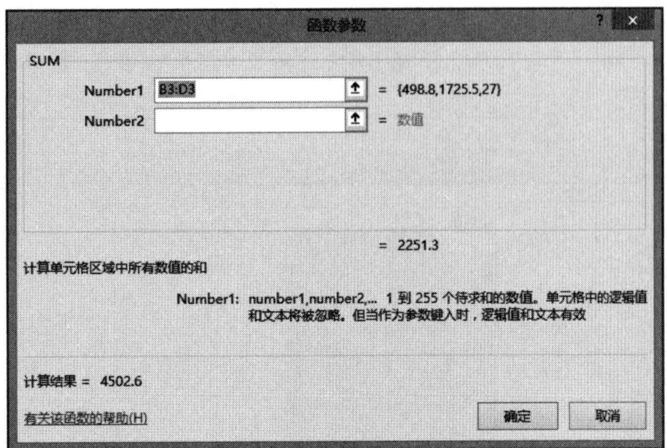

图 3-125 【插入函数】对话框

图 3-126 【函数参数】对话框

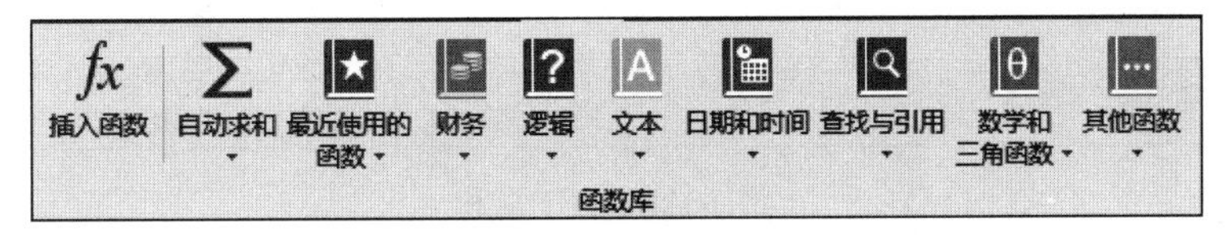

图 3-127 【函数库】组

（4）MIN( )：返回一组数值中的最小值。

（5）COUNT( )：计算区域中包含数字的单元格的个数。

（6）ROUND( )：按指定的位数对数值进行四舍五入。

（7）INT( )：取不大于数值的最大整数。

（8）ABS( )：返回给定数值的绝对值。

（9）IF( )：判断是否满足某个条件，如果满足返回一个值，如果不满足则返回另一个值。

4）自动求和

表格中求和、求平均值等计算比较常用，因此 Excel 2016 提供了自动求和功能。首先选中求和的单元格区域，然后单击【开始】选项卡【编辑】组中的【自动求和】下拉按钮，在弹出的【自动求和】下拉菜单中选择一种运算，系统默认为求和运算，如图 3-128 所示。按 Enter 键，各行列数据之和将分别显示在选择的单元格区域最后一列或最下面一行。

【例 3-20】根据“欧洲国家失业情况统计”工作簿中的数据，统计每月各个国家失业人数和月平均失业人数。另外，利用函数计算“月平均情况”行的内容，如果月平均失业人数>5 万，则显示“高”，否则显示“低”。

例 3-20 if 函数

具体操作步骤如下。

（1）打开“欧洲国家失业情况统计”工作簿，选中“失业人数汇总”工作表。

（2）选中 L4 单元格，单击【开始】选项卡【编辑】组中的【自动求和】下拉按钮，在弹出的【自动求和】下拉菜单中选择【求和】命令，此时调用 SUM( )函数并在工作表中自动选择函数参数，如图 3-129 所示。

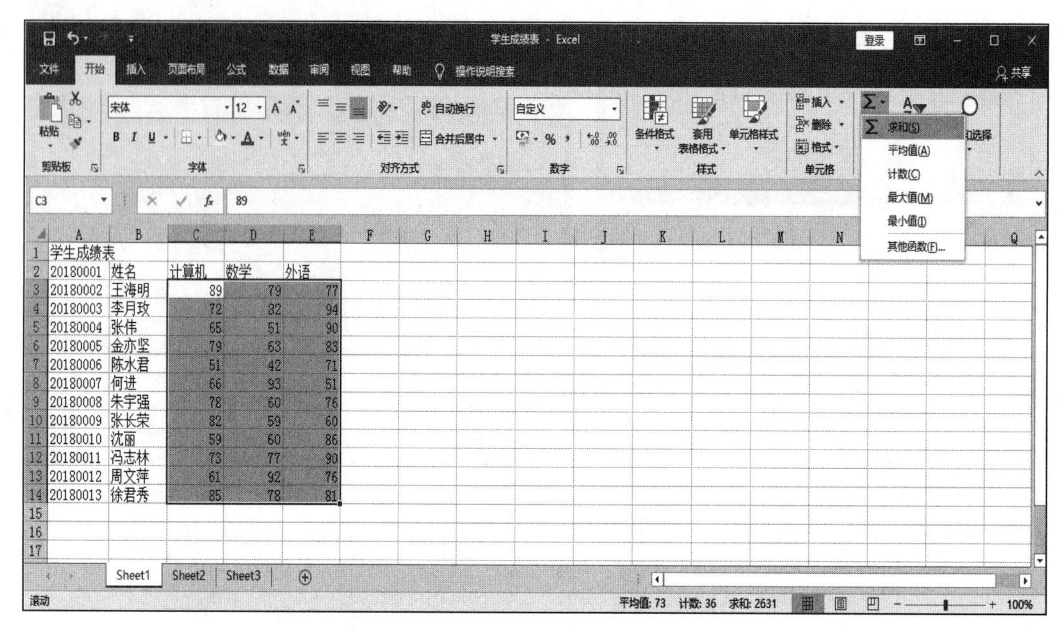

图 3-128　自动求和

SUM　=SUM(B4:K4)

	A	B	C	D	E	F	G	H	I	J	K	L
1	1993年欧洲10个国家月失业人口统计表（万人）											
2												
3	月份	RUS	UKR	BYL	KAZ	UZB	KIR	TAJ	AZR	ARM	MOL	合计
4	一月	62.80	7.32	3.14	3.56	1.08	0.19	0.86	0.69	6.18	1.42	=SUM(B4:K4)
5	二月	69.22	7.72	4.71	3.72	1.33	0.23	0.89	0.76	6.80	1.36	
6	三月	73.00	7.95	5.28	3.93	1.49	0.24	0.97	0.77	7.67	1.28	

图 3-129　自动求和函数

（3）查看虚线框内的参数，确定其正确无误后，直接按 Enter 键确认，在单元格显示计算结果。选中 L4 单元格，向下拖动填充柄，复制函数，得到其他月份的失业总人数。

（4）选中 B16 单元格，单击【开始】选项卡【编辑】组中的【自动求和】下拉按钮，在弹出的【自动求和】下拉菜单中选择【平均值】命令。默认情况下，计算平均值时会将函数所在单元格前方的所有数据作为参数使用。

（5）按 Enter 键确认，在单元格中显示计算结果。选中 B16 单元格，向右拖动填充柄，复制函数，得到其他国家的月平均失业人数。

（6）选中 B17 单元格，单击【公式】选项卡【函数库】组中的【插入函数】按钮，弹出【插入函数】对话框，在【选择函数】列表框中选择【IF】选项，单击【确定】按钮，弹出【函数参数】对话框。在【Logical_test】文本框中输入“B16>5”，在【Value_if_true】文本框中输入“"高"”，在【Value_if_false】文本框中输入“"低"”，如图 3-130 所示，单击【确定】按钮，在单元格中显示计算结果。选中 B17 单元格，向右拖动填充柄，复制函数，得到其他国家的月平均失业情况。各项统计结果如图 3-131 所示。

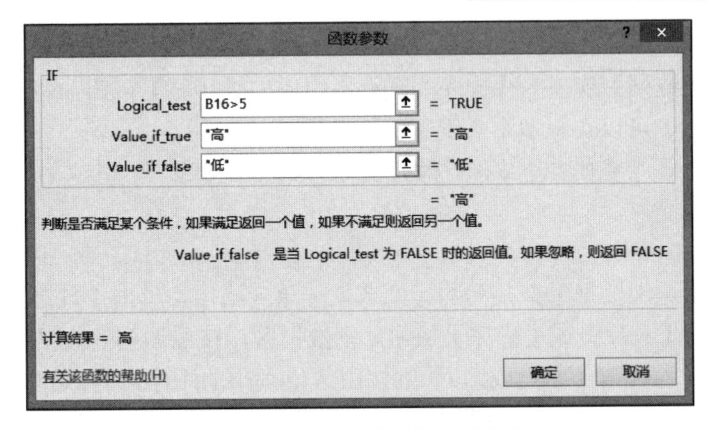

图 3-130　IF( )函数参数设置操作

1993年欧洲10个国家月失业人口统计表(万人)

月份	RUS	UKR	BYL	KAZ	UZB	KIR	TAJ	AZR	ARM	MOL	合计
一月	62.80	7.32	3.14	3.56	1.08	0.19	0.86	0.69	6.18	1.42	87.24
二月	69.22	7.72	4.71	3.72	1.33	0.23	0.89	0.76	6.80	1.36	96.74
三月	73.00	7.95	5.28	3.93	1.49	0.24	0.97	0.77	7.67	1.28	102.58
四月	75.06	7.88	5.36	4.06	1.57	0.26	1.13	0.75	8.19	1.22	105.48
五月	71.71	7.58	5.44	3.94	1.52	0.27	1.27	0.70	8.60	1.11	102.14
六月	74.05	7.33	5.49	3.76	1.51	0.27	1.17	0.67	8.76	0.98	103.99
七月	71.68	7.58	5.82	3.73	1.54	0.27	1.26	1.77	8.97	0.96	103.58
八月	71.39	7.81	6.20	3.68	1.50	0.28	1.31	1.81	8.32	1.02	103.32
九月	70.60	7.87	6.34	3.72	1.44	0.26	1.37	1.88	8.69	1.04	103.21
十月	72.84	7.95	6.58	3.91	1.41	0.28	1.91	1.85	9.32	1.08	107.13
十一月	73.01	7.60	6.25	3.86	1.38	0.32	1.88	1.91	9.51	0.99	106.71
十二月	72.08	7.46	6.51	3.65	1.40	0.31	1.65	1.68	9.69	0.85	105.28
月平均	71.45	7.67	5.59	3.79	1.43	0.27	1.31	1.27	8.39	1.11	102.28
平均情况	高	高	高	低	低	低	低	低	高	低	

图 3-131　各项统计结果

3.2.5　数据管理

Excel 2016 具有强大的数据管理功能，可以方便地组织、管理和分析大量的数据信息。对于一般的数据表，Excel 2016 可以进行排序、筛选、分类和汇总等操作。

Excel 2016 的数据管理功能集中在【数据】选项卡上，如图 3-132 所示，某些简单的操作也可以通过快捷菜单的命令实现。通过这些可视化操作，Excel 2016 就能完成数据管理系统中用命令或程序才能实现的操作。

图 3-132　【数据】选项卡

1. 数据排序

数据排序是按照一定的规则对数据进行整理和重新排序，从而为后续工作做好准备。Excel 2016 为用户提供了多种数据清单的排序方法，允许用户按一列、多列和行进行排序，也可以按用户自定义的序列进行排序。数据排序有两种方法。

（1）单击【数据】选项卡【排序和筛选】组中的【升序】或【降序】按钮，可以实现简单排序。

（2）单击【数据】选项卡【排序和筛选】组中的【排序】按钮，弹出【排序】对话框，在该对话框中可以实现多个关键字的复杂排序。

提示：无论使用哪种排序方法，最好将原始数据复制到另一个工作表中，以保护原始数据不被破坏。

1）简单排序

将光标置于选中数据区域某列的标题或任一单元格上，单击【数据】选项卡【排序和筛选】组中的【升序】或【降序】按钮，则数据区域按照该列的数据升序或降序重新排列。如果该列为数值（如总成绩），则按照数值大小的顺序排列；如果该列为日期或时间，则按照日期或时间的先后顺序排列；如果该列为字符串，则按照字符在 ASCII 码上的顺序排列；如果该列为汉字，则按照拼音的先后顺序排列。

2）复杂排序

当参与排序的字段出现相同值时，可使用次要关键字进行多级复杂排序。单击【数据】选项卡【排序和筛选】组中的【排序】按钮，弹出【排序】对话框，如图 3-133 所示。

这种排序方法可以设置多个关键字，每个关键字都可以选择升序或降序排列。单击【添加条件】按钮，即添加一个次要关键字，在【次要关键字】下拉列表框中选择关键字字段，在【排序依据】列的相应下拉列表框中选择排序依据。Excel 2016 允许用户按照单元格值、单元格颜色、字体颜色和条件格式图标排序。如果单击【选项】按钮，则弹出【排序选项】对话框，如图 3-134 所示。其中，【方向】组可以设置按列排序或按行排序；【方法】组可以设置按字母排序或按笔画排序。

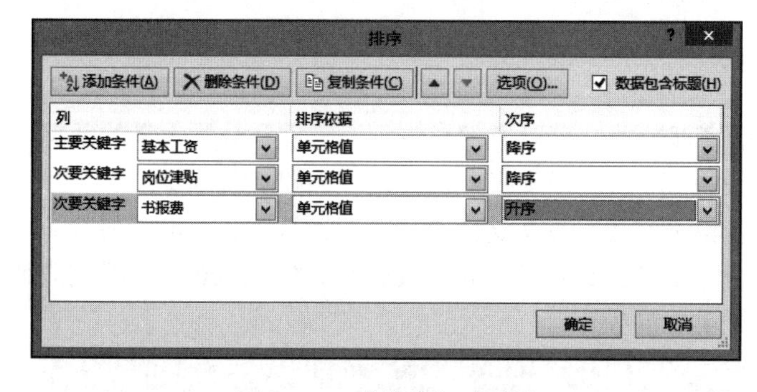

图 3-133 【排序】对话框

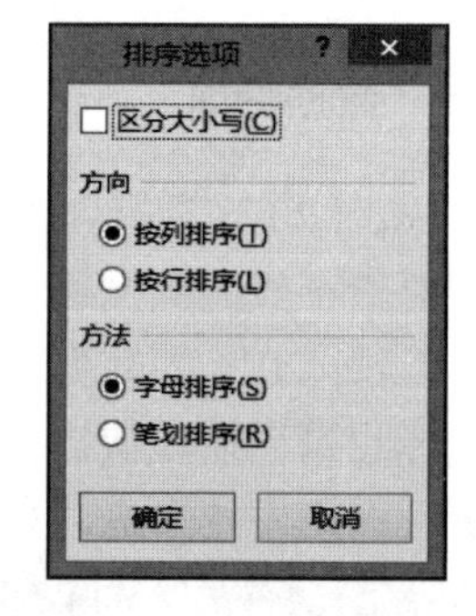

图 3-134 【排序选项】对话框

提示：若在图 3-133 所示的【排序】对话框中只选择一个关键字，则复杂排序和简单排序的结果相同。

2. 数据筛选

筛选是根据给定的条件从数据清单中找出并显示满足条件的记录，同时隐藏不满足条件的记录。其中，隐藏的记录并没有被删除，若取消筛选条件，则这些数据就会全部显示出来。Excel 2016 提供了两个筛选命令，即自动筛选和高级筛选。自动筛选是针对简单条件的筛选，高级筛选是针对复杂条件的筛选。与排序相似，在进行筛选操作之前，也宜将数据复制一份，以免破坏原始数据。

1）自动筛选

选中数据清单中的任意一个单元格，单击【数据】选项卡【排序和筛选】组中的【筛选】按钮，在数据清单中的每一列标题右侧显示一个下拉按钮，称为自动筛选下拉按钮。单击该按钮，弹出下拉菜单式的筛选器，数据列不同，选项也不同，如图 3-135 所示。

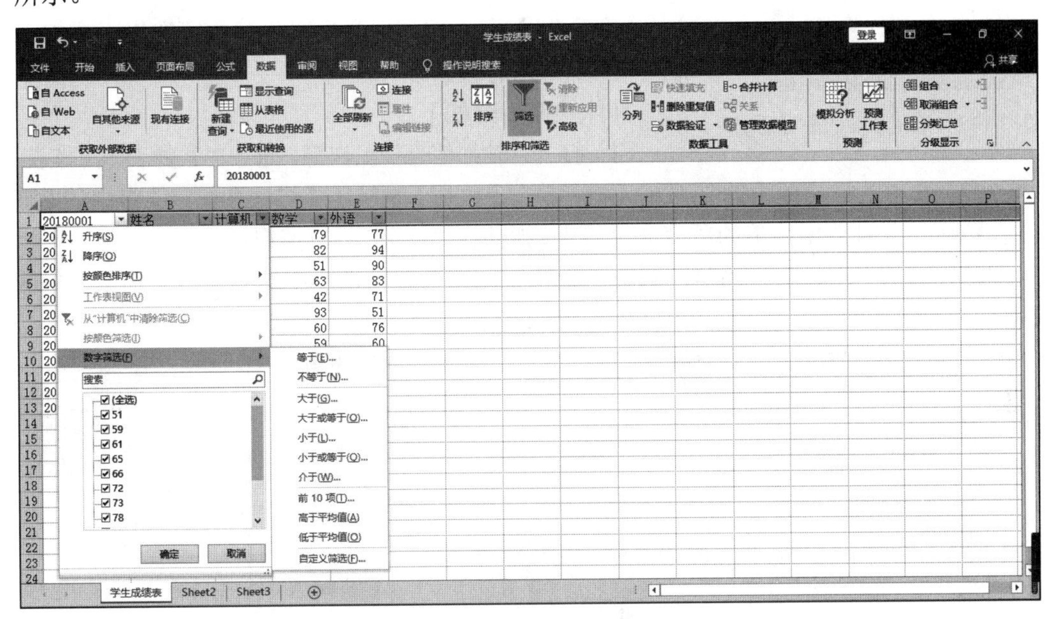

图 3-135　下拉菜单式的筛选器

若从【数字筛选】子菜单中选择【自定义筛选】命令，则弹出【自定义自动筛选方式】对话框，如图 3-136 所示，要求用户输入筛选条件表达式。其左侧的下拉列表框中包括【大于或等于】【不等于】等多种条件关系；右侧的下拉列表框为该标题列中的可选值，也可以输入一个确定值。用户可以选择两个条件，它们之间是【与】或【或】的关系。

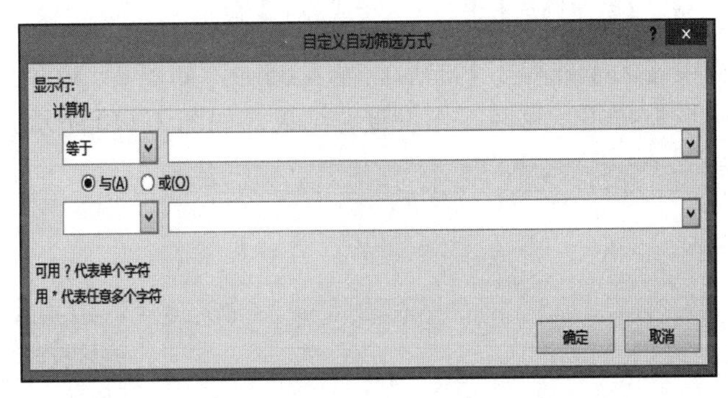

图 3-136　【自定义自动筛选方式】对话框

2）高级筛选

自动筛选的特点是在原有的数据区进行筛选，筛选结果显示在原来的区域，不能明显地看到筛选条件。若需要将筛选出来的数据和原始数据区分开，并且能看到筛选条件，

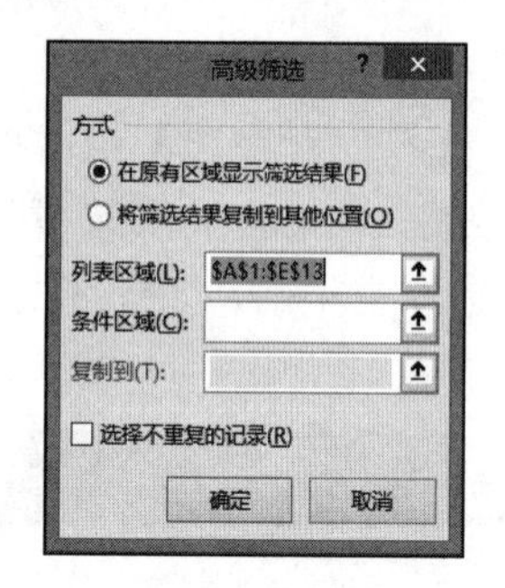

图 3-137 【高级筛选】对话框

就要使用高级筛选命令。在使用高级筛选命令前，需要在一个空白区域写出条件表达式。单击【数据】选项卡【排序和筛选】组中的【高级】按钮，弹出【高级筛选】对话框，如图 3-137 所示，选择列表区域和条件区域，单击【确定】按钮即可。

【例 3-21】 在“教师信息”工作簿中筛选出工资大于或等于 3500 元的数据。

具体操作步骤如下。

（1）打开“教师信息”工作簿，选中“教师表”工作表。

（2）选中数据清单中的任意单元格，单击【数据】选项卡【排序和筛选】组中的【筛选】按钮，此时数据清单的所有列标题上均出现自动筛选下拉按钮。

（3）单击“工资”列的自动筛选下拉按钮，在工资筛选器中选择【数字筛选】中的【大于或等于】命令，如图 3-138 所示，弹出【自定义自动筛选方式】对话框。

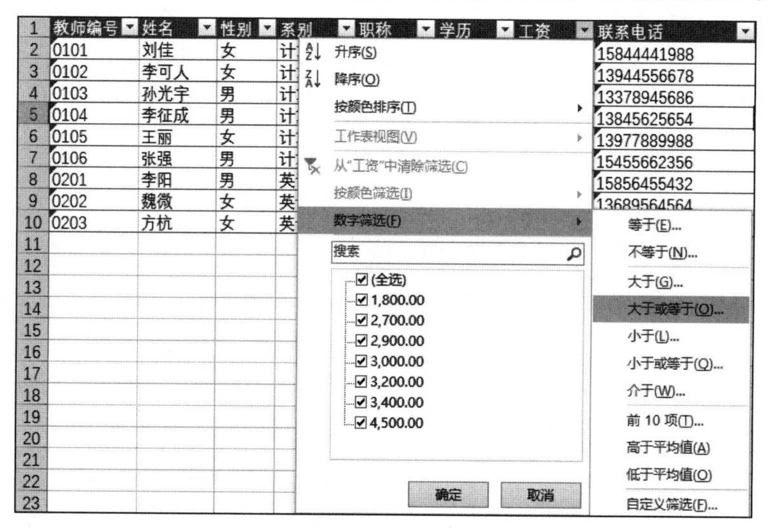

图 3-138 【数字筛选】中的【大于或等于】命令

例 3-21 数据筛选

（4）在显示行中【大于或等于】的后面输入 3500，如图 3-139 所示。

（5）单击【确定】按钮，返回工作表查看结果，如图 3-140 所示。

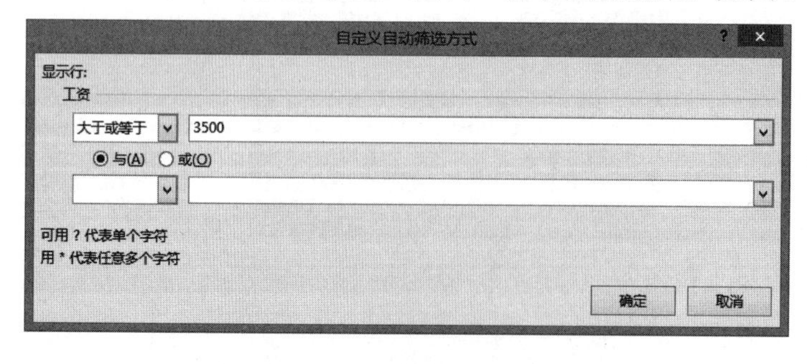

图 3-139 自定义筛选条件设置操作

B	C	G
姓名	性别	工资
李可人	女	4,500.00
王丽	女	4,500.00

图 3-140 筛选结果

3. 数据分类汇总

分类汇总是将数据清单中的数据分门别类地统计处理，进行分类显示。分类汇总时不需要用户自己建立公式，Excel 2016 会自动对各类别的数据进行求和、求平均值等多种计算，并且把汇总结果显示出来。单击【数据】选项卡【分级显示】组中的【分类汇总】按钮，弹出【分类汇总】对话框，如图 3-141 所示。在该对话框中可以实现对数据表进行数值列的汇总计算，在【分类字段】下拉列表框中选择分类字段，在【汇总方式】下拉列表框中选择汇总方式，在【选定汇总项】列表框中选择汇总的字段。

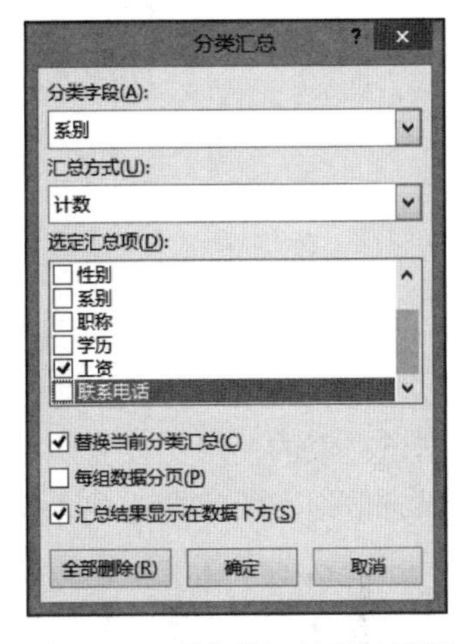

图 3-141　【分类汇总】对话框

提示：分类汇总操作时数据清单中一定包含标志行，并且必须先对需要分类汇总的字段进行排序，以保证分类汇总的正确性。

如果想清除分类汇总回到数据清单的初始状态，则在【分类汇总】对话框中单击【全部删除】按钮。如果分类汇总后没有其他操作，也可以通过单击快速访问工具栏上的【撤销】按钮来恢复。

【例 3-22】在“教师信息”工作簿中对“教师表”工作表内的数据清单内容进行分类汇总，按系别汇总出工资的平均值，汇总结果显示在数据下方。

例 3-22　分类汇总

具体操作步骤如下。

（1）打开“教师信息”工作簿，选中“教师表”工作表。

（2）选中“系别”列的任意单元格，单击【数据】选项卡【排序和筛选】组中的【升序】或【降序】按钮，对系别进行排序。

（3）单击【数据】选项卡【分级显示】组中的【分类汇总】按钮，弹出【分类汇总】对话框，设置分类汇总参数，如图 3-142 所示。单击【确定】按钮，返回工作表。

（4）在图 3-143 所示的分级显示区单击【2】按钮，可以看到各系教师工资的平均值情况，如图 3-144 所示。

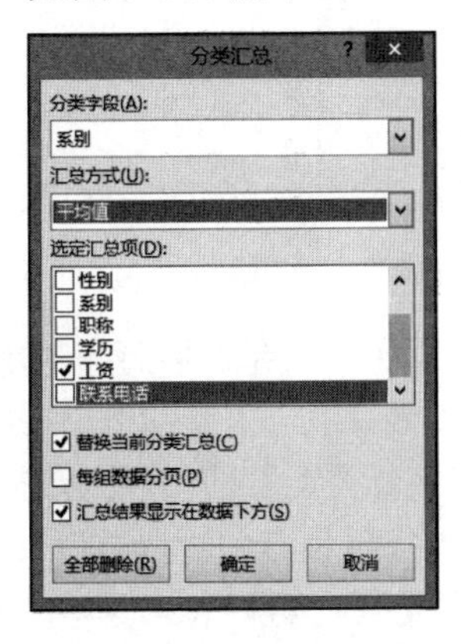

图 3-142　设置分类汇总参数

	A	B	C	D	E
1	教师编号	姓名	性别	系别	职称
2	0101	刘佳	女	计算机	副教授
3	0102	李可人	女	计算机	讲师
4	0103	孙光宇	男	计算机	讲师
5	0104	李征成	男	计算机	讲师
6	0105	王丽	女	计算机	副教授
7	0106	张强	男	计算机	讲师
8				计算机 平均值	

图 3-143　分级显示区

	A	B	C	D	E	F	G
1	教师编号	姓名	性别	系别	职称	学历	工资
8				计算机 平均值			3,233.33
12				英语 平均值			2,800.00
13				总计平均值			3,088.89
14							

图 3-144 分类汇总统计结果

4. 数据透视表

数据透视表是用于快速汇总大量数据的交互式表格，其与分类汇总操作的区别是可以进行多个字段分类汇总。用户可以选择其行或列以查看对源数据的不同汇总方式。数据透视表的使用比较复杂，但通过 Excel 2016 中的【创建数据透视表】对话框，用户可以方便地完成数据透视表操作。其操作步骤如下。

（1）选中数据清单中的任意一个单元格。

（2）单击【插入】选项卡【表格】组中的【数据透视表】按钮，弹出【创建数据透视表】对话框，如图 3-145 所示。返回工作表窗口，选中需要创建数据透视表的数据区域，【创建数据透视表】对话框中的【表/区域】文本框中数据区变为所选数据区域的范围。在【选择放置数据透视表的位置】组中选择放置数据透视表的位置，若放在新工作表中，则选中【新工作表】单选按钮；若放在现有工作表中，则选中【现有工作表】单选按钮，并在工作表中选择一个起始位置，单击【确定】按钮。

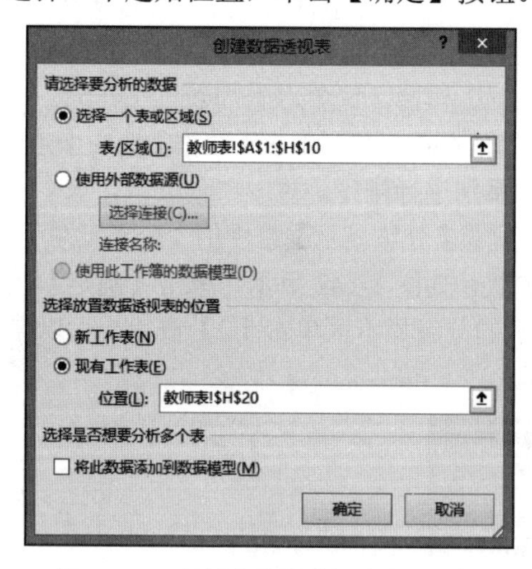

图 3-145 【创建数据透视表】对话框

（3）系统自动在数据透视表的位置显示数据透视表工作区，在窗口右侧显示【数据透视表字段】任务窗格，并自动显示【数据透视表工具-分析】选项卡，如图 3-146 所示。

（4）在【数据透视表字段】任务窗格中可以选中需要分类汇总的字段到数据透视表的行或列，也可以利用【数据透视表工具-分析】选项卡进行各种有关数据透视表的操作。

如果想删除数据透视表，先选中数据透视表，单击【数据透视表工具-分析】选项卡【操作】组中【选择】的下拉按钮，在弹出的下拉菜单中选择【整个数据透视表】命令，按 Delete 键，即可删除。

图 3-146 【数据透视表工具-分析】选项卡

3.2.6 图表

Excel 2016 具有很强的由表制作图的功能。由表制作的图称为图表，图表是用图形的方式显示工作表中的数据，观察数值的变化趋势和数据间的关系，能一目了然地反映数据的特点和内在规律。另外，图表与生成它们的工作表相链接，当更改工作表数据时，图表中的相关内容也会自动更新，比在工作表中观察数值更直观且容易比较。

图表分为以下两类。

（1）嵌入式图表。可将嵌入式图表看作一个图形对象。当需要将图表与工作表数据一起显示或打印时，可以使用嵌入式图表。

（2）图表工作表。图表工作表是工作簿中具有名称的独立工作表。当需要独立于工作表数据查看或编辑大而复杂的图表，或希望节省工作表的屏幕显示空间时，可以使用图表工作表。

Excel 2016 提供了 15 类图表，分别是柱形图、折线图、饼图、条形图、面积图、散点图、股价图、曲面图、雷达图、树状图、旭日图、直方图、箱型图、瀑布图和漏斗图，每类图表中又包含几种形式供用户选择。另外，还可以选择组合图，它指的是在一个图表中包含两种或两种以上的图表类型。

在 Excel 2016 中制作图表时，用户可以通过选择数据源、图表类型等做出一个漂亮的统计图表，并可根据已有数据做出趋势分析。对于已经做好的图表，用户还可以根据自身需要进一步进行位置、大小、颜色等设置。

1. 创建图表

用户可以通过对选中的数据源直接按 F11 键快速创建图表，也可以通过图表向导创建图表。下面通过例 3-23 说明创建与修改图表的步骤。

例 3-23　创建图表

【例 3-23】 在“学生成绩表”工作簿中对“学生成绩表”工作表中的数据建立图表，并进行修饰。

具体操作步骤如下。

（1）打开“学生成绩表”工作簿，选中“学生成绩表”工作表。

（2）选中 B1:E2 单元格区域，如图 3-147 所示。

	A	B	C	D	E	F
1	20180001	姓名	计算机	数学	外语	
2	20180006	陈水君	51	42	71	

图 3-147 为图表选择数据源

（3）单击【插入】选项卡【图表】组中的【柱形图】下拉按钮，在弹出的【柱形图】下拉菜单中选择【三维柱形图】中的【三维簇状柱形图】命令，此时在工作表中会显示图表，如图 3-148 所示。

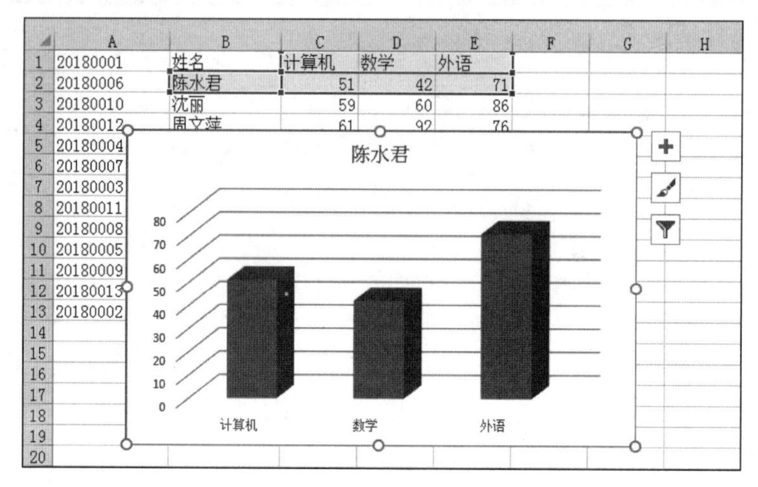

图 3-148 图表创建

2. 编辑和修改图表

和其他对象一样，图表可以在选中后用鼠标拖动来移动位置；也可以通过拖动位于 4 个角或 4 个边中心位置来改变大小。

创建好图表后，可以对图表的类型、布局等进行设置，使图表更加符合用户的需求。这些设置主要通过【图表工具-设计】选项卡来完成，如图 3-149 所示。

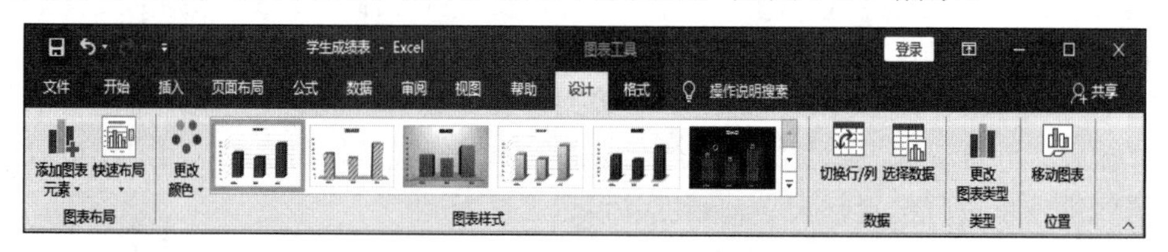

图 3-149 【图表工具-设计】选项卡

下面对【图表工具-设计】选项卡中各组的主要功能进行介绍。

（1）【图表样式】组：该组提供了多种图表样式，如图 3-150 所示，用户可直接单击进行图表样式的设置。

（2）【图表布局】组：该组提供了 11 种布局样式，如图 3-151 所示，用户可直接单击其中的【快速布局】下拉按钮进行图表布局的设置。

（3）【数据】组：该组包含【切换行/列】按钮和【选择数据】按钮。单击【切换行/列】按钮，会将图表行和列的数据进行调换；单击【选择数据】按钮，弹出【选择数据源】对话框，用户可以选择图表数据区域。

（4）【类型】组：该组包含【更改图表类型】按钮。单击【更改图表类型】按钮，弹出【更改图表类型】对话框，如图 3-152 所示，可重新选择图表类型。

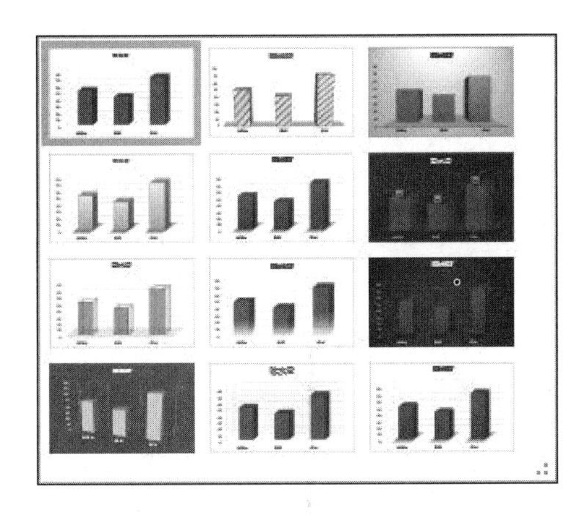

图 3-150 【图表样式】下拉菜单

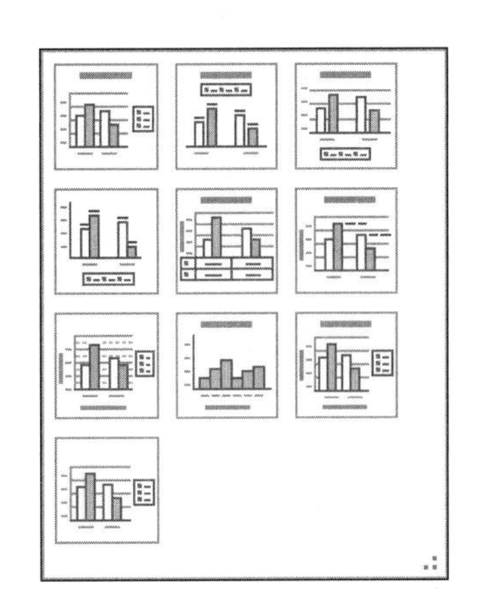

图 3-151 【图表布局】下拉菜单

（5）【位置】组：单击【移动图表】按钮，弹出【移动图表】对话框，如图 3-153 所示，在其中可以选择图表移动的目标位置。

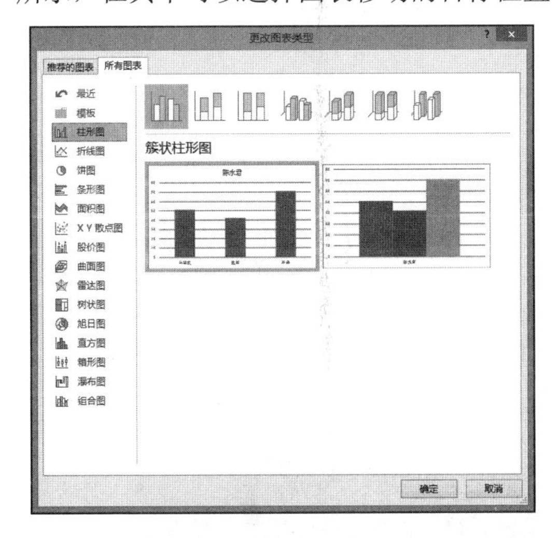

图 3-152 【更改图表类型】对话框

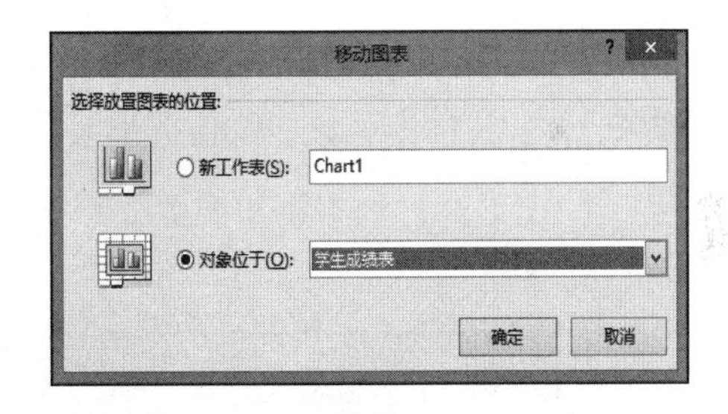

图 3-153 【移动图表】对话框

3.3 PowerPoint 2016 演示文稿软件

PowerPoint 2016 是 Microsoft Office 2016 系列软件的重要组成部分，是用于制作和演示幻灯片的工具软件。一个 PowerPoint 演示文稿由一张或者多张幻灯片组成，整个演示文稿主题应明确，内容应精炼，可以包含文字、图形和图像及各类表格等，也可以在幻灯片中插入音频、视频和各种动画。PowerPoint 演示文稿可以向观者精炼、逻辑清晰地传递所要表达的信息，因此被广泛应用于教育、商业等各个领域。

3.3.1 PowerPoint 2016 的基础知识

制作一个界面优美、主题明确的 PowerPoint 演示文稿，需要结合演示文稿制作的目的，合理布局版面，明确主题思想，精炼表达内容，优化展示界面。PowerPoint 2016

提供了丰富的内置主题、版式和快捷样式，为用户提供了更多的选择。

与之前的版本相比，PowerPoint 2016 增加了一些实用性极强的新功能。例如，新增智能搜索功能，方便查找 PowerPoint 自带的功能模块；新增 5 个图表类型，更好地实现了可视化功能；新增屏幕录制功能，使视频帧数率小、码率大、文件小、视频高清；新增墨迹书写功能，使形状的编辑、公式的录入更加便捷、清晰。

1. 启动与退出

1）启动

启动 PowerPoint 2016 常用以下两种方法。

（1）通过【开始】菜单启动。选择【开始】菜单中的【所有程序】中的【PowerPoint】命令，即可启动 PowerPoint 2016。

（2）通过桌面上的快捷方式启动。如果桌面上有 PowerPoint 2016 快捷图标，双击快捷图标即可启动 PowerPoint 2016。

2）退出

退出 PowerPoint 2016 常用以下 4 种方法。

（1）单击 PowerPoint 2016 窗口标题栏上的【关闭】按钮。

（2）双击 PowerPoint 2016 窗口左上角。

（3）选择【文件】菜单中的【关闭】命令，可关闭当前 PowerPoint 文档。

（4）按 Alt+F4 组合键。

2. 工作界面

PowerPoint 2016 的工作界面主要包括快速访问工具栏、标题栏、用户名、选项卡、功能区、工作区、状态栏和视图控制区几部分，如图 3-154 所示。

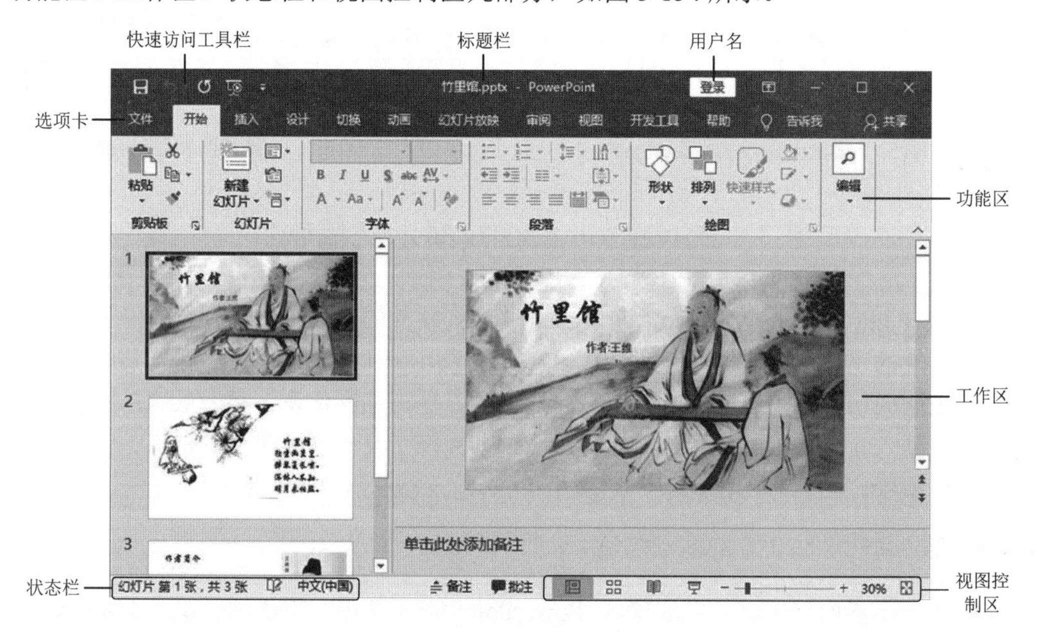

图 3-154　PowerPoint 2016 的工作界面

（1）快速访问工具栏：可以将常用的操作命令设置在此区域，执行相应命令，只需要单击该按钮即可。

（2）标题栏：显示当前文本名称。

（3）用户名：显示当前用户名称，如果没有登录则不显示。

（4）选项卡和功能区：PowerPoint 2016 的所有操作和功能按类分成不同的选项卡，用户可以直接明了地找到所要执行操作的位置，按相应的功能完成操作。

提示：在选项卡右端有一个 操作说明搜索 图标，用户在操作演示文稿过程中遇到知识盲点，可以单击此位置，在其中输入关键字进行搜索，Office 2016 会提供帮助功能。

（5）工作区：左侧是大纲/幻灯片浏览窗格，幻灯片以演示大纲的形式或文本形式显示；右侧是幻灯片窗格，可以对幻灯片进行编辑，查看整体布局效果，调整结构；幻灯片下方是备注窗格，用户可以添加对幻灯片的注释。

（6）状态栏：显示 PowerPoint 2016 运行中的信息，分别显示幻灯片编号、总幻灯片数目、中英文输入状态。

（7）视图控制区：用于快速切换不同的视图模式，并可以调整显示比例。PowerPoint 2016 提供了普通视图、大纲视图、幻灯片浏览视图、备注页视图和阅读视图 5 种视图模式，以满足不同的查阅需求。其中，常用的是普通视图、大纲视图和幻灯片浏览视图 3 种视图模式。

① 普通视图：是 PowerPoint 2016 的默认视图模式。此模式包含大纲窗格、幻灯片窗格和备注窗格 3 种窗格，拖动窗格的边框可以调整不同窗格的大小，如图 3-155 所示。

图 3-155　普通视图

② 大纲视图：包含大纲窗格、幻灯片缩图窗格和幻灯片备注页窗格，如图 3-156 所示。大纲视图中，左侧的大纲窗格只显示演示文稿的文本内容和组织结构，用户可以

在大纲窗格中调整文稿文字内容，调整幻灯片显示顺序，也可以将其他幻灯片的文本内容进行复制或者移动。

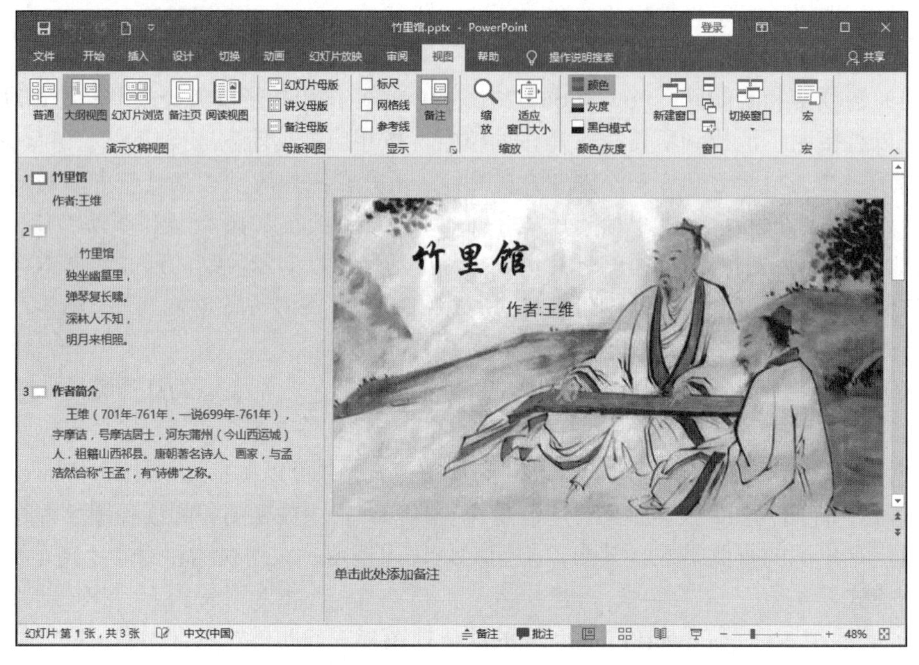

图 3-156　大纲视图

③ 幻灯片浏览视图：在此视图下所有幻灯片以缩略图的形式按顺序显示在同一窗口中，可以整体查看幻灯片编辑风格是否统一，可以更改或删除幻灯片，也可以调整幻灯片顺序及切换方式，如图 3-157 所示。

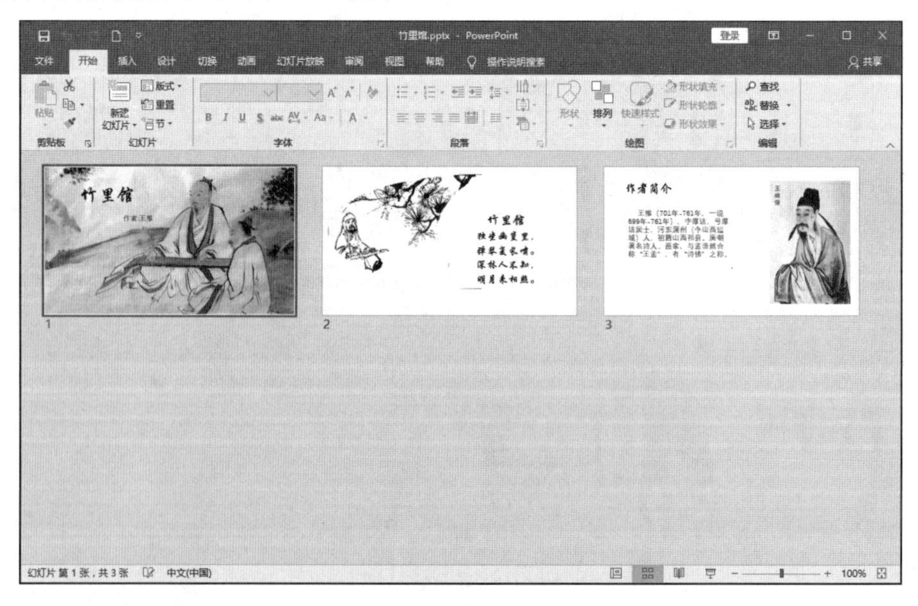

图 3-157　幻灯片浏览视图

④ 备注页视图：在此视图下无法对幻灯片内容进行修改和编辑，只可以为幻灯片

添加备注内容或者重新编辑备注信息，如图 3-158 所示。

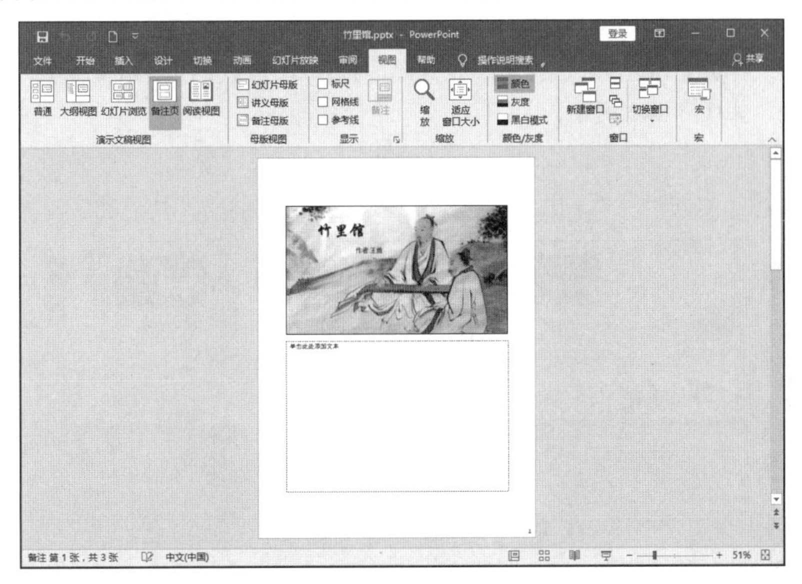

图 3-158　备注页视图

⑤ 阅读视图：在创建演示文稿时，用户可以通过单击【阅读视图】按钮启动幻灯片阅读视图。阅读视图在幻灯片放映视图中并不是显示单个的静止画面，而是以动态的形式显示演示文稿中各张幻灯片。阅读视图演示文稿最后的效果，可以用来检查幻灯片展示效果，从而进行美化和修改，如图 3-159 所示。

图 3-159　阅读视图

3. 创建新演示文稿

在对演示文稿进行编辑之前，首先应创建一个新演示文稿。创建新演示文稿有以下 3 种方法。

1）创建空白演示文稿

创建空白演示文稿的操作步骤如下。

方法 1：启动 PowerPoint 2016，在开始面板中单击【空白演示文稿】，即可创建空白演示文稿，如图 3-160 所示。

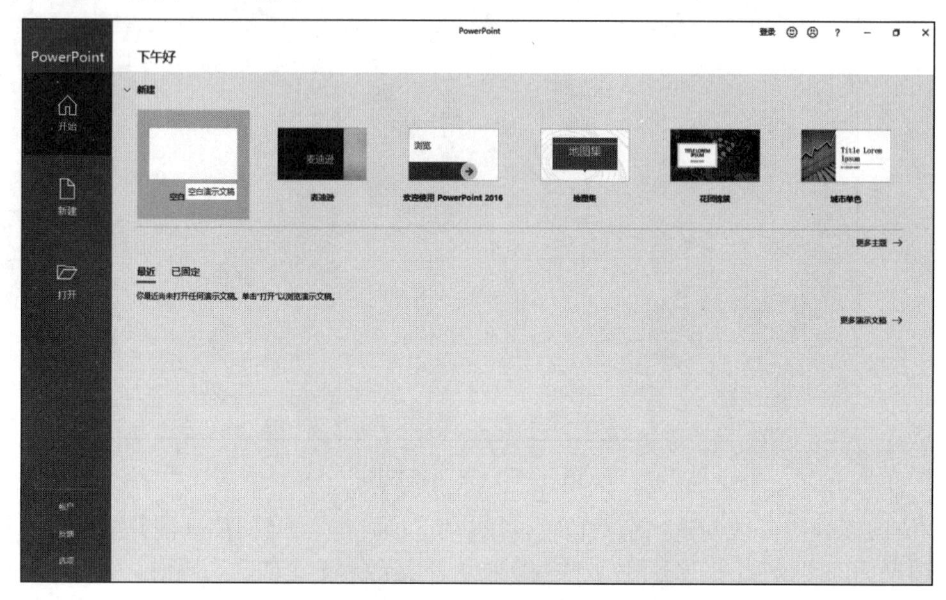

图 3-160 通过开始界面创建空白演示文稿

方法 2：打开 PowerPoint 2016，选择【文件】菜单中的【新建】命令，单击【空白演示文稿】，即可创建新的空白演示文稿，如图 3-161 所示。

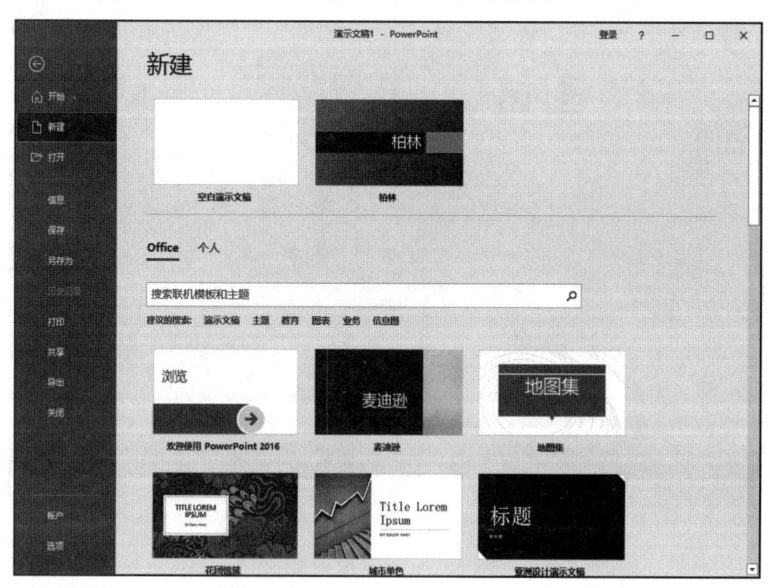

图 3-161 通过【新建】命令创建空白演示文稿

2）创建基于模板和主题的演示文稿

PowerPoint 2016 提供了一些预先设计格式和样式的模板和主题，允许用户根据实际设计需要进行套用来创建自己的演示文稿。样本模板包含幻灯片配色方案、标题及字体样式等。

下面以柏林主题为例，介绍基于模板和主题创建演示文稿的方法。

例 3-24　主题的设置

【例 3-24】使用柏林主题创建演示文稿。

使用柏林主题创建演示文稿的操作步骤如下。

（1）打开 PowerPoint 2016，选择【文件】菜单中的【新建】命令，既可以在主题和模板列表中查找柏林主题，也可以在搜索联机模板和主题位置输入“柏林”进行查找，如图 3-162 所示。

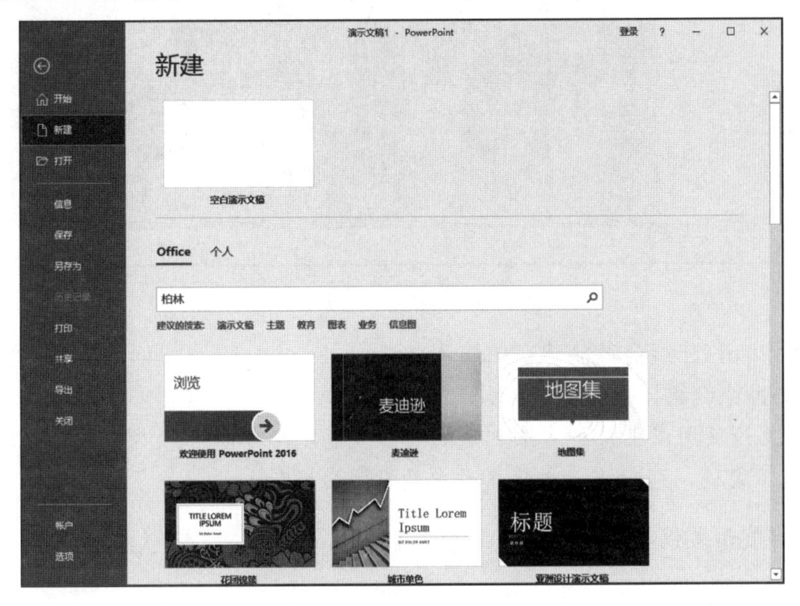

图 3-162　柏林主题的搜索

（2）在搜索结果中选择需要的主题，在弹出的配色方案窗格中选择适宜的配色，单击【创建】按钮，如图 3-163 所示。

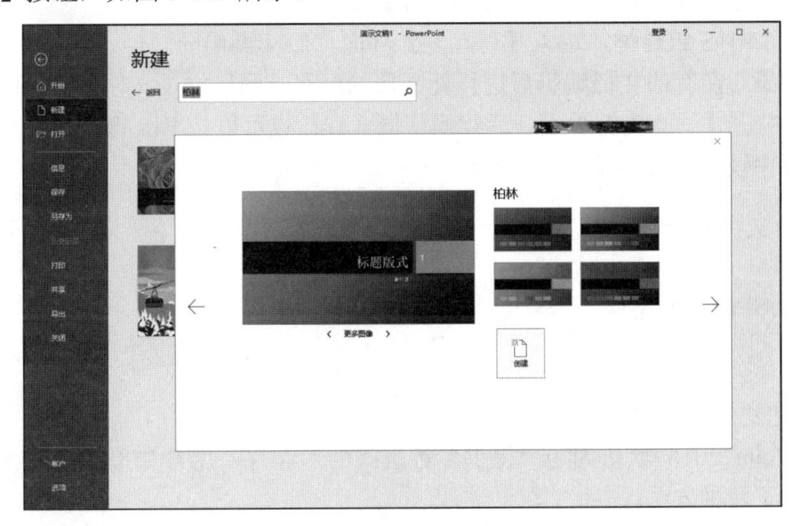

图 3-163　主题和配色的选择

（3）创建了一个以柏林为主题的演示文稿，如图 3-164 所示。

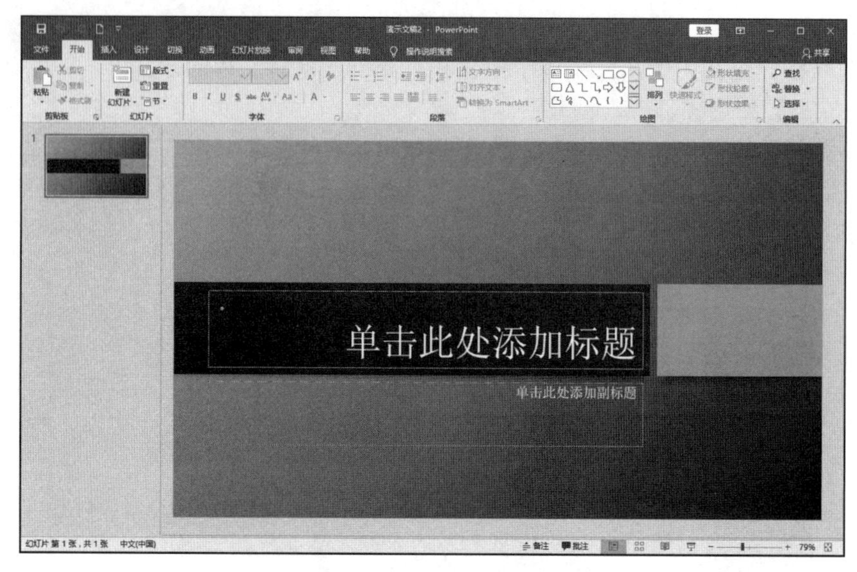

图 3-164 基于柏林主题创建的演示文稿

3）使用 Ctrl+N 组合键创建空白演示文稿

按 Ctrl+N 组合键，系统自动创建一个空白演示文稿。

提示：无论使用以上哪种方法创建的演示文稿，其名称均为“演示文稿 1”。如果之前创建过演示文稿，则新演示文稿名称中的数字会顺延。

4. 保存演示文稿

常用的演示文稿保存方法有以下几种。

（1）完成 PowerPoint 2016 内容编辑后，选择【文件】菜单中的【保存】命令，或单击快速访问工具栏上的【保存】按钮，打开【另存为】界面，选择演示文稿应保存的位置，设置文件名及保存类型，单击【保存】按钮。

（2）按 Ctrl+S 组合键，进入【另存为】界面，后续操作同（1）。

（3）如果对已有的文档编辑后进行新文档的保存，则选择【文件】菜单中的【另存为】命令，打开【另存为】界面，后续操作同（1）；也可以按 F12 键，在弹出的【另存为】对话框中设置文件名及保存类型。

3.3.2 演示文稿的编辑

1. 幻灯片的基本操作

演示文稿创建完以后，会默认含有一张幻灯片。

1）新建幻灯片

PowerPoint 2016 默认为用户提供多种版式的幻灯片，用户如果想增加新的幻灯片页，常用以下两种方法。

（1）单击【开始】选项卡【幻灯片】组中的【新建幻灯片】下拉按钮，在弹出的【新建幻灯片】下拉菜单中选择合适的版式，即可生成相应版式的新幻灯片，如图 3-165 所示。

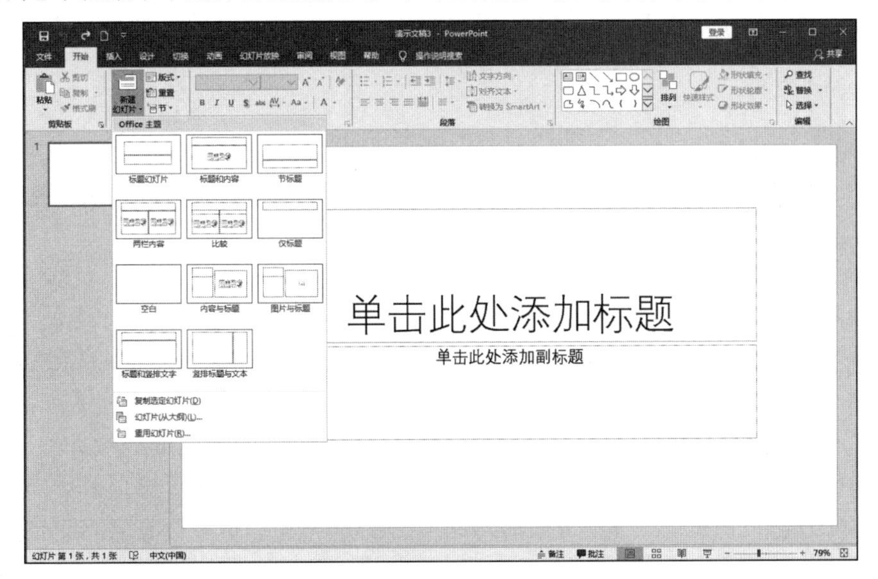

图 3-165　【新建幻灯片】下拉菜单

（2）在工作区左侧的幻灯片浏览窗格中右击当前选中的幻灯片，在弹出的快捷菜单中选择【新建幻灯片】命令。选中新建的幻灯片，右击，在弹出的快捷菜单中选择【版式】命令，可以更改当前幻灯片的版式。

2）复制幻灯片

在工作区左侧的幻灯片浏览窗格中选中需要复制的幻灯片，右击，在弹出的快捷菜单中选择【复制幻灯片】命令，即可在当前幻灯片下方复制生成一张新的幻灯片。

3）移动幻灯片

在工作区左侧的幻灯片浏览窗格中选中需要移动的幻灯片，按住鼠标左键拖动幻灯片至目标位置，释放鼠标后，完成幻灯片的移动。

4）删除幻灯片

在工作区左侧的幻灯片浏览窗格中选中需要删除的幻灯片，右击，在弹出的快捷菜单中选择【删除幻灯片】命令，即可完成对当前幻灯片的删除。

5）隐藏幻灯片

在工作区左侧的幻灯片浏览窗格中选中需要隐藏的幻灯片，右击，在弹出的快捷菜单中选择【隐藏幻灯片】命令，当前的幻灯片编号上会出现一个斜杠划线，表示当前幻灯片被隐藏。隐藏的幻灯片在编辑时还可以看到，只是在幻灯片放映时会自动跳过。

6）选中幻灯片

（1）选中一张幻灯片：在工作区左侧的幻灯片浏览窗格中单击需要选中的幻灯片即可。

（2）选中连续的幻灯片：在工作区左侧的幻灯片浏览窗格中先选中第一张幻灯片，按住 Shift 键后单击最后一张幻灯片即可。

（3）选中不连续的幻灯片：先选中第一张幻灯片，按住 Ctrl 键后逐一单击需要选中的其他幻灯片即可。

（4）选中所有幻灯片：单击【开始】选项卡【编辑】组中的【选择】下拉按钮，在弹出的【选择】下拉菜单中选择【全选】命令；或者在工作区左侧的幻灯片浏览窗格中选中其中一张幻灯片，按 Ctrl+A 组合键，即可选中全部幻灯片。

2. 编辑文本

1）输入文本

演示文稿设计中，文本是幻灯片的基础。在 PowerPoint 2016 中文本的输入与编辑与 Word 2016 中的文本操作基本相同。

（1）使用占位符输入文本。

占位符是一种边缘含有虚线的框，可以在框中编辑文字、图表和图片等对象。单击占位符所在的文本框的任何位置，此时虚线边框将被粗线边框代替，占位符消失，文本框内显示光标，即可输入文本。

（2）使用文本框输入文本。单击【插入】选项卡【文本】组中的【文本框】下拉按钮，在弹出的【文本框】下拉菜单中选择【绘制横排文本框】或【竖排文本框】后，在幻灯片窗格中任意位置按住鼠标左键拖动，即可绘制文本框。释放鼠标左键，在光标显示处开始进行文本的输入和编辑。

2）格式化文本

为了使幻灯片更加美观，易于阅读，可以对文本进行格式化。选中需要格式化的文本，通过【开始】选项卡的【字体】组和【段落】组可以对文本进行格式化，具体设置方法与 Word 2016 相同。

提示：插入的文本框本没有填充和颜色，为了使界面更丰富或者重点强调一些内容，可以对文本框样式进行设置。

选中文本框，选项卡区域会自动增加【绘图工具-格式】选项卡，可以在【插入形状】组对文本框进行形状的编辑，在【形状样式】组对形状进行轮廓、填充和效果的设置，在【艺术字样式】组对文本进行艺术字设置，在【大小】组对文本框的高度和宽度进行设置，如图 3-166 所示。

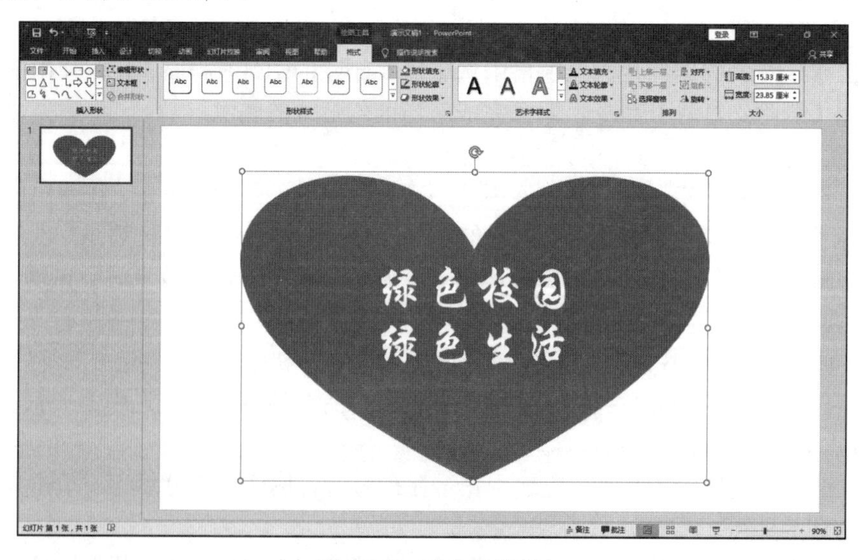

图 3-166　文本的编辑

3. 编辑图片或表格

在幻灯片中，为了使整体界面中心思想突出，视觉冲击力强，有时会插入切合主题的图片或表格。为了使图片或表格符合整体页面安排，还会对其进行相应的设置。

1）插入图片

（1）插入本计算机中的图片。单击【插入】选项卡【图像】组中的【图片】下拉按钮，在弹出的【图片】下拉菜单中选择【此设备】命令，如图 3-167 所示。弹出【插入图片】对话框，按路径查找所需的图片，单击【插入】按钮，如图 3-168 所示，即可完成图片的插入。

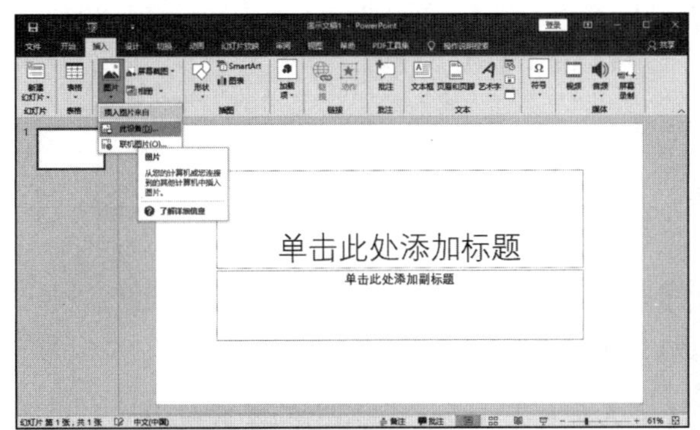

图 3-167　【此设备】命令

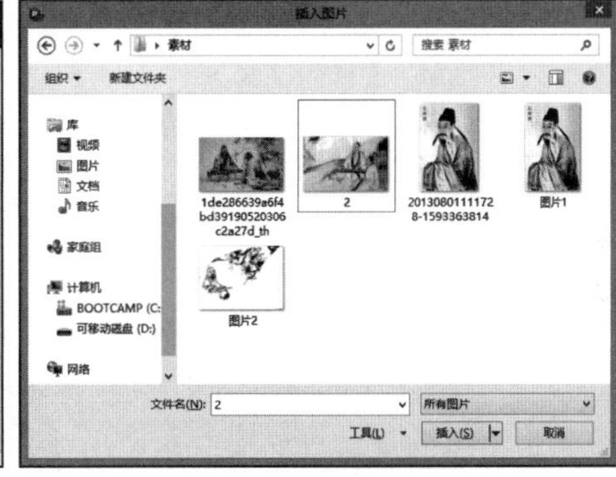

图 3-168　图片的插入

（2）插入联机图片。如果需要插入的图片是网络中的，只需在【图片】下拉菜单中选择【联机图片】命令，在弹出的对话框中进行相应的搜索即可，如图 3-169 所示。

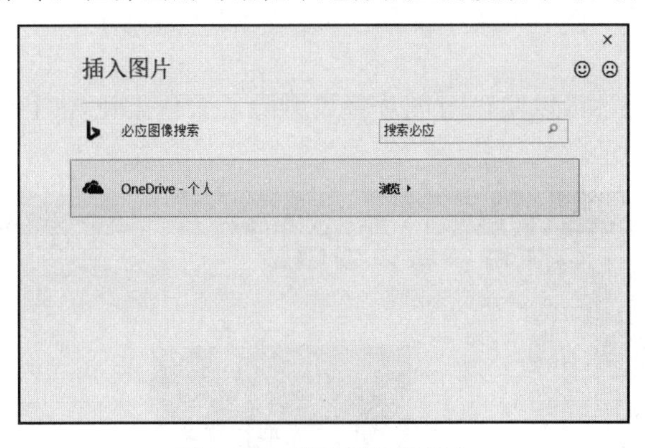

图 3-169　联机图片的插入

（3）插入屏幕截图。可以将屏幕上的信息进行截取并插入幻灯片中。单击【插入】选项卡【图像】组中的【屏幕截取】下拉按钮，弹出【屏幕截取】下拉菜单。其中，【可用的视窗】列表中显示的是当前屏幕上所有项目的页面，可以选择自己需要的；选择【屏幕剪辑】命令，当前最上方的页面进入剪辑状态，光标呈十字形，拖动鼠标选取需要截取的部分，返回幻灯片时即可看到截图以图片形式插入幻灯片中。

2）插入表格

在幻灯片中如果需要绘制表格，可以单击【插入】选项卡【表格】组中的【表格】

下拉按钮，弹出【表格】下拉菜单，拖动鼠标选择表格的行数和列数，在选中的行数右下角单击，即可在幻灯片中生成相应的表格，如图 3-170 所示。

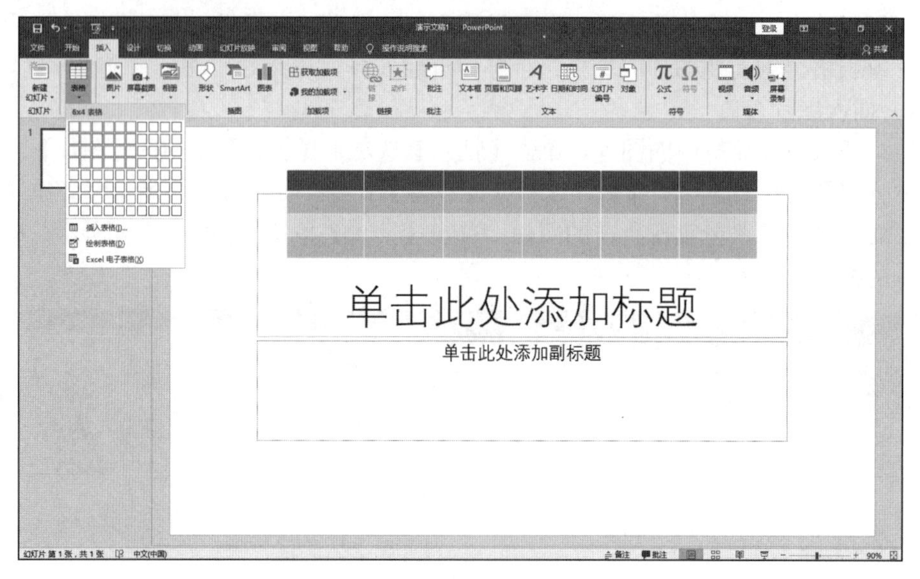

图 3-170 表格的插入

也可以在【表格】下拉菜单中选择【插入表格】命令，在弹出的【插入表格】对话框中输入相应的行数值和列数值，单击【确定】按钮，生成相应的表格。

3）编辑图片

对于插入幻灯片中的图片，可以对其样式和色彩进行美化。

选中图片，选项卡区域会新增【图片工具-格式】选项卡，下面对其包含的部分组进行介绍。

（1）【调整】组：可以实现对图片背景删除，颜色柔化，对比度、色调、饱和度调整，如图 3-171 所示。

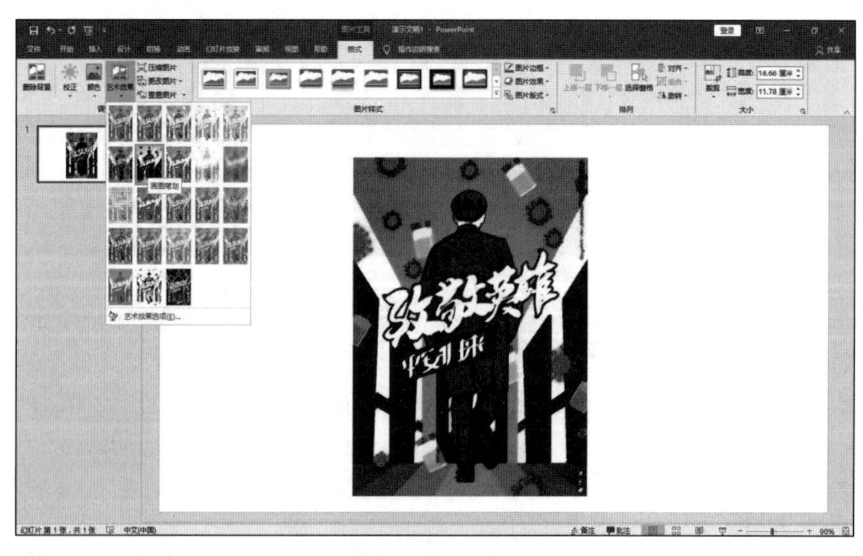

图 3-171 图片艺术效果调整

（2）【图片样式】组：可以对图片的边框和效果进行调整，如果当前幻灯片含有多张图片，还可以通过【图片版式】下拉菜单调整图片的整体排列，如图 3-172 所示。

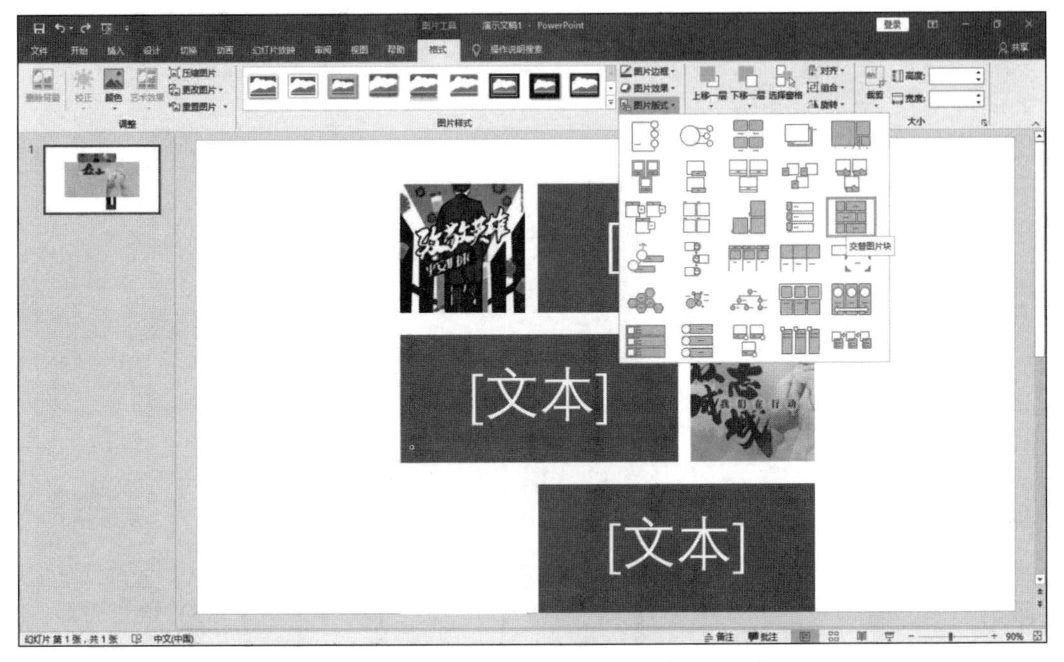

图 3-172 图片版式调整

（3）【大小】组：可以对图片的高度和宽度进行调整，还可以对图片部分区域和形状进行裁剪。

提示：当改变图片大小时，输入高度，其宽度随之变化，使用户不能输入想要的宽度时，单击【大小】组的对话框启动器按钮，弹出【设置图片格式】对话框，取消选中【大小】选项卡中的【锁定纵横比】复选框，即可实现高度和宽度的自由设置。

【例 3-25】将致敬英雄图片背景删除，并将图片裁剪为六角星形。

例 3-25 图片的编辑

具体操作步骤如下。

（1）选中致敬英雄图片，单击【图片工具-格式】选项卡【调整】组中的【删除背景】按钮，切换到【背景消除】选项卡，图片中彩色的部分为需要消除的背景。单击【优化】组中的【标记要保留的区域】按钮，鼠标指针变成铅笔形状，可以在需要消除的背景上选择想保留的部分。调整完毕后，单击【关闭】组中的【保留更改】按钮，如图 3-173 所示。

（2）选中致敬英雄图片，单击【图片工具-格式】选项卡【大小】组中的【裁剪】下拉按钮，在弹出的【裁剪】下拉菜单中选择【裁剪为形状】选项，在弹出的子菜单中选择【星与旗帜】中的【星形：六角】形状，图片即完成裁剪。单击【图片样式】组中的【图片边框】下拉按钮，在弹出的【图片边框】下拉菜单中选择标准色-黑色，如图 3-174 所示。

4）插入绘制图形

在幻灯片中，还可以使用图形工具插入图形和编辑图形，也可以绘制流程图。

（1）插入图形。单击【插入】选项卡【插图】组中的【形状】下拉按钮，弹出【形状】下拉菜单。例如，选择心形，在幻灯片位置拖动鼠标即可绘制此图形，还可以用鼠标调整形状的大小，如图 3-175 所示。绘制完成后，可以在【绘图工具-格式】选项卡中对图形进行编辑。

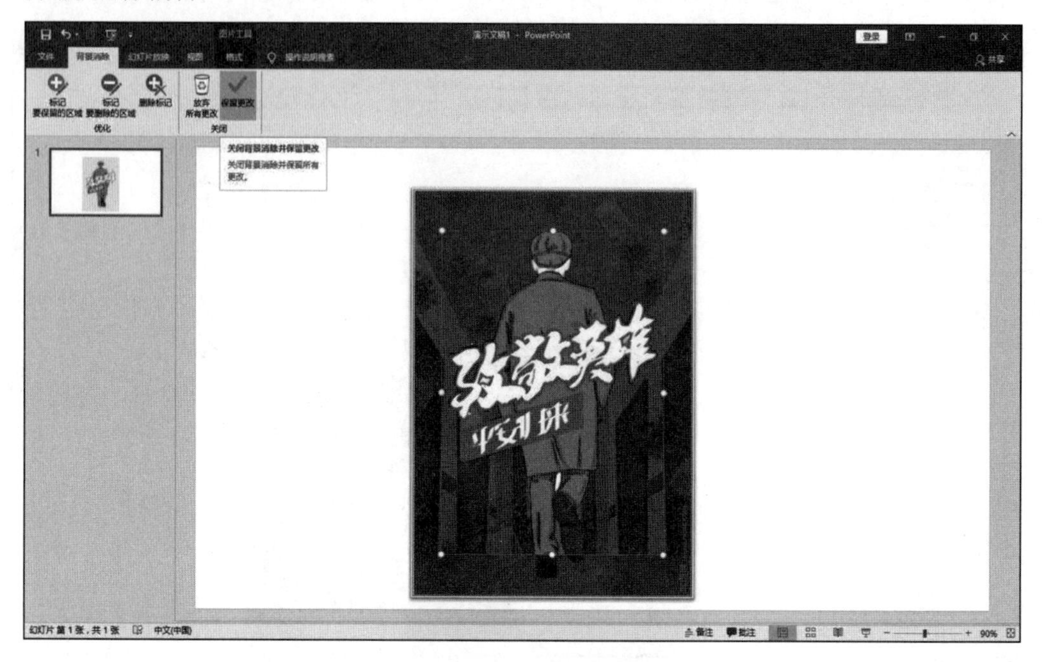

图 3-173　图片背景的删除

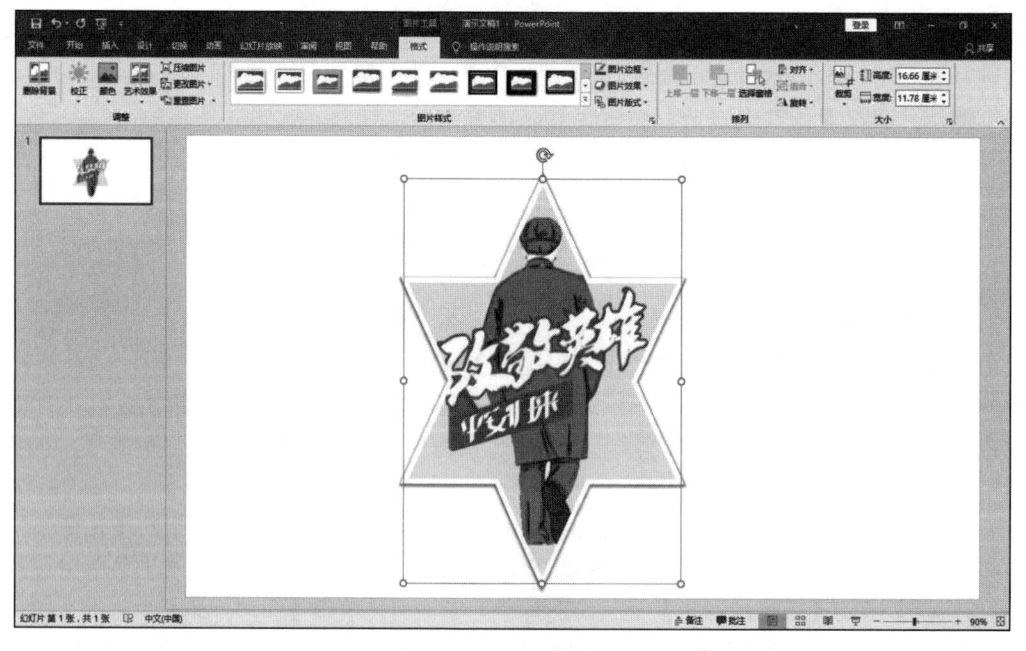

图 3-174　图片的裁剪

（2）插入 SmartArt 图形。单击【插入】选项卡【插图】组中的【SmartArt】按钮，在弹出的【选择 SmartArt 图形】对话框中选择需要的图形，在生成的【SmartArt 工具-设计】和【SmartArt 工具-格式】两个选项卡中对图形进行美化，如图 3-176 所示。

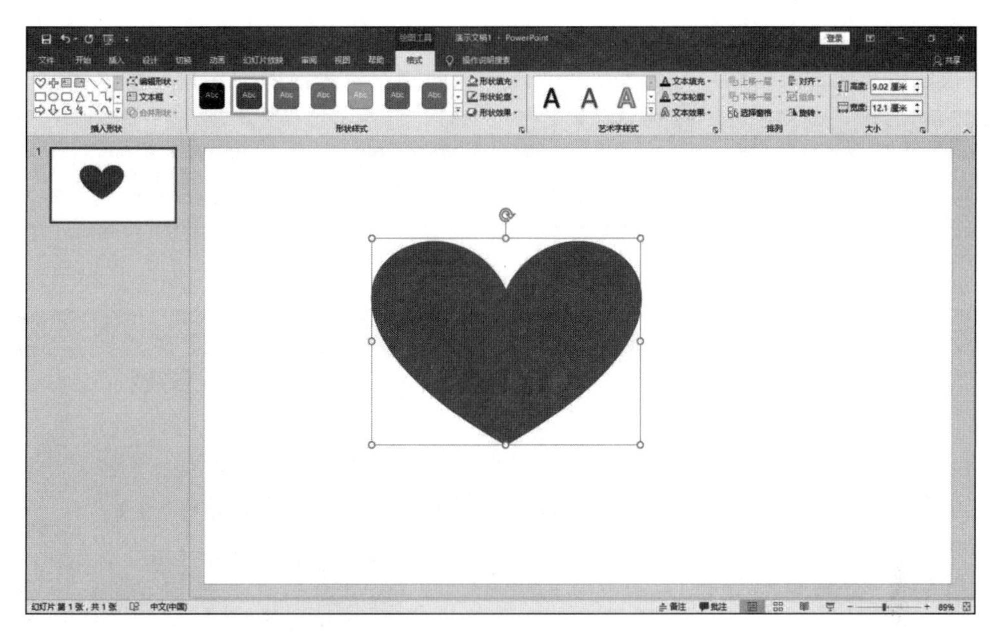

图 3-175 心形的绘制

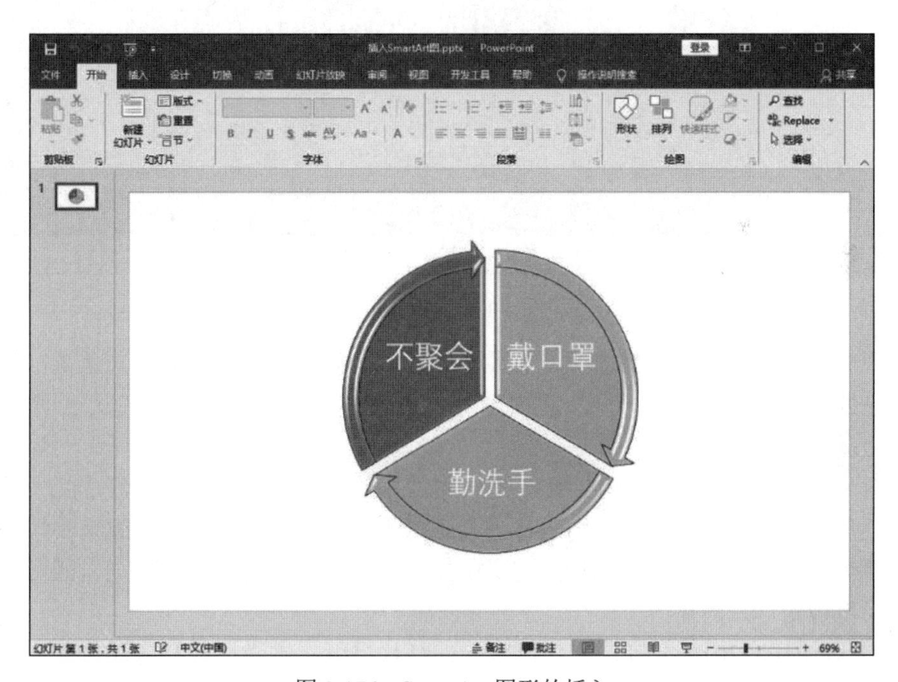

图 3-176 SmartArt 图形的插入

4. 幻灯片的外观设计

为了使整个演示文稿美观、协调，一般会引用 PowerPoint 2016 自带的主题，或者设置幻灯片母版来统一风格。

1）应用主题

打开演示文稿，在【设计】选项卡的【主题】组中选择合适的主题，如图 3-177 所示；也可以单击【主题】组中的【其他】按钮，在弹出的主题库中选择主题，当鼠标指针放在任意主题上时，幻灯片会展示该主题的实时预览效果，如图3-178所示。

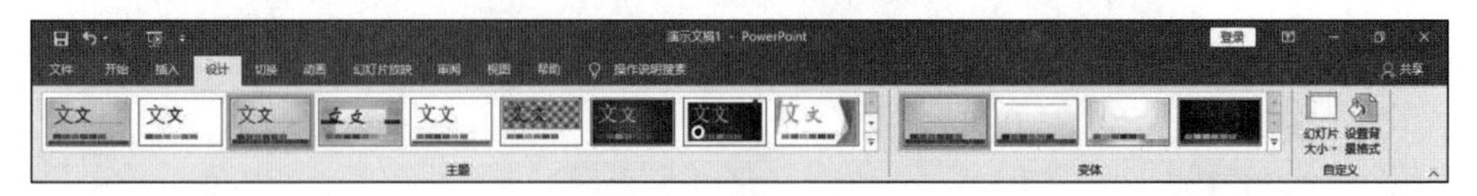

图3-177　部分主题

图3-178　主题库

设置完主题后，【设计】选项卡的【变体】组中会显示该主题的不同色调，用户可以根据需要进行设置。

2）应用母版

幻灯片版式在PowerPoint 2016中是一种常规的排版格式，设置幻灯片版式后，可以对幻灯片中的文字、图片等布局进行更合理的设置。可以通过设置母版来实现幻灯片风格的整体统一，对母版进行添加、定义版式、增加固定信息、设计格式，即可实现对所有使用母版幻灯片的更改。

在PowerPoint 2016中包含3种母版：幻灯片母版、讲义母版和备注母版，其中最常用的是幻灯片母版。

（1）幻灯片母版：用来控制幻灯片上输入标题和文本的格式和类型。

（2）讲义母版：用来添加或修改讲义的设计和布局，也可以调整页面设置的信息。

（3）备注母版：用来控制备注页的文字格式。

用户可以根据实际需要对幻灯片添加一个或多个母版。

提示：一个演示文稿默认包含一个幻灯片母版，如果需要新增加母版，则单击【视图】选项卡【母版视图】组中的【幻灯片母版】按钮，弹出【幻灯片母版】选项卡，单击其【编辑母版】组中的【插入幻灯片母版】按钮。

例 3-26　母版设置

【例 3-26】为“志愿服务”主题的演示文稿幻灯片母版在适当位置加入 logo 图案。

具体操作步骤如下。

（1）打开以“志愿服务”命名的空白演示文稿，单击【视图】选项卡【母版视图】组中的【幻灯片母版】按钮，新增加【幻灯片母版】选项卡，选中第一张母版幻灯片。

（2）单击【插入】选项卡【图像】组中的【图片】按钮，在弹出的【插入图片】对话框中按存储路径找到志愿者 logo 图片，单击【插入】按钮，效果如图 3-179 所示。

（3）将志愿者 logo 调整到适当位置，如图 3-180 所示。单击【幻灯片母版】选项卡【关闭】组中的【关闭母版视图】按钮，退出母版视图。

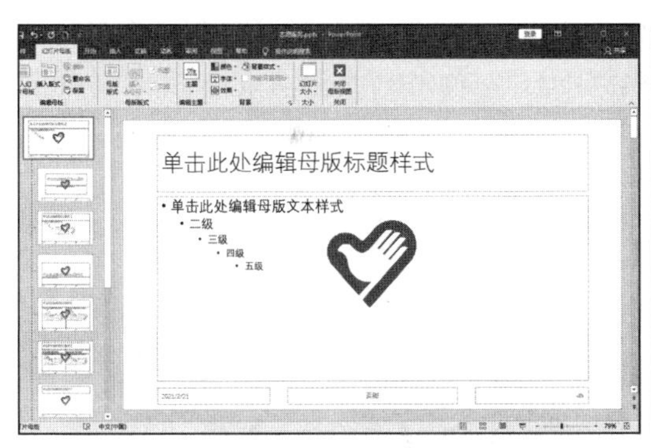

图 3-179　图片的插入

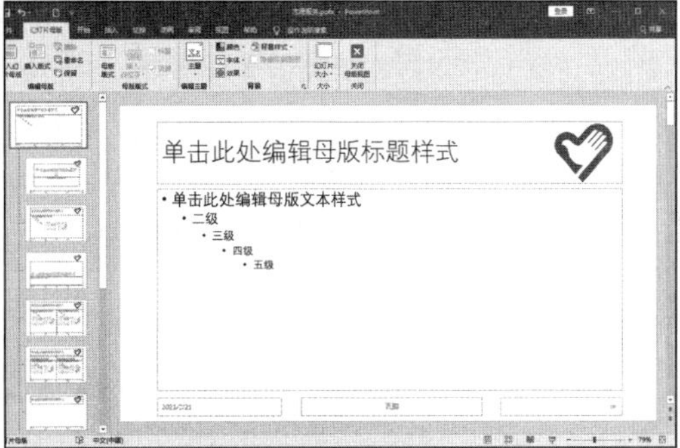

图 3-180　logo 位置调整

母版视图中设置的图片信息在普通视图中不能修改。

3）应用背景

演示文稿作为一种展示文件，色彩运用是影响其视觉效果的一个主要因素。在 PowerPoint 2016 中，用户可以通过背景把各种颜色协调、巧妙地搭配在幻灯片中，令幻灯片更加美观、赏心悦目。其操作步骤如下。

（1）选中需要设置背景的幻灯片。

（2）单击【设计】选项卡【自定义】组中的【设置背景格式】按钮，打开【设置背景格式】窗格，如图 3-181 所示。

（3）设置幻灯片背景格式的填充方式，单击【应用到全部】按钮，即可将设置的背景格式应用于演示文稿的所有幻灯片中。设置完成后，单击【关闭】按钮。

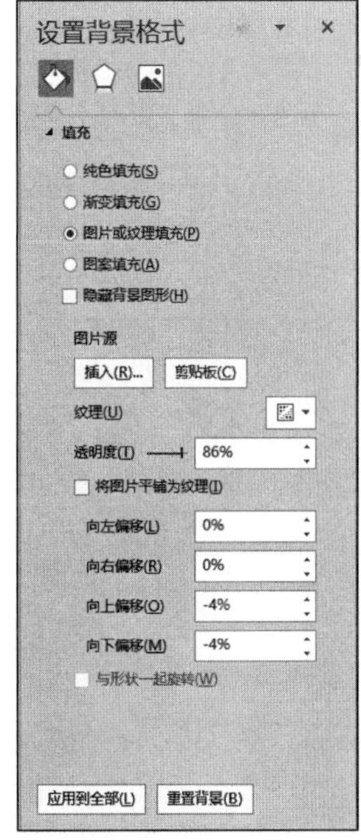

图 3-181　【设置背景格式】窗格

3.3.3　幻灯片的放映

在计算机上播放的演示文稿称为电子演示文稿，其将幻灯片直接显示在计算机屏幕上。在设计和编辑演示文稿过程中，我们不仅能在幻灯片中插入文字、图形和图表，还可以插入音频、视频等多媒体元素，并且可以设置播放的动画效果、对象的播放顺序、演示文稿的时间、幻灯片切换等，使演示文稿更加丰富和具有感染力。

1. 在幻灯片中添加多媒体对象

1）插入音频

PowerPoint 2016 支持多种格式的音频文件，如.wav、.mid、.mp3 等。

插入音频的操作步骤如下。

（1）选中需要添加音频的幻灯片。

（2）单击【插入】选项卡【媒体】组中的【音频】下拉按钮，在弹出的【音频】下拉菜单中选择一种声音来源，如果选择【PC 上的音频】命令，弹出【插入音频】对话框，则从路径中找到包含音频的文件，单击【确定】按钮即可。

也可以在【音频】下拉菜单中选择【录制音频】命令，在弹出的【录制声音】对话框中先对声音命名，如图 3-182 所示，单击 按钮录制，单击 按钮结束录制。单击【确定】按钮，可以看到幻灯片中出现 图标，单击该图标即可进行录制声音的播放，还可以通过进度条查看和调整当前视频的播放进度，如图 3-183 所示。

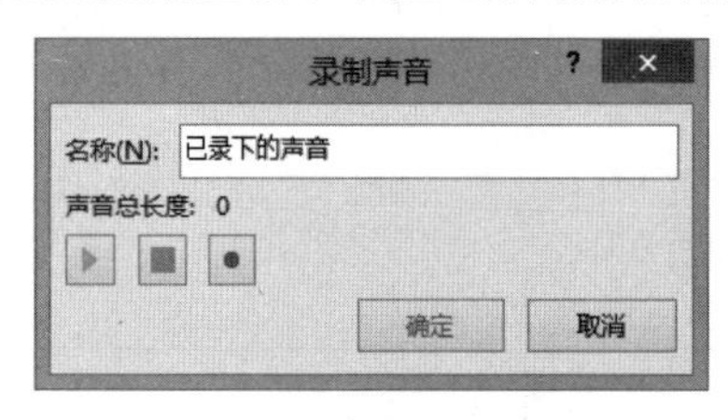

图 3-182 【录制声音】对话框

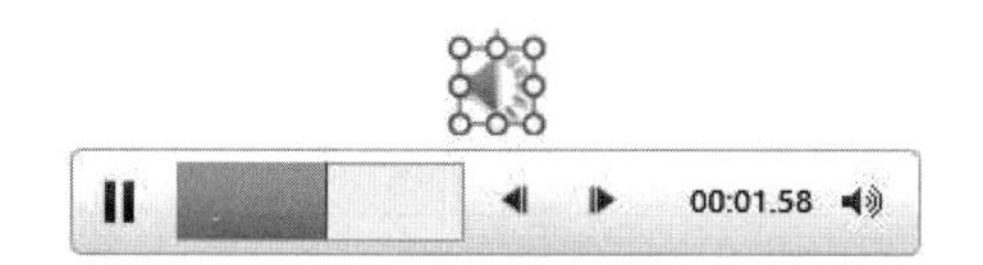

图 3-183 录制音频的播放

2）插入视频

PowerPoint 2016 允许播放多种格式的视频文件，但由于视频文件容量比较大，推荐使用.avi 格式的视频文件。

（1）插入 PC 上的视频。插入视频的方法和插入音频的方法相似，选中需要添加视频文件的幻灯片，单击【插入】选项卡【媒体】组中的【视频】下拉按钮，在弹出的【视频】下拉菜单中选择一种视频来源，如果选择【PC 上的视频】命令，弹出【插入视频文件】对话框，可以从路径中找到包含视频的文件，单击【确定】按钮即可。

提示：音频文件和视频文件需要和演示文稿放在同一路径下。

（2）屏幕录制。PowerPoint 2016 新增加了屏幕录制功能，用户可以录制网上的视频或者自己在计算机上的操作，然后编辑到幻灯片中。

① 单击【插入】选项卡【媒体】组中的【屏幕录制】按钮，弹出【屏幕录制】对话框，如图 3-184 所示。

图 3-184 【屏幕录制】对话框

② 单击【选择区域】按钮，拖动鼠标选择屏幕录制的区域，如图 3-185 所示，单击【录制】按钮，进行屏幕录制。

图 3-185　屏幕录制区域的选取

③ 屏幕录制完成后，单击【停止】按钮，或者直接单击【关闭】按钮，此时录制好的视频即插入当前幻灯片中，如图 3-186 所示。通过【视频工具-格式】和【视频工具-播放】选项卡可以对视频进行视频样式、视频长度、播放方式等设置。

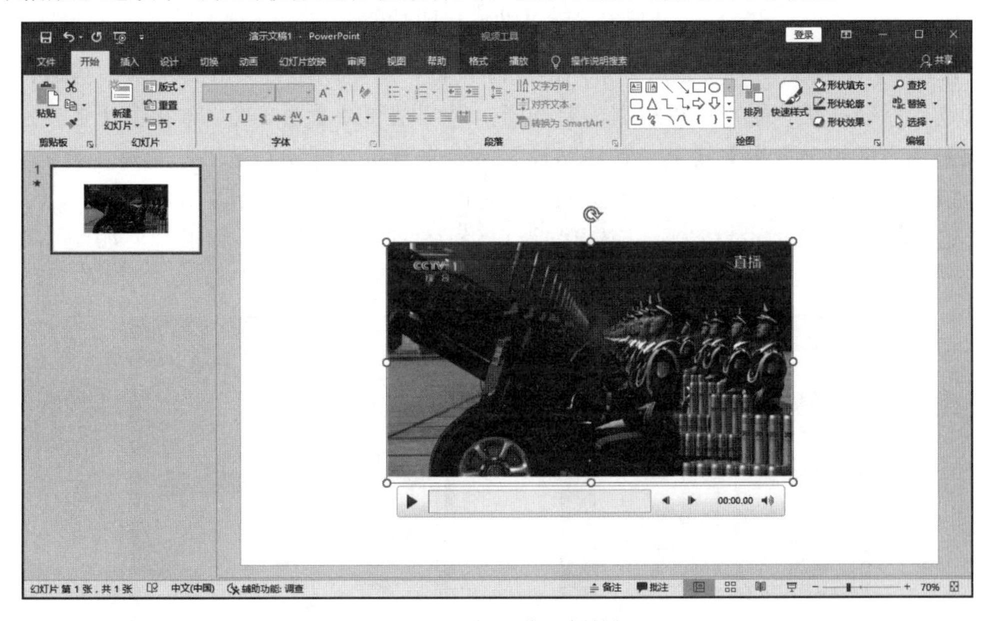

图 3-186　录制屏幕视频的插入

2. 幻灯片的动画设置

动画可以使幻灯片中的对象运动起来，实现对某种运动规律的演示，起强调对象的作用，同时也是创建对象出场和退场效果的有效手段。在 PowerPoint 2016 中，幻灯片中的任意一个对象都可以添加动画效果，同时可以对添加的动画效果进行设置。

1）添加动画效果

PowerPoint 2016 提供了大量的动画效果。添加动画效果的操作如下：在当前幻灯片中选中需要进行动态显示的对象，在【动画】选项卡【动画】组中选择一种动画效果，或单击【其他】下拉按钮，如图 3-187 所示，在弹出的【动画】下拉菜单中选择一种动画效果，并将其应用到所选中的对象。

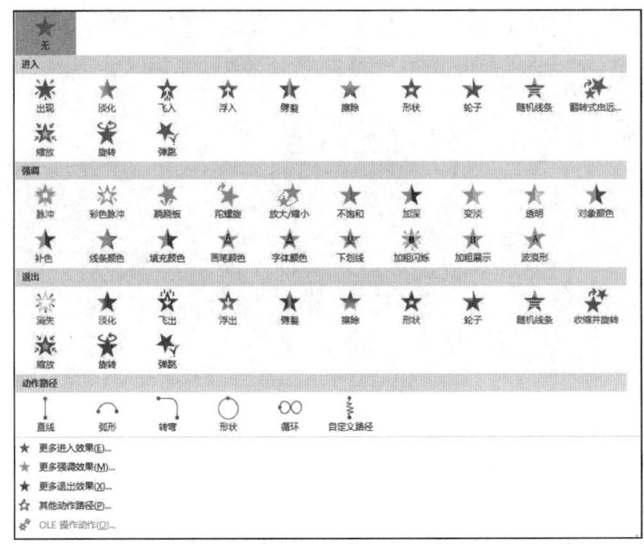

图 3-187 【动画】下拉菜单

【动画】下拉菜单中只显示了常用的动画设置，这些动画效果分为进入、强调、退出和动作路径 4 类，用户可以根据需要选择；也可以选择【更多进入效果】【更多强调效果】【更多退出效果】【其他动作路径】命令来查看全部动画效果。

（1）进入：用于设置各种对象进入幻灯片时的效果，如图 3-188 所示。

（2）强调：通过设置动画，突出强调已经在幻灯片上的对象和组合，如图 3-189 所示。

图 3-188 全部进入效果

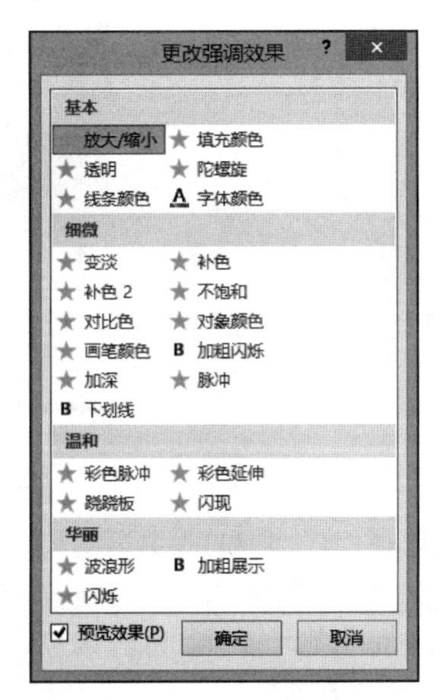

图 3-189 全部强调效果

（3）退出：用于设置各种对象退出当前幻灯片的效果，如图 3-190 所示。

（4）动作路径：用于设置对象在当前幻灯片中按指定路径运动的效果，如图 3-191 所示。

图 3-190 全部退出效果

图 3-191 全部动作路径效果

2）设置动画效果

在为对象添加动画后，按照默认参数运行的动画效果往往无法令人满意，此时需要对动画进行设置，如设置动画开始播放时间、调整动画速度或更改动画效果等。

（1）在幻灯片中选中需要添加动画效果的对象。

（2）单击【动画】选项卡【动画】组中的【效果选项】下拉按钮，在弹出的【效果选项】下拉菜单中选择相应命令，即可对动画的运行效果进行修改。不同动画对应的效果选项不同。

（3）在【动画】选项卡【计时】组中，在【开始】文本框中可以对何时触发动画进行设置；在【持续时间】数值框中输入时间值，可以设置动画的延续时间，时间的长短决定了动画演示的速度。

3）复制动画效果

在 PowerPoint 2016 中，若要为对象添加与其他对象完全相同的动画效果，可以直接使用动画刷工具来实现。

（1）在幻灯片中选中已经添加了动画效果的对象。

（2）单击【动画】选项卡【高级动画】组中的【动画刷】按钮，用动画刷单击幻灯片中的对象，动画效果将复制给该对象。

（3）双击【动画刷】按钮，在复制动画效果给第一个对象后，可以继续复制动画效果给其他对象。完成所有对象的动画复制后，再次单击【动画刷】按钮将取消复制操作。

提示：当向对象添加动画效果后，对象上将出现带有编号的动画图标，编号表示动画的播放顺序。选择添加了动画效果的对象，单击【动画】选项卡【计时】组中的【向前移动】或【向后移动】按钮，可以对动画的播放顺序进行调整。

4）使用动画窗格

在 PowerPoint 2016 中，使用动画窗格能够对幻灯片中对象的动画效果进行设置，包括设置动画播放顺序、调整动画播放时长，以及利用设置对话框对动画进行更为准确的设置。

（1）单击【动画】选项卡【高级动画】组中的【动画窗格】按钮，打开【动画窗格】窗格，如图 3-192 所示。其中按照动画播放顺序列出了当前幻灯片中的所有动画效果，单击【全部播放】按钮，可播放幻灯片中的动画。

（2）拖动动画选项可以改变其在列表中的位置，从而改变动画播放的顺序。

（3）拖动时间条左、右两侧的边框可以改变时间条的长度，时间条长度的改变意味着动画播放时长的改变。

（4）在动画列表中单击某个动画选项右侧的下拉按钮，在弹出的动画设置下拉菜单（图 3-193）中选择【效果选项】命令，弹出设置动画效果对话框，如图 3-194 所示，可以对该动画的效果与计时进行设置。如果是对文本应用的动画，则在设置动画效果对话框中还会有【正文文本动画】选项卡。设置结束后，单击【确定】按钮，使设置生效。

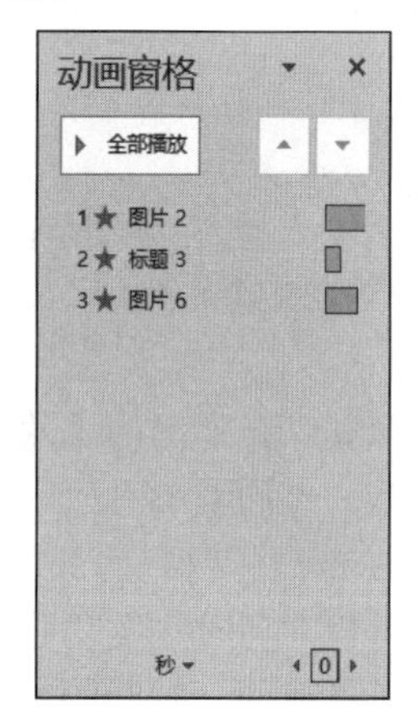

图 3-192 【动画窗格】窗格

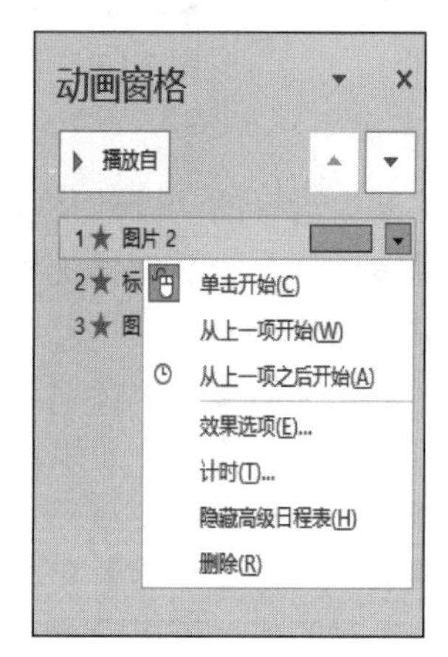

图 3-193 动画设置下拉菜单

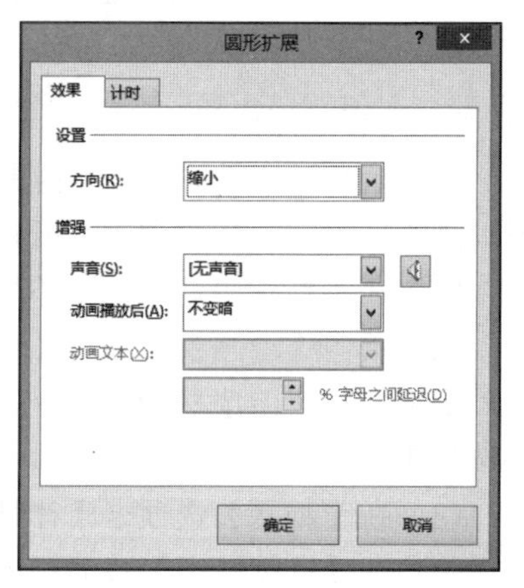

图 3-194 设置动画效果对话框

【例 3-27】为“竹里馆”演示文稿的第二页幻灯片文字设置动画。

例 3-27 动画设置

具体操作步骤如下。

（1）打开“竹里馆”演示文稿，选中第二页幻灯片。

（2）选中诗歌所在文本框，选择【动画】选项卡【动画】组中的【随机线条】效果，如图 3-195 所示。

（3）单击【动画】选项卡【高级动画】组中的【动画窗格】按钮，打开【动画窗格】窗格，单击诗词右侧的展开按钮，在弹出的动画设置下拉菜单（图 3-193）中选择【效果选项】命令，弹出【随机线条】对话框。

（4）单击【动画文本】右侧的下拉按钮，在打开的下拉列表框中选择【按字母顺序】选项，设置字母之间延迟百分比，如图 3-196 所示，文本字和字之间将按设置的延迟百分比依次出现。

（5）选择【文本动画】选项卡，单击【组合文本】右侧的下拉按钮，在打开的下拉列表框中选择【按第一级段落】选项，选中【每隔】复选框，设置时间为 1s，则每隔 1s 自动出现动画，如图 3-197 所示。动画的编号及每个动画的时间如图 3-198 所示。

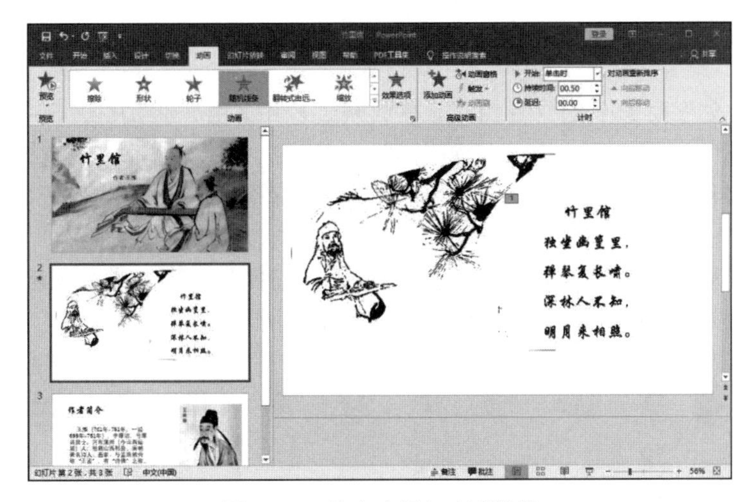

图 3-195　为文本添加动画效果

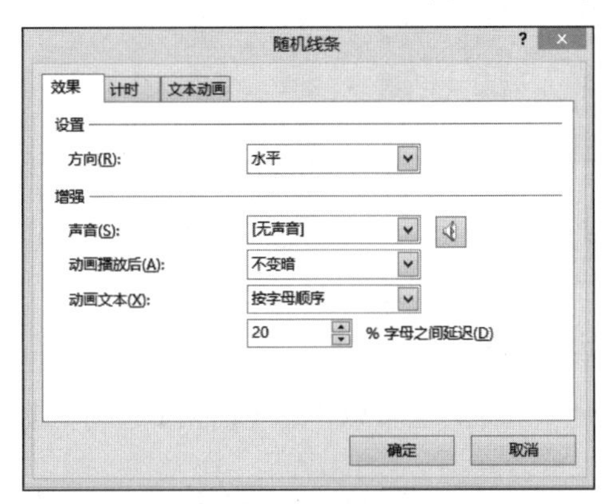

图 3-196　动画文本效果的设置

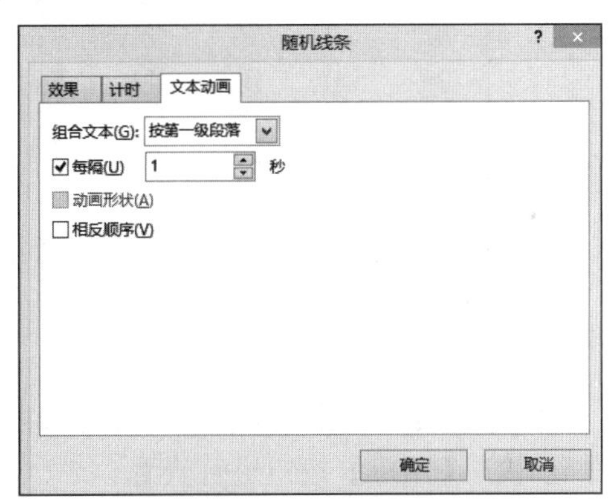

图 3-197　文本动画的设置

图 3-198　动画的编号及每个动画的时间

3. 幻灯片的切换效果

一个演示文稿由若干幻灯片组成。在放映过程中，由一张幻灯片切换到另一张幻灯片可用不同的切换效果，如水平百叶窗、向上插入、淡出等。设置幻灯片切换效果一般在幻灯片浏览视图中进行，也可以在普通视图中进行，并且可以在切换时添加声音。

（1）选中需要设置切换效果的幻灯片，单击【切换】选项卡【切换到此幻灯片】组中的【其他】按钮，展开全部切换效果，如图 3-199 所示。

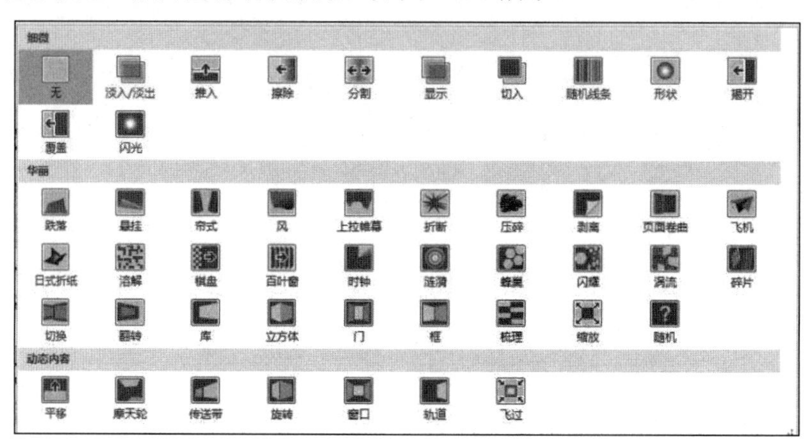

图 3-199　全部切换效果

（2）选择目的切换效果后，幻灯片会自动展示效果，也可以单击【切换】选项卡【预览】组中的【预览】按钮进行查看。

（3）单击【切换】选项卡【切换到此幻灯片】组中的【效果选项】按钮，进行相应切换效果的设置。

（4）单击【切换】选项卡【计时】组中的【声音】按钮、【持续时间】按钮、【换片方式】按钮对切换进行其他设置。

4. 设置超链接

超链接是可以在幻灯片播放时实现以某种顺序自由跳转的手段与方法，利用它可以制作出具有交互功能的演示文稿。用户在制作演示文稿时应预先为幻灯片设置超链接，将其超链接到目标位置，如演示文稿内指定的幻灯片、另一个演示文稿、网络资源等。超链接对象可以是文本、图片、音频等。PowerPoint 2016 提供了两种超链接的方式，即以下划线表示的超链接和以动作按钮表示的超链接。

1）设置以下划线表示的超链接

（1）选中需要设置超链接的对象，单击【插入】选项卡【链接】组中的【链接】按钮，弹出【插入超链接】对话框，如图 3-200 所示。

（2）在【链接到】列表框中选择要超链接到的位置。

①【现有文件或网页】选项：可超链接到系统中的文件或网页。可在【地址】文本框中输入想要超链接到的文件名或网页名称。

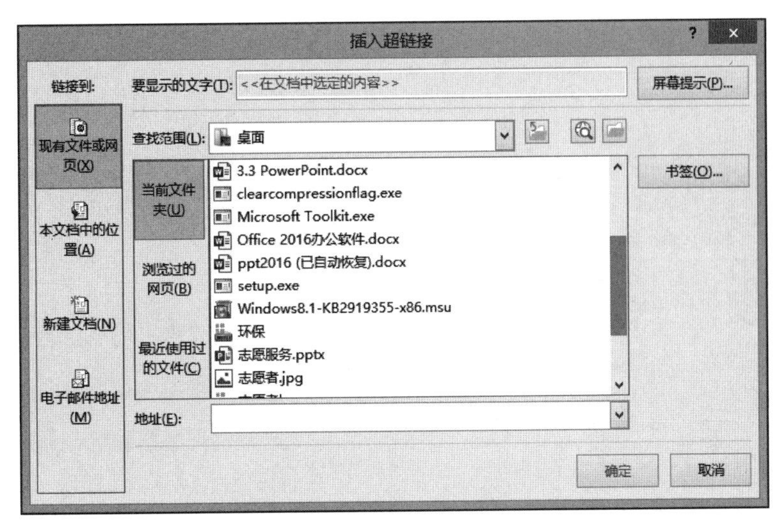

图 3-200 【插入超链接】对话框

②【本文档中的位置】选项：可超链接到当前演示文稿中的某一幻灯片。

③【新建文档】选项：可在【新建文档名称】文本框中输入需要超链接到的新文档名称。

④【电子邮件地址】选项：可超链接到某个电子邮件上，在右侧文本框中输入电子邮件的地址和主题。

提示：对文本设置超链接后，文本下方会显示一条蓝色的下划线，表示设置超链接成功。

（3）在幻灯片放映状态下，单击已设置超链接的文本，系统会自动跳转到超链接位置。

2）利用动作按钮设置超链接

在幻灯片中为对象添加动作按钮，可以让对象在单击或指针移过时执行某种特定的操作，如超链接到某张幻灯片、运行某个程序、运行宏或播放声音等。与直接设置超链接相比，动作的功能更加强大，除了能够实现幻灯片的导航外，还可以添加动作声音，创建指针移过时的某种动作。

（1）单击【开始】选项卡【绘图】组中的【其他】下拉按钮，在弹出的【形状】下拉菜单中选择需要添加的按钮，如图 3-201 所示。

（2）此时鼠标指针变成十字形，按住鼠标左键拖动，将在幻灯片中添加一个动作按钮。PowerPoint 2016 提供了 12 种动作按钮，鼠标指针在按钮上稍停，就会显示其名称。除了【动作按钮：空白】动作按钮外，其他动作按钮均表示单击此动作按钮将跳转到超链接的位置。例如，【动作按钮：第一张】按钮表示单击此按钮，演示文稿将跳转到第一张幻灯片。

（3）绘制动作按钮后，弹出【操作设置】对话框，如图 3-202 所示。选中【超链接到】单选按钮，在其下拉列表框中选择超链接的对象，单击【确定】按钮，即完成超链接的创建。

①【单击鼠标】选项卡：表示单击动作按钮时发生跳转。

②【鼠标悬停】选项卡：表示鼠标指针移过动作按钮时发生跳转。

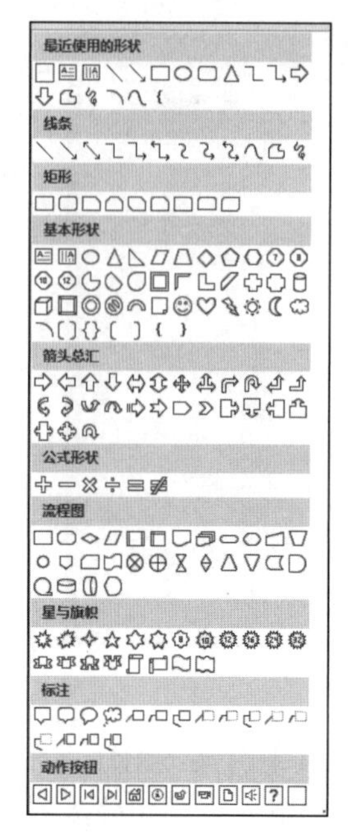

图 3-201 【形状】下拉菜单

图 3-202 【操作设置】对话框

提示：在动作按钮上添加文字的方法为右击动作按钮，在弹出的快捷菜单中选择【编辑文字】命令。

3）删除超链接

选中代表超链接的对象，右击，在弹出的快捷菜单中选择【删除链接】命令即可删除超链接。

提示：在幻灯片放映时，鼠标指针指向超链接时会变成手形。单击或移动鼠标指针，即可跳转到超链接的位置。

5. 设置幻灯片的放映

1）设置放映方式

幻灯片有多种放映方式，用户可以根据演示文稿的用途和放映环境进行设置，操作步骤如下。

（1）单击【幻灯片放映】选项卡【设置】组中的【设置幻灯片放映】按钮，弹出【设置放映方式】对话框，如图 3-203 所示。

（2）在【放映类型】组中选择幻灯片放映类型。

①【演讲者放映（全屏幕）】单选按钮：选中此单选按钮后演讲者对演示文稿具有完整的控制权，并可采用自动或人工方式进行放映；演讲者可以将演示文稿暂停，添加会议细节或即席反应等；还可以在放映过程中录制旁白。需要将幻灯片投射到大屏幕上时，通常选择此单选按钮。

②【观众自行浏览（窗口）】单选按钮：选中此单选按钮后可小规模地演示文稿。演示文稿显示在窗口内，可以使用滚动条从一张幻灯片移到另一张幻灯片，并可在放映时移动、编辑、复制和打印幻灯片。

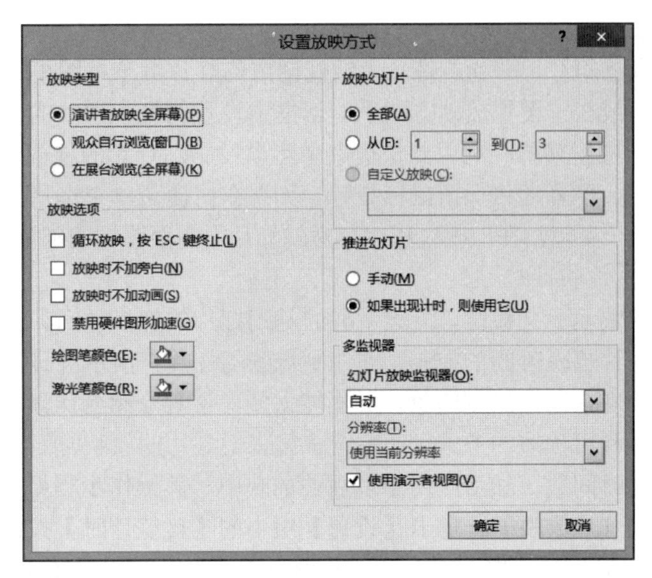

图 3-203 【设置放映方式】对话框

③【在展台浏览（全屏幕）】单选按钮：选中此单选按钮后可自动运行演示文稿。在放映过程中，除了使用鼠标外，大多数控制将失效。

（3）在【放映幻灯片】组中设置幻灯片播放范围。

（4）在【推进幻灯片】组中可以选择手动推进幻灯片或者按设计好的计时时间推进幻灯片。

①【手动】单选按钮：选中此单选按钮，在幻灯片放映时必须人为干预才能切换幻灯片。

②【如果出现计时，则使用它】单选按钮：在【幻灯片切换】对话框中设置了换页时间时，幻灯片播放时可以按设置的时间自动切换。

（5）在【放映选项】组中如果选中【循环放映，按 ESC 键终止】复选框，则最后一张幻灯片放映结束后，自动转到第一张继续播放，直至按 Esc 键终止；如果选中【放映时不加动画】复选框，则在放映幻灯片时之前设置的动画效果会失去作用，但动画效果的设置参数依然有效。

（6）设置完成后，单击【确定】按钮。

2）放映演示文稿

放映演示文稿有以下几种方式。

（1）单击【幻灯片放映】选项卡【开始放映幻灯片】组中的【从头开始】按钮。

（2）单击【幻灯片放映】选项卡【开始放映幻灯片】组中的【从当前幻灯片开始】按钮。

（3）按 F5 键。

（4）单击演示文稿窗口右下角的【幻灯片放映】按钮。

当采用演讲者放映（全屏幕）方式进行演示文稿的放映时，会在一个全屏幕的方式下放映演示文稿。如果用户设置的是手动切换幻灯片，则单击播放下一张幻灯片；如果用户设置的是根据排练时间自动切换幻灯片，则无须任何动作，按照设置好的时间自动放映。

放映前，可以在幻灯片普通视图、大纲视图或幻灯片浏览视图模式下选中需要演示的第一张幻灯片，或在【设置放映方式】对话框中设置幻灯片放映的范围。放映时，在屏幕上右击，弹出快捷菜单，利用此快捷菜单可以控制幻灯片的播放。

幻灯片放映时，屏幕上将保留鼠标指针。如果在快捷菜单中选择【绘图笔】命令，放映屏幕上会显示一支笔，在放映过程中可对幻灯片上需要强调的部分进行临时性标注。

3）设置幻灯片放映计时

在制作自动放映演示文稿时，最难掌握的是幻灯片的切换时间。切换时间的合适取决于设计者对幻灯片放映时间的控制，即控制每张幻灯片在演示屏幕上的滞留时间，既不能太快，没有给观众留下深刻印象，又不能太慢，使观众感到厌烦。

排练计时就是利用预演的方式，让系统将每张幻灯片的放映时间记录下来，并累加从开始到结束的总时间数，然后应用于以后的放映中。其操作步骤如下。

（1）单击【幻灯片放映】选项卡【设置】组中的【排练计时】按钮。

（2）弹出【录制】对话框，表示进入排练计时方式，演示文稿自动放映。此时可以开始试讲演示文稿，需要换片时，单击【录制】对话框中的【下一项】按钮，或按PageDown 键。

（3）排练完毕后，弹出提示对话框，单击【是】按钮，则接受放映时间；单击【否】按钮，则不接受该时间，再重新排练一次。

（4）最后可以将满意的排练时间设置为自动放映时间。其操作步骤如下。

① 单击【幻灯片放映】选项卡【设置】组中的【设置幻灯片放映】按钮，弹出【设置放映方式】对话框。

② 选中【如果出现计时，则使用它】单选按钮，单击【确定】按钮，PowerPoint 2016 将采用排练时设置的时间来放映幻灯片。

3.3.4 演示文稿的打包与打印

1. 打包演示文稿

演示文稿的打包就是演示文稿的转换。如果计算机中安装了 PowerPoint，则播放演示文稿就非常方便；但对于没有安装 PowerPoint 的计算机，演示文稿是无法直接播放的。若解决这个问题，可以将演示文稿转换为不同类型的文件，以满足播放的要求。PowerPoint 2016 可以将演示文稿转换成 PDF/XPS 文档、视频、动态 GIF、讲义，打包成 CD，或者更改文件类型。下面以将演示文稿打包成 CD 为例讲解打包演示文稿的具体操作。

（1）打开需要打包的演示文稿。

（2）选择【文件】菜单中的【导出】命令，选择【将演示文稿打包成 CD】选项，单击【打包成 CD】按钮，弹出【打包成 CD】对话框，如图 3-204 所示。

（3）在【将 CD 命名为】文本框中输入打包后的文件名，单击【添加】按钮可以添加其他路径下的演示文稿文件，一并打包。

（4）单击【选项】按钮，弹出【选项】对话框，如图 3-205 所示。在此对话框中可以进行一些设置，如设置在播放时是否需要密码等。

（5）设置完成后，单击【复制到 CD】按钮，即完成演示文稿的打包。

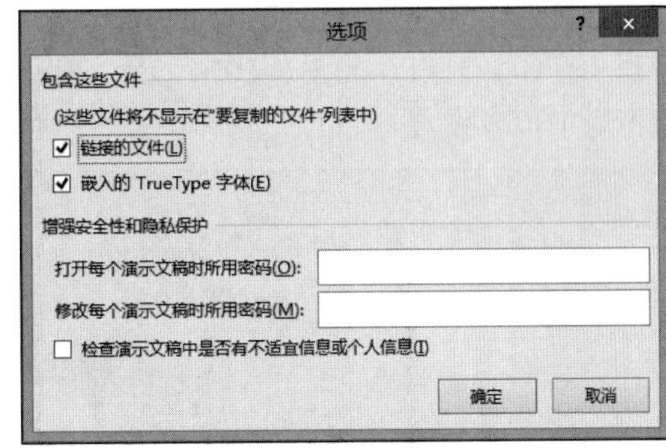

图 3-204　【打包成 CD】对话框　　　　图 3-205　【选项】对话框

提示：在其他计算机上播放演示文稿时，有时会出现文字无法正常显示的现象，这可能是由于播放用的计算机上没有安装演示文稿中使用的字体。为了避免这种现象，可以在【选项】对话框中选中【嵌入的 TrueType 字体】复选框。如果取消选中【链接的文件】复选框，则在打包演示文稿时将不包括超链接文件。

2. 打印演示文稿

制作完成的演示文稿不仅可以放映，还可以打印整份演示文稿、幻灯片、大纲、演讲者备注及讲义，也可以将其打印在投影胶片上，通过投影机放映。无论打印的内容如何，其基本过程都是相同的。

1）页面设置

幻灯片的页面设置决定了幻灯片、备注页、讲义及大纲在打印纸上的尺寸和放置方向，用户可以任意改变这些设置。其操作步骤如下。

（1）打开需要设置页面的演示文稿。

（2）单击【设计】选项卡【自定义】组中的【幻灯片大小】按钮，弹出【幻灯片大小】下拉菜单，单击【自定义幻灯片大小】选项，弹出【幻灯片大小】对话框，如图 3-206 所示。

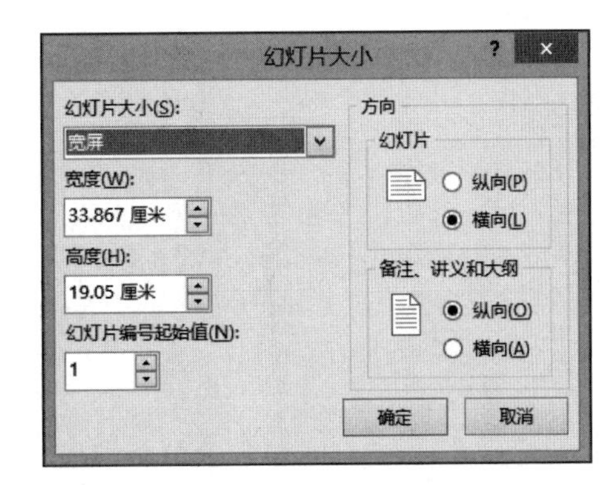

图 3-206　【幻灯片大小】对话框

①【幻灯片大小】下拉列表框：选择幻灯片的尺寸，如全屏显示、A4 纸张、35 毫米幻灯片、自定义等。如果选择【自定义】选项，则可以在【宽度】和【高度】数值框中输入数值。

②【幻灯片编号起始值】数值框：输入合适的数字，可以改变幻灯片的起始编号。

③【幻灯片】组：设置幻灯片的方向，系统默认为横向。演示文稿中所有幻灯片的方向必须保持一致。

④【备注、讲义和大纲】组：设置打印备注、讲义和大纲的方向，系统默认为纵向。即使幻灯片设置为横向，备注、讲义和大纲的方向也可以为纵向。

（3）设置完成后，单击【确定】按钮。

2）设置打印选项

设置好幻灯片打印尺寸后，即可开始打印。选择【文件】菜单中的【打印】命令，打开【打印】窗口，如图 3-207 所示，在窗口右侧的窗格中可以预览幻灯片的效果。在该窗口中可以设置打印的页眉和页脚、颜色、幻灯片打印版式及幻灯片的打印方向。

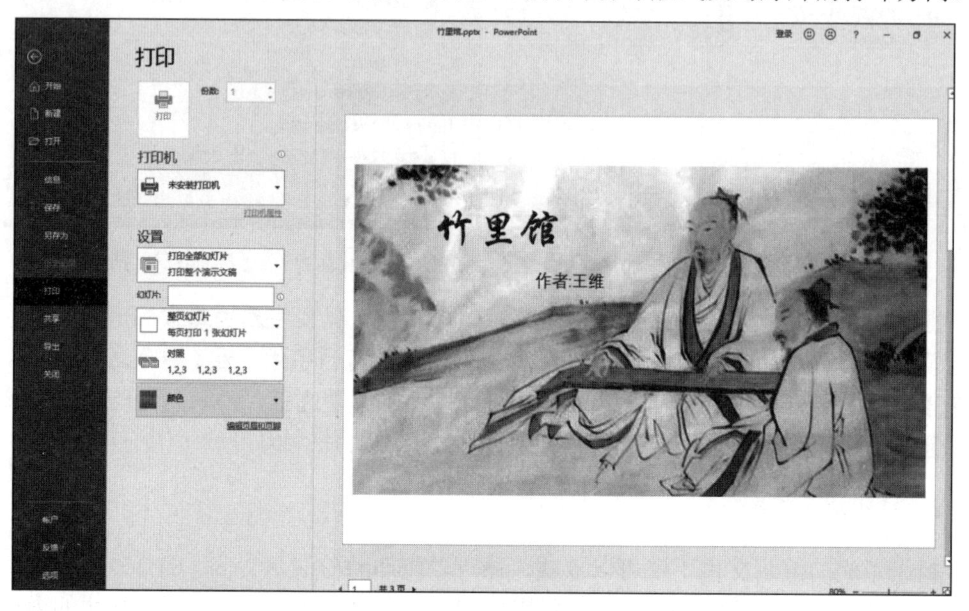

图 3-207 【打印】窗口

（1）单击【编辑页眉和页脚】超链接，弹出【页眉和页脚】对话框，可以设置打印的页眉和页脚，完成设置后单击【全部应用】按钮。

（2）单击【颜色】下拉按钮，在弹出的下拉列表框中选择【灰度】选项，可以预览以灰度模式打印的幻灯片效果。

（3）设置幻灯片打印版式：在【整页幻灯片】下拉列表框中选择一种打印版式即可。

第 4 章

计算机网络技术

4.1　计算机网络概述

计算机网络技术是通信技术与计算机技术相结合的产物。计算机网络是按照网络协议将地球上分散的、独立的计算机相互连接的集合，连接介质可以是电缆、双绞线、光纤、微波、载波或通信卫星。计算机网络具有共享硬件、软件和数据资源的功能，具有对共享数据资源集中处理及管理和维护的能力。了解和掌握计算机及网络的基础知识，已经成为人们获取信息和交流沟通所必备的基本素质之一。

4.1.1　计算机网络的历史及其发展

ENIAC 在美国诞生时，计算机和通信并没有什么关系。当时的计算机数量极少，而且价格十分昂贵，用户只能到计算机机房使用计算机，这显然是很不方便的。计算机网络的产生和演变经历了从简单到复杂、从低级到高级、从单机系统到多机系统的过程，可概括为以下 4 个阶段。

1. 终端联机网络

1946 年 ENIAC 诞生，随着时间的推移，其应用规模不断扩大，并出现了单机难以完成的任务。20 世纪 50 年代出现了面向终端的计算机网络，这是一种主从式结构，这种网络与现代计算机网络的概念不同，只是现代计算机网络的雏形。

2. 计算机互连网络

美国国防部高级研究计划局（Defense Advanced Research Projects Agency，DARPA）在 1969 年建成了高级研究计划局网络（advanced research projects agency network，ARPANET），该网络开始只连接了 4 台主机，分布在 4 所高校。在 ARPANET 中首次采用了分组交换技术进行数据传输，为现代计算机网络的发展奠定了基础。

在计算机网络中，为了减轻主机的负担，人们开发了一种名为通信控制处理机（communication control processor，CCP）的硬件设备，其承担所有的通信任务，以减少主机的负荷，提高主机处理数据的效率。随后许多中小型公司、企事业单位都建立了自己的局域网。

3. 网络体系结构标准化阶段

ARPANET 兴起后，计算机网络迅猛发展。为了实行网络互连，国际标准化组织

(International Standard Organization，ISO) 于 1984 年正式颁布了开放系统互连参考模型 (open system interconnection reference model，OSI-RM)。人们将网络体系结构标准化的计算机网络称为第三代计算机网络。

4. Internet 时代

1985 年，美国国家科学基金会 (National Science Foundation，NSF) 利用 ARPANET 协议建立了用于科学研究和教育的骨干网络 NSFNET。1990 年，NSFNET 代替 ARPANET 成为国家骨干网络，并且走出大学和研究机构进入了社会。1992 年，Internet 学会成立，该学会把 Internet 定义为组织松散的、独立的国际合作互连网络，通过自主遵守计算协议和过程支持主机对主机的通信。目前，Internet 已经成为当今世界上信息资源最丰富的互连网络。

随着 Internet 的快速发展，Internet 应用已从局域网发展到网上证券交易、电子商务、电子邮件 (E-mail)、多媒体通信、各种信息服务等各项增值业务。Internet 带来的电子贸易改变了商业活动的传统模式，其提供的方便而广泛的互连必将给未来社会生活的各个方面带来影响。

4.1.2 计算机网络的定义

将分布在不同地理位置的具有独立功能的多台计算机、终端及其附属设备在物理上互连，按照网络协议相互通信，以共享硬件、软件和数据资源为目标的系统称为计算机网络。

4.1.3 计算机网络的组成

从物理连接上看，计算机网络由计算机系统、通信链路和网络结点组成。其中，计算机系统进行各种数据的处理，通信链路和网络结点提供通信功能。

从逻辑功能上看，可以把计算机网络分成通信子网和资源子网。

1. 通信子网

通信子网是由用作信息交换的结点计算机和通信线路组成的独立的数据通信系统，其承担全网的数据传输、转接、加工和变换等通信处理工作。

2. 资源子网

资源子网提供访问功能，其由主机、终端控制器、终端所能提供共享的软件资源和数据源 (如数据库和应用程序) 构成。在资源子网中，主机通过一条高速多路复用线路或一条通信链路连接到通信子网的结点上。

4.1.4 计算机网络的功能

1. 数据通信

数据通信即数据传输，是计算机网络最基本的功能。从通信角度上看，计算机网络是一种计算机通信系统，能实现以下重要功能。

1）传输文件

计算机网络能快速并且不需要交换软盘就可在计算机与计算机之间进行文件传输。

2）使用 E-mail

用户可以将计算机网络看作“邮局”，向网络上的其他计算机用户发送备忘录、报告和报表等。利用计算机网络的 E-mail 功能可以向不在办公室的人员传输信息，同时提供一种无纸办公环境。

2. 资源共享

资源共享包括硬件、软件和数据资源的共享，是计算机网络最有吸引力的功能。资源共享指的是网络上的计算机用户能够部分或全部地使用计算机网络资源，使计算机网络中的资源互通有无、分工协作，从而大大提高了各种硬件、软件和数据资源的利用率。

3. 计算机系统可靠性和可用性提高

计算机系统可靠性的提高主要表现在计算机网络中每台计算机都可以依赖计算机网络互为后备机。

计算机系统可用性的提高是指当计算机网络中某一台计算机负荷过重时，计算机网络能够进行智能判断，并将部分任务转交给计算机网络中较空闲的计算机去完成。这样就能均衡每一台计算机的负荷，提高每一台计算机的可用性。

4. 易于进行分布处理

在计算机网络中，每个用户可根据实际情况合理选择计算机网络中的资源，以就近原则快速地进行处理。对于较大型的综合问题，可通过一定的算法将任务分配给不同的计算机，从而达到均衡网络资源、实现分布处理的目的。此外，利用网络技术能将多台计算机连成具有高性能的计算机系统，以并行方式共同处理一个复杂的问题，这就是协同式计算机的一种网络计算模式。

4.1.5　计算机网络的分类

1. 按网络的覆盖范围分类

按网络的覆盖范围，计算机网络可分为局域网（local area network，LAN）、城域网（metropolitan area network，MAN）和广域网（wide area network，WAN）。

1）局域网

局域网是最常见、应用最广的一种网络。局域网随着整个计算机网络技术的发展和提高得到了充分的应用和普及，绝大多数单位有自己的局域网，甚至有的家庭也有自己的局域网。局域网就是在局部范围内应用的网络，其覆盖范围较小，一般在 10km 以内。局域网在计算机数量配置上没有太多的限制，少的可以只有两台，多的可达几百台。一般来说，在企业局域网中，计算机数量在几十到几百台。局域网一般位于一个建筑物或一个单位内，不存在寻径问题，不包括网络层的应用。

局域网的特点是连接范围窄，用户数少，配置容易，连接速率高。目前，局域网最快的速率是 10Gb/s。电气和电子工程师协会（Institute of Electrical and Electronics Engineers，IEEE）的 802 标准委员会定义了多种局域网，即以太网（ethernet）、令牌环网（token-ring network）、光纤分布式数据接口（fiber distributed data interface，FDDI）网、异步传输模式（asynchronous transfer mode，ATM）网及无线局域网。

2）城域网

城域网一般来说是在一个城市但不在同一地理小区范围内建立的计算机通信网。该网络的连接距离在 10m～100km，其采用的是 IEEE 802.4 标准。与局域网相比，城域网扩展的距离更长，连接的计算机数量更多。从地理范围上看，城域网可以说是局域网的延伸。在一个大型城市中，一个城域网通常连接着多个局域网。例如，连接政府机构的局域网、医院的局域网、电信的局域网、公司企业的局域网等。光纤连接的引入，使城域网中高速局域网的互连成为可能。

城域网的骨干网多采用 ATM 技术。ATM 是一种用于数据、语音、视频及多媒体应用程序的高速网络传输方法。ATM 包括一个接口和一个协议，该协议能够在一个常规的传输信道上，在比特率不变及变化的通信量之间进行切换。ATM 也包括硬件、软件及与 ATM 协议标准一致的介质。ATM 提供一个可伸缩的主干基础设施，以便能够适应不同规模、速度及寻址技术的网络。ATM 最大的缺点是成本高，所以一般在政府城域网中应用，如邮政、银行、医院等。

3）广域网

广域网又称远程网，其所覆盖的范围比城域网更广泛。广域网一般是对不同城市之间的局域网或城域网进行互连，覆盖范围从几百千米到几千千米。因为距离较远，信息衰减比较严重，所以广域网一般需要租用专线，通过接口信息处理（interface message processing，IMP）协议和线路连接起来，构成网状结构，解决寻径问题。因为广域网所连接的用户多，总出口带宽有限，所以用户的终端连接速率一般较低，通常为 9.4Kb/s～45Mb/s，如原邮电部的 CHINANET、CHINAPAC 和 CHINADDN。

2. 按网络的拓扑结构分类

按网络的拓扑结构，计算机网络可分为总线型网络、星形网络、环形网络、树形网络和混合型网络等。

3. 按传输介质分类

按传输介质，计算机网络可分为有线网和无线网。

（1）有线网采用双绞线、同轴电缆、光纤或电话线作为传输介质。采用双绞线和同轴电缆连成的网络经济且安装简便，但传输距离相对较短；以光纤作为介质的网络传输距离远，传输速率高，抗干扰能力强，安全好用，但成本稍高。

（2）无线网主要以无线电波或红外线作为传输介质，联网方式灵活方便，但费用稍高，可靠性和安全性还有待改进。另外，无线网还包括卫星数据通信网，通过卫星进行数据通信。

4. 按网络的使用性质分类

按网络的使用性质，计算机网络可分为公用网（public network）和专用网（private network）。

（1）公用网是一种付费网络，属于经营性网络，由商家建造并维护，消费者付费使用。

（2）专用网是某个部门根据本系统的特殊业务需要而建造的网络，该网络一般不对外提供服务。例如，军队、银行、电力等系统的网络属于专用网。

在以上计算机网络的分类中，应用最多的是局域网，因为其覆盖范围可大可小，无论在单位还是在家庭实现起来都比较容易。

4.2　计算机网络体系结构和协议

数据交换、资源共享是计算机网络的最终目的。若要保证有条不紊地进行数据交换，合理地共享资源，各个独立的计算机系统之间必须达成某种默契，严格遵守事先约定好的一整套通信规程，包括交换数据的格式、控制信息的格式及通信过程中事件执行的顺序等。这些通信规程称为网络协议（protocol）。

网络协议主要由以下 3 个要素组成。

（1）语法：用户数据与控制信息的结构或格式。

（2）语义：需要发出何种控制信息，以及完成的动作与做出的响应。

（3）时序：对事件实现顺序的详细说明。

4.2.1　计算机网络体系结构的形成

计算机网络是由多种计算机和各类终端通过通信线路连接起来的复合系统。在该系统中，计算机型号不一，终端类型各异，加之线路类型、连接方式、同步方式、通信方式的不同，给网络中各结点的通信带来许多不便。由于在不同计算机系统之间真正以协同方式进行通信是十分复杂的，为了设计这样复杂的计算机网络，在最初的 ARPANET 设计时即提出了分层的方法。分层可将庞大而复杂的问题转化为若干较小的局部问题，而这些较小的局部问题更易于研究和处理。

1974 年，美国的 IBM 公司公布了其研制的系统网络体系结构（system network architecture，SNA）。为了使不同体系结构的计算机网络能够实现互连，ISO 于 1977 年成立了一个专门的机构来研究该问题。不久，他们就提出一个使各种计算机在世界范围内互连成网的标准框架，即 OSI-RM。

OSI-RM 将整个网络的通信功能划分成 7 个层次，每个层次完成不同的功能，如图 4-1 所示。这 7 层由低层至高层分别是物理层、数据链路层、网络层、传输层、会话层、表示层和应用层。

OSI-RM 采用层次结构的优点如下。

（1）各层之间是独立的。某一层并不需要知道其下一层是如何实现的，而仅需要知道该层间的接口（界面）所提供的服务。由于每一层只实现一种相对独立的功能，可将一个难以处理的复杂问题分解为若干较容易处理的较小的问题，降低了问题的复杂程度。

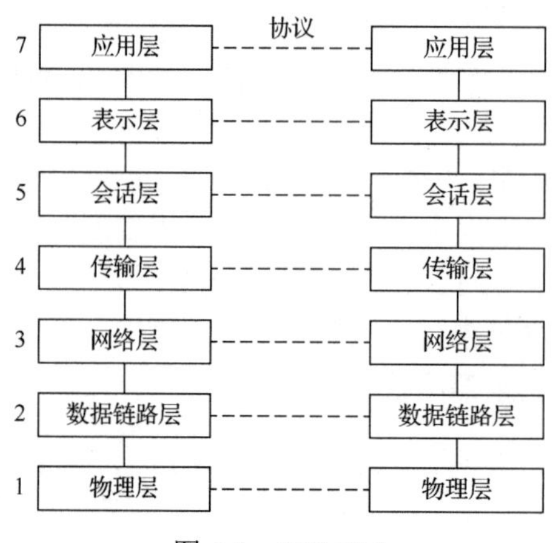

图 4-1　OSI-RM

（2）灵活性好。当任何一层发生变化时，只要层间接口关系保持不变，则在这层以上或以下的各层均不受影响。

（3）结构上可分割开。各层都可以采用最合适的技术来实现。

（4）易于实现和维护。这种结构使实现和调试一个庞大而又复杂的系统变得容易，因为整个系统已被分解为若干相对独立的子系统。

（5）能促进标准化工作。因为每一层的功能及其所提供的服务都有精确的说明。

4.2.2　OSI-RM

1. 物理层

物理层主要对通信网物理设备的特性进行定义，使之能够传输二进制的数据流（位流），如定义网络适配器（网卡）、路由器的外形、接口形状、接口线的根数、电压等。

2. 数据链路层

数据链路就是从通信的出发点到目的地之间的“数据通路”。数据链路层使数据从主机 A 源源不断地流向主机 B，而且这些数据都是“0”“1”的组合。

3. 网络层

在一个计算机通信网中，从发送方到接收方可能存在多条通信线路，与邮递员送邮件类似，其有很多路可以选择，数据到底走哪一条路是由网络层来决定的。简而言之，网络层可以建立网络连接和为其上层（传输层、会话层）提供服务，具体包括为数据传输选择路由和中继，激活、中止网络连接，差错检测和恢复，网络流量控制，网络管理等。

4. 传输层

传输层的主要功能是建立端到端的通信，即建立从发送方到接收方的网络传输通路。在一般情况下，当会话层请求建立一个传输连接时，传输层就为其创建一个独立的网络连接。如果传输连接需要较大的吞吐量（一次传送大量的数据），传输层也可以为其创建多个网络连接，让数据在这些网络连接上分流，以提高吞吐量。

5. *会话层*

会话层允许通信双方建立和维持会话关系（会话关系是指一方提出请求，另一方应答），并使双方会话获得同步。会话层在数据中插入检验点，当出现网络故障时，只需要传输检验点之后的数据（已经收到的数据不需要再次传输），即断点续传。

6. *表示层*

在网络中，计算机有不同类型的操作系统，如 UNIX、Windows、Linux 等；传递的数据类型千差万别，有文本、图像、声音等；有的计算机或网络使用 ASCII 码表示数据，有的用 BCD（binary-coded decimal，二进码十进数）码表示数据。那么，怎样在这些主机之间传输数据呢？

表示层为异构计算机之间的通信制定了一些数据编码规则，为通信双方提供了一种公共语言，以便对数据进行格式转换，使双方有一致的数据形式。

7. *应用层*

人们需要网络提供不同的服务，如传输文件、收发 E-mail、远程提交作业、网络会议等，这些功能都是由应用层实现的。应用层包含大量的应用协议，如 HTTP（hypertext transfer protocol，超文本传输协议）、FTP（file transfer protocol，文件传输协议）等，为应用程序提供服务。

4.2.3　TCP/IP 参考模型

TCP/IP（transmission control protocol/Internet protocol，传输控制协议/互联网协议，又名网络通信协议）参考模型共分成 4 个层次，即网络接口层、网络层、传输层和应用层，如图 4-2 所示。

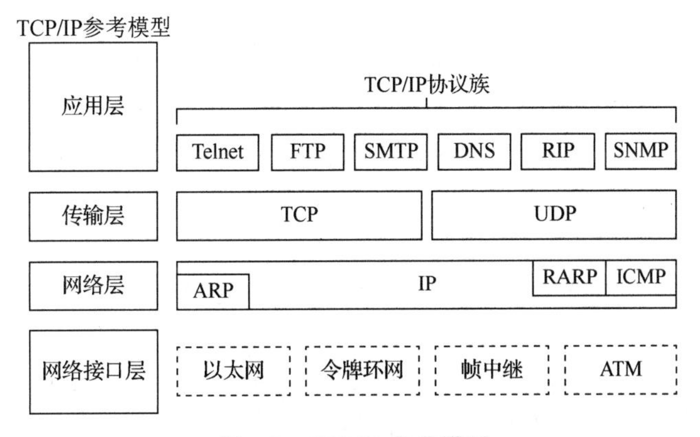

图 4-2　TCP/IP 参考模型

1. 网络接口层

网络接口层与 OSI-RM 的数据链路层和物理层相对应，其不是 TCP/IP 协议体系的一部分，但它是 TCP/IP 与各种通信网之间的接口，所以 TCP/IP 对网络接口层并没有给出具体的规定。

2. 网络层

网络层有 4 个主要协议，分别是 Internet 控制报文协议（Internet control message protocol，ICMP）、逆地址解析协议（reverse address resolution protocol，RARP）、互联网协议（Internet protocol，IP）和地址解析协议（address resolution protocol，ARP）。网络层的主要功能是使主机把分组发往任何网络并使分组独立地传向目标（可能经由不同的网络）。这些分组到达和发送的顺序可能不同，因此如果需要按顺序发送及接收，高层必须对分组进行排序。另外，网络层 IP 的基本功能是提供无连接的数据报传送服务和数据报路由选择服务，即提供主机间不可靠的、无连接数据报传送；ICMP 提供的服务有测试目的地的可达性和状态、报文不可达的目的地、数据报的流量控制、路由器路由改变请求等；ARP 的任务是查找与给定 IP 地址相对应主机的网络物理地址；RARP 主要解决物理网络地址到 IP 地址的转换。

3. 传输层

TCP/IP 的传输层提供了两个主要协议，即传输控制协议（transmission control protocol，TCP）和用户数据报协议（user datagram protocol，UDP），其功能是使源主机和目的主机的对等实体之间可以进行会话。其中，TCP 是面向连接的协议，UDP 是无连接的服务。在无连接服务的情况下，两个实体之间的通信不需要先建立好一个连接，因此其下层的有关资源不需要进行预定保留，这些资源将在数据传输时动态地进行分配。无连接服务的另一特征就是不需要通信的两个实体同时处于激活态，当发送端的实体正在进行发送时，该实体必须处于激活态。

4. 应用层

在 TCP/IP 结构中并没有 OSI-RM 的会话层和表示层，TCP/IP 将它们归结到应用层，所以应用层包含所有的高层协议，如远程终端协议（telnet）、文件传输协议、简单邮件传送协议（simple mail transfer protocol，SMTP）、域名系统（domain name system，DNS）等。

4.3 网络数据的传输介质

常见的网络数据传输介质分为两大类，分别是有线传输介质和无线传输介质。常用的有线传输介质有双绞线、同轴电缆和光纤，常用的无线传输介质有微波、卫星、无线电波、红外线等。

4.3.1 有线传输介质

1. 双绞线

组建局域网所用的双绞线是由4对线（8根线）组成的，其中每根线的材质有铜线和铜包钢线两种。

一般来说，双绞线电缆中的8根线是成对使用的，每对线都相互绞合在一起，绞合的目的是减少对相邻线的电磁干扰。双绞线分为屏蔽双绞线（shielded twisted pair，STP）和非屏蔽双绞线（unshielded twisted pair，UTP）。

在局域网中常用的双绞线是非屏蔽双绞线，其又分为3类、4类、5类、超5类、6类和7类。

在局域网中，双绞线主要用于计算机网卡到集线器（hub）的连接或通过集线器之间级联口的级联，有时也可直接用于两个网卡之间的连接或不通过集线器级联口之间的级联，但它们的接线方式各有不同。

2. 同轴电缆

同轴电缆的中央是内导体铜芯线（单股的实心线或多股绞合线），其外包着一层绝缘层；绝缘层外由一层网状编织的金属丝作为外导体屏蔽层（可以是单股的），屏蔽层把电线很好地包起来；最外层是外包皮的塑料保护外层。

经常用于局域网的同轴电缆有两种：一种是专门用在符合IEEE 802.3标准Ethernet环境中阻抗为50Ω的电缆，只用于数字信号发送，称为基带同轴电缆；另一种是用于频分多路复用（frequency division multiplexing，FDM）的模拟信号发送、阻抗为75Ω的电缆，称为宽带同轴电缆。

3. 光纤

光纤是一种细小、柔韧并能传输光信号的介质，一根光缆中包含多条光纤。

光纤利用有光脉冲信号来表示“1”，利用无光脉冲信号来表示“0”。光纤通信系统由光端机、光纤（光缆）和光纤中继器组成。光纤不仅通信容量非常大，而且具有抗电磁干扰性能好、保密性好、无串音干扰、信号衰减小、传输距离长、抗化学腐蚀能力强等特点。

正是由于光纤的数据传输速率高、传输距离远（无中继传输距离达几十千米至上百千米）的特点，其在计算机网络布线中得到了广泛应用。

光纤也存在一些缺点，如光纤的切断和将两根光纤精确地连接所需的技术要求较高。

4.3.2 无线传输介质

常用的无线传输介质有微波、红外线、无线电波、激光和卫星，它们都以空气为传输介质。无线传输介质的带宽可达到每秒几十兆比特，室内传输距离一般在200m以内，室外为几十千米至几千千米。

采用无线传输介质连接的网络称为无线网络。无线局域网可以在普通局域网的基础上通过无线集线器、无线接入点（access point，AP，又称为会话点或存取桥接器）、无线网桥、无线调制解调器及无线网卡等实现。其中，无线网卡应用最为普遍。无线网络具有组网灵活、容易安装、结点加入或退出方便、可移动上网等优点。

两种类型的无线通信十分重要，即微波传输和卫星传输。

1. 微波传输

微波传输一般发生在两个地面站之间。微波的两个特性限制了其使用范围：首先，微波是直线传播的，无法像某些低频波那样沿着地球的曲面传播；其次，大气条件和固体物将妨碍微波的传播，如微波无法穿过建筑物。

发射装置与接收装置之间必须存在一条直接的视线，这限制了它们可以拉开的距离。两者的最大距离取决于塔的高度、地球的曲率及两者间的地形。中继站上的天线依次将信号传递给相邻的站点，这种传递不断持续下去，就可以实现被地表切断的两个站点间的通信。

2. 卫星传输

卫星传输是微波传输的一种，只不过它的一个站点是绕地球轨道运行的卫星。卫星传输是一种普遍的通信手段，其应用包括电话、电视、新闻服务、天气预报及军事等。

因为卫星必须在空中移动，所以其只有很短的时间能够进行通信。卫星落下水平线后，通信就必须停止，一直到其重新在另一边的水平线上出现。这种情形与现在很多应用（但不是全部）是不相适应的。实际上，卫星保持固定的位置将允许通信持续地进行。对于大多数媒体应用来说，这无疑是一个重要的判定标准。

4.4 网络拓扑结构

网络拓扑结构能够把网络中的服务器、工作站和其他网络设备的关系清晰地表示出来。网络拓扑结构有星形、总线型、环形、树形、网状和混合型，其中总线型、星形、环形是基本的网络拓扑结构。

4.4.1 星形拓扑结构

星形拓扑结构由中心结点和通过点对点链路连接到中心结点的各站点组成，如图 4-3 所示。星形拓扑结构的中心结点是主结点，其接收各分散站点的信息再转发给相应的站点。星形拓扑结构几乎是 Ethernet 双绞线网络专用的，其中心结点由集线器或交换机来承担。

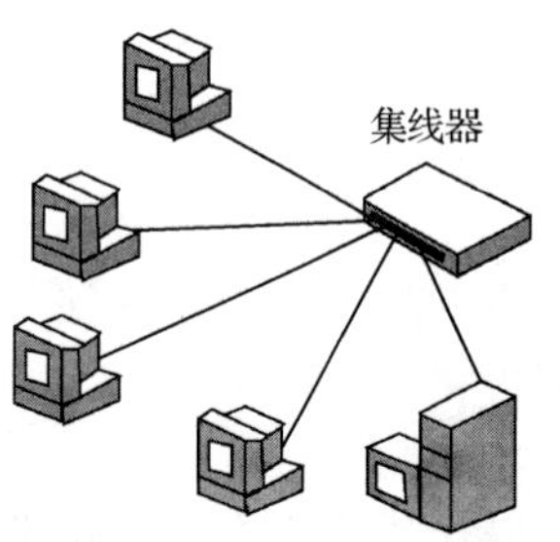

图 4-3 星形拓扑结构

星形拓扑结构的优点如下。

（1）每个设备都用一根线路和中心结点相连，如果这根线路损坏，或与之相连的工作站出现故障，仅会影响该工作站，不会对星形拓扑结构整个网络造成大的影响。

（2）网络的扩展容易，控制和诊断方便，访问协议简单。

星形拓扑结构也存在一定的缺点，如过分依赖中心结点和成本高。

4.4.2　总线型拓扑结构

总线型拓扑结构将所有的结点连接到一条电缆上，这条电缆称为总线，通信时信息沿总线广播式传送，如图 4-4 所示。

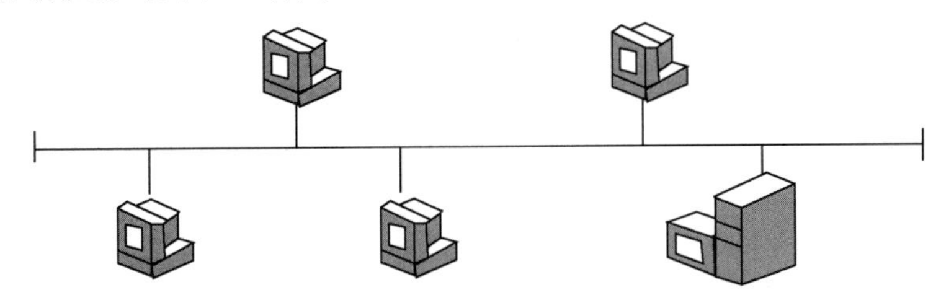

图 4-4　总线型拓扑结构

总线型拓扑结构的优点是简单，易于安装，成本低，增加和撤销网络设备比较灵活，没有关键结点；缺点是同一时刻只能有两个网络结点相互通信，网络延伸距离有限，网络容纳结点数有限。

4.4.3　环形拓扑结构

环形拓扑结构是各个结点在网络中形成一个闭合的环，如图 4-5 所示，信息沿着环进行单向广播传输。每一台设备只能和相邻结点直接通信，与其他结点通信时，信息必须经过两者间的每一个结点。

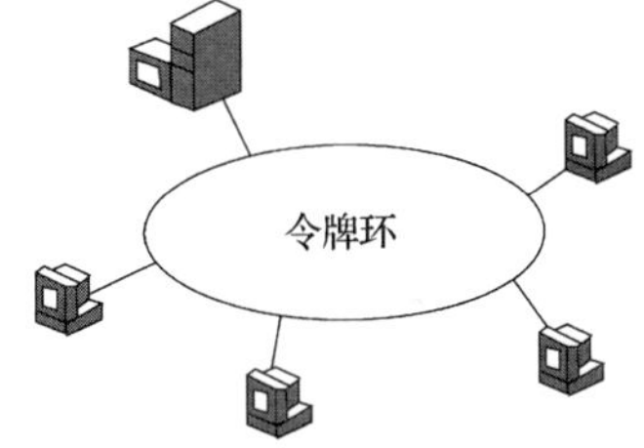

图 4-5　环形拓扑结构

环形拓扑结构一般采用令牌来控制数据的传输，只有获得令牌的计算机才能发送数据，避免了冲突现象。环形拓扑结构有单环和双环两种结构。双环结构常用于以光纤作为传输介质的环形网中，目的是设置一条备用环路，当光纤发生故障时，可迅速启用备用环，提高环形网的可靠性。常用的环形网有令牌环网和 FDDI 网。

环形拓扑结构的优点如下。

（1）路由选择控制简单。信息流是沿着一个固定的方向流动的，两个站点之间仅有一条通路。

（2）电缆长度短。环形拓扑结构所需电缆长度和总线型拓扑结构相似，但比星形拓扑结构更短。

（3）适用于光纤。光纤传输速度快。环形拓扑结构是单方向传输的，适用于光纤这种传输介质。

环形拓扑结构的缺点如下。

（1）结点故障将引起整个网络瘫痪。在环路上数据传输是通过环上的每一个站点进行转发的，如果环路上的一个站点出现故障，则该站点的中继器（repeater）不能进行转发（相当于环在故障结点处断掉），造成整个网络都不能正常工作。

（2）故障诊断困难。某一结点故障会使整个网络都不能工作，但具体确定是哪一个结点出现故障非常困难，需要对每个结点进行检测。

4.4.4 树形拓扑结构

树形拓扑结构是从总线型拓扑结构演变而来的，其形状像一棵倒置的树，顶端有一个带有分支的根，每个分支还可延伸出子分支。

树形拓扑结构是一种分层结构，适用于分级管理和控制系统。树型拓扑结构与其他拓扑结构的主要区别在于根的存在。当下层的分支结点发送数据时，根先接收该信号，再重新广播发送到全网，不需要中继器。与星形拓扑结构相比，树形拓扑结构通信线路总长度较短，成本低，易推广，但结构较星形拓扑结构复杂。

树形拓扑结构的优点如下。

（1）易于扩展。从本质上看，树形拓扑结构可以延伸出很多分支和子分支，因此新的结点和新的分支易加入网内。

（2）故障隔离容易。如果某一分支的结点或线路发生故障，很容易将该分支和整个系统隔离开来。

树形拓扑结构的缺点是对根的依赖性大，如果根发生故障，则全网不能正常工作，因此其可靠性与星形拓扑结构相似。

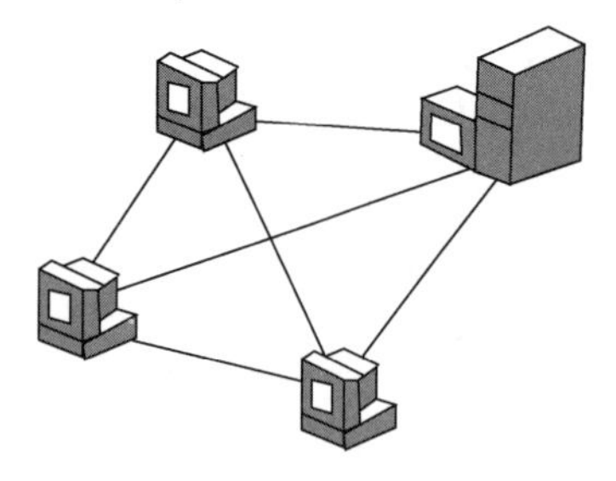
图 4-6 网状拓扑结构

4.4.5 网状拓扑结构

网状拓扑结构如图 4-6 所示。采用网状拓扑结构的网络中任意两站点间都有直接通路相连，所以任意两站点间的通信无须路由；并且任意两站点间有专线相连，没有等待延时，故通信速度快，可靠性高。但是，组建这种网络需要巨大的投资。另外，网状拓扑结构的灵活性差，适用于对可靠性有特殊要求的场合。

4.4.6 混合型拓扑结构

混合型拓扑结构比较常见的有星形/总线型拓扑结构和星形/环形拓扑结构。

（1）星形/总线型拓扑结构综合了星形拓扑结构和总线型拓扑结构的优点，其用一条或多条总线把多组设备连接起来，而相连的每组设备本身又呈星形分布。星形/总线型拓扑结构很容易配置，且易于重新配置网络设备。

（2）星形/环型拓扑结构的优点是故障诊断方便且隔离容易，网络扩展简单，电缆安装方便。

4.5 Internet 接入方式

常见的 Internet 接入方式主要有电话拨号接入、ADSL（asymmetric digital subscriber line，非对称数字用户线）接入、局域网接入和无线接入。

1. 电话拨号接入

电话拨号接入即通常所说的拨号上网，传输速率一般不超过 54Kb/s。其利用串行线路协议（serial line interface protocol，SLIP）或点对点协议（peer-peer protocol，PPP）把计算机和互联网服务提供商（Internet service provider，ISP）的主机连接起来。

电话拨号接入的用户需要拥有一台计算机和一台调制解调器，通过已有的电话线路连接到 ISP，如中国电信、中国联通等。

电话拨号接入费用较低，其缺点是传输速率低，线路可靠性较差，比较适合个人或业务量较小的单位使用。在 Windows 操作系统中需要手动建立网络连接才能建立拨号上网。

2. ADSL 接入

ADSL 可以在普通电话线上实现高速数字信号传输，它使用频分复用技术将电话语音信号和网络数据信号分开，用户在上网的同时还可以拨打电话，两者互不干扰，这是 ADSL 接入方式优于电话拨号接入方式的地方。

ADSL 接入上网的用户需要具备一台计算机、一个语音/数据滤波器、一个 ADSL 调制解调器等。

ADSL 也可以满足局域网接入的需要，常用的方法是将直接通过 ADSL 接入网络的主机设置为服务器，本地局域网上的客户机通过共享该服务器连接访问网上信息资源。服务器上需要安装两块网卡，其中一块与交换机（或集线器）相连，另一块与 ADSL 相连。

3. 局域网接入

局域网接入即用路由器将本地计算机局域网作为一个子网连接到 Internet 上，使局域网中的所有计算机能够访问 Internet。这种连接的本地传输速率达 10～100Mb/s，甚至可达 1000Mb/s，但访问 Internet 的速率受局域网出口（路由器）的速率和同时访问 Internet 用户数量的影响。这种入网方式适用于用户数较多且较为集中的情况。

4. 无线接入

无线接入使用无线电波将移动端系统（如笔记本式计算机、Pad、手机等）和 ISP 的基站（base station）连接起来，基站又通过有线方式连入 Internet。无线上网可以分为两种，一种是无线局域网，它以传统局域网为基础，通过 AP 和无线网卡实现无线上网；另一种是无线广域网（wireless wide area network，WWAN），通过电信服务商开通数据功能，计算机通过无线上网卡来实现无线上网，如 CDMA 无线上网卡、GPRS 无线上网卡等。

第 5 章

常用工具软件

5.1　360 杀毒软件

360 杀毒软件是 360 安全中心出品的一款免费的云安全杀毒软件，具有查杀率高、资源占用少、升级迅速等优点。360 杀毒软件能全面地诊断系统安全状况和健康程度，并进行精准修复，给用户带来安全、专业、有效的查杀防护体验。其防杀病毒能力得到多个国际权威安全软件评测机构认可，并荣获多项国际权威认证。

双击 360 杀毒软件图标，打开 360 杀毒软件主界面，如图 5-1 所示。病毒查杀分为全盘扫描和快速扫描两种方式。

图 5-1　360 杀毒软件主界面

5.1.1　全盘扫描

全盘扫描是 360 杀毒软件提供的对系统进行全面详细检查的功能，该功能可扫描系统中多个可疑位置，提供详细的系统诊断结果信息，但所花费时间较长。

（1）单击图 5-1 中的【全盘扫描】按钮，开始扫描系统设置、常用软件、内存活跃程序、开机启动项和所有磁盘文件。扫描完成后，显示扫描出的系统异常项及相关信息，如图 5-2 所示。

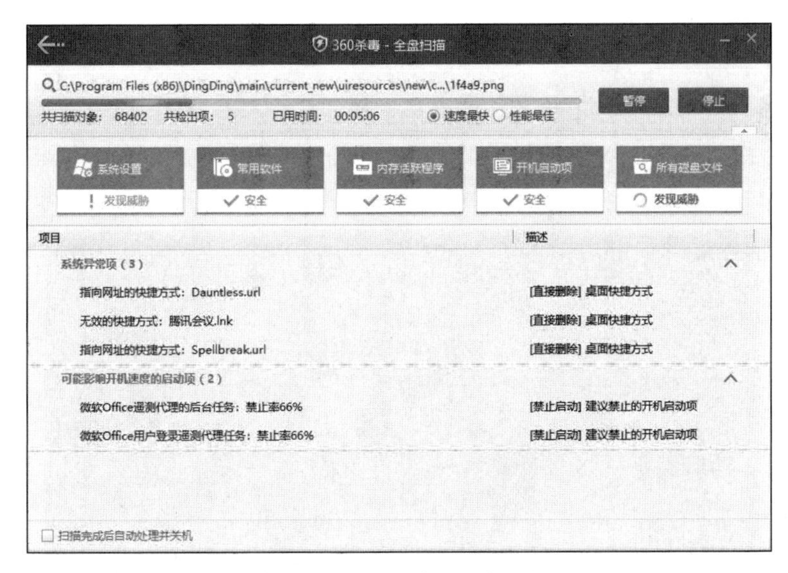

图 5-2　全盘扫描处理界面

（2）在扫描结果详细列表中，有问题的项目位于列表前面，单击【一键修复】按钮即可自动修复问题项，并提示已修复的部分问题；有些问题需要用户手动修复。

5.1.2　快速扫描

快速扫描是指对计算机中关键的位置及容易受木马侵袭的位置进行扫描，所花费时间较短。

（1）单击图 5-1 中的【快速扫描】按钮，开始扫描系统设置、常用软件、内存活跃程序、开机启动项和系统关键位置，如图 5-3 所示。

图 5-3　快速扫描处理界面

（2）在扫描结果详细列表中，有问题的项目位于列表前面，单击【一键修复】按钮即可自动修复问题项。

5.1.3 功能大全

在 360 杀毒软件主界面单击【功能大全】按钮后，会打开图 5-4 所示界面。其包括系统安全、系统优化和系统急救三大类，每类下方列有多种功能，用户可根据需要选择相应功能。

图 5-4 功能大全界面

5.2 WinRAR 压缩软件

WinRAR 是较流行的压缩软件，界面友好，使用方便，在压缩率和速度方面都有很好的表现。

5.2.1 快速压缩

在安装 WinRAR 后，选中需要压缩的文件，右击，在弹出的快捷菜单中选择【添加到压缩文件】命令，如图 5-5 所示，在弹出的【压缩文件名和参数】对话框（图 5-6）

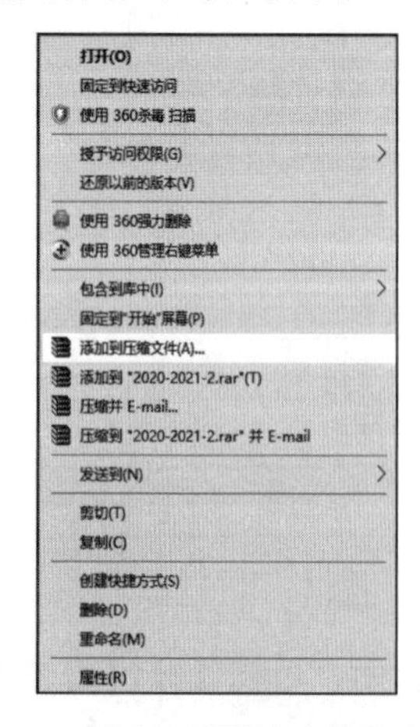

图 5-5 【添加到压缩文件】命令

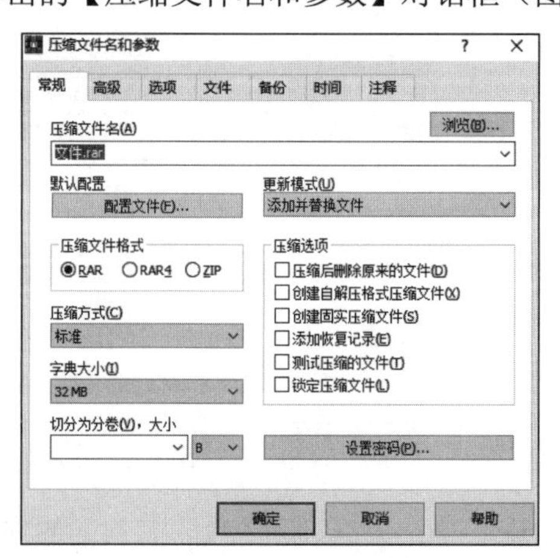

图 5-6 【压缩文件名和参数】对话框

中单击【确定】按钮，完成压缩。在【压缩文件名和参数】对话框的【常规】选项卡中可对压缩文件名等进行设置。也可选中需要压缩的文件，右击，在弹出的快捷菜单中选择【添加到×××.rar】命令，直接以该文件名为压缩文件名。

5.2.2　快速解压

选中压缩文件，右击，在弹出的快捷菜单中选择【解压文件】命令，如图 5-7 所示。弹出【解压路径和选项】对话框，如图 5-8 所示，在【常规】选项卡的【目标路径】下拉列表框中选择解压缩后的文件的路径和名称，单击【确定】按钮完成操作。

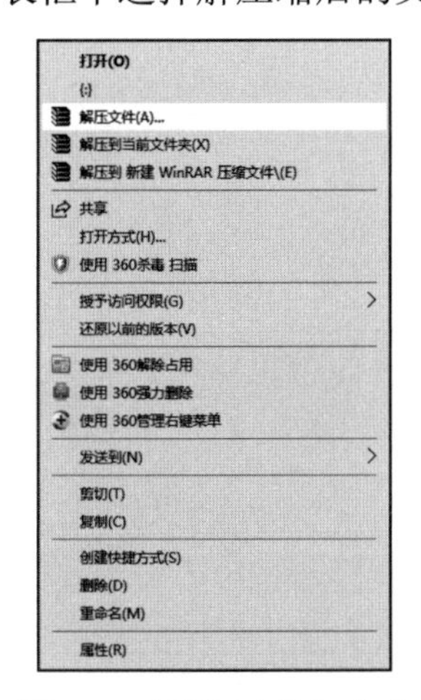

图 5-7　【解压文件】命令

图 5-8　【解压路径和选项】对话框

5.2.3　WinRAR 主界面

对文件进行压缩和解压，利用快捷菜单中的命令就能完成，一般情况下不需要在 WinRAR 主界面中进行操作。在 WinRAR 的主界面中有一些额外的功能，下面对其主界面中的部分按钮进行说明。

双击 WinRAR 图标，打开 WinRAR 主界面，如图 5-9 所示。

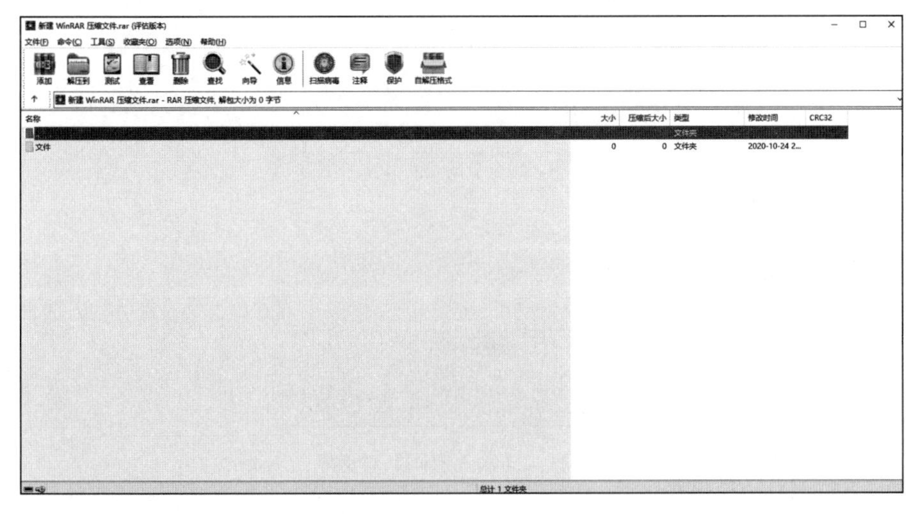

图 5-9　WinRAR 主界面

（1）【添加】：即压缩按钮，单击该按钮，弹出【压缩文件名和参数】对话框。
（2）【解压到】：可以将文件解压，单击该按钮，弹出【解压路径和选项】对话框。
（3）【测试】：允许对选中的文件进行测试，通知用户是否有错误等测试结果。
（4）【删除】：单击该按钮，删除选中的文件。
（5）【查看】：可以将压缩包中的信息在解压之前展示出来，如图 5-10 所示。

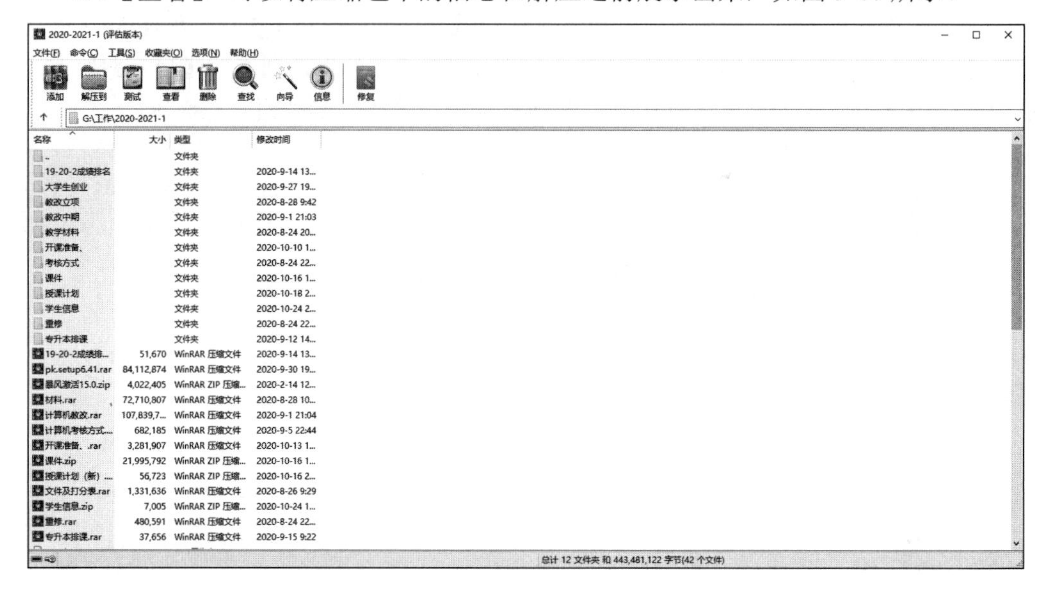

图 5-10　单击【查看】按钮后的界面

5.2.4　文件加密

右击需要压缩的文件或文件夹，在弹出的快捷菜单中选择【添加到压缩文件】命令，弹出【压缩文件名和参数】对话框，单击【设置密码】按钮，在弹出的【输入密码】对话框（图 5-11）中设置密码，单击【确定】按钮，开始压缩。

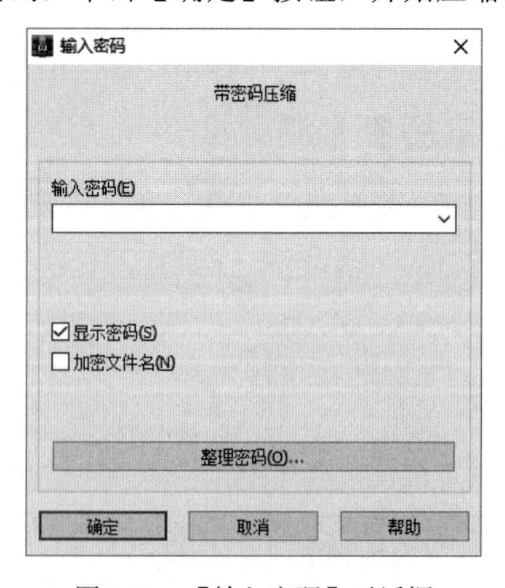

图 5-11　【输入密码】对话框

5.3　CAJViewer

CAJViewer 又称 CAJ 浏览器或者 CAJ 阅读器，由同方知网（北京）技术有限公司（以下简称同方知网）开发，是用于阅读和编辑 CNKI 系列数据库文献的专用浏览器。同方知网一直以市场需求为导向，其每一版本的 CAJViewer 都是充分吸取了市场上同类主流产品的优点、经过长期需求调查研究设计而成的，目前的最新版本是 CAJViewer 7.3。

5.3.1　浏览文档

选择【文件】菜单中的【打开】命令即可打开一个文档，开始浏览或阅读。该文档必须是以.caj、.pdf、.kdh、.nh、.caa、.teb、.url 为扩展名的文件。打开指定文档后将显示图 5-12 所示的界面。

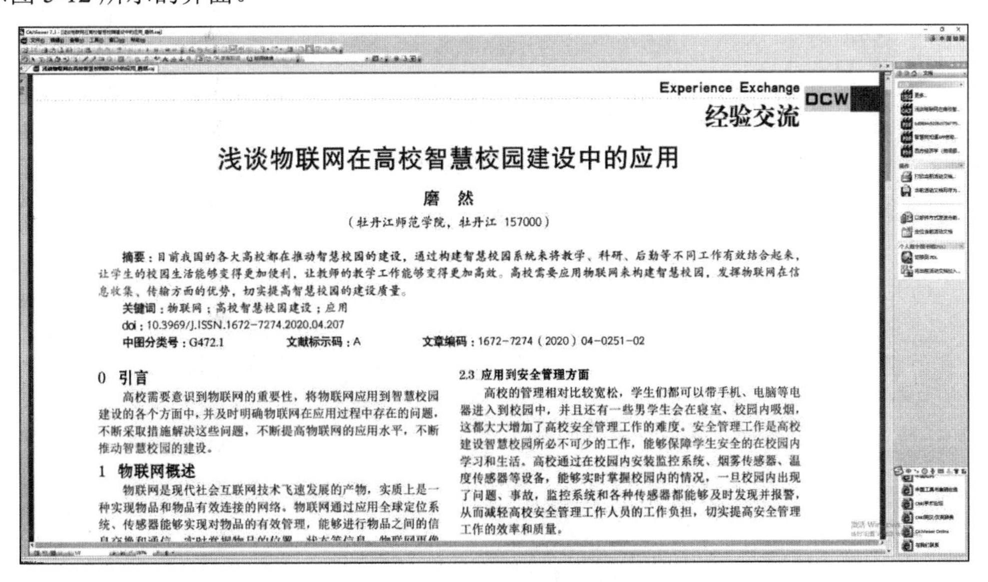

浅谈物联网在高校智慧校园建设中的应用

磨　然

（牡丹江师范学院，牡丹江 157000）

摘要：目前我国的各大高校都在推动智慧校园的建设，通过构建智慧校园系统来将教学、科研、后勤等不同工作有效结合起来，让学生的校园生活能够变得更加便利，让教师的教学工作能够变得更加高效。高校需要应用物联网来构建智慧校园，发挥物联网在信息收集、传输方面的优势，切实提高智慧校园的建设质量。

关键词：物联网；高校智慧校园建设；应用

doi：10.3969/J.ISSN.1672-7274.2020.04.207

中图分类号：G472.1　　文献标示码：A　　文章编码：1672-7274（2020）04-0251-02

0　引言

高校需要意识到物联网的重要性，将物联网应用到智慧校园建设的各个方面中，并及时明确物联网在应用过程中存在的问题，不断采取措施解决这些问题，不断提高物联网的应用水平，不断推动智慧校园的建设。

1　物联网概述

物联网是现代社会互联网技术飞速发展的产物，实质上是一种实现物品和物品有效连接的网络。物联网通过应用全球定位系统、传感器能够实现对物品的有效管理，能够进行物品之间的信

2.3 应用到安全管理方面

高校的管理相对比较宽松，学生们都可以带手机、电脑等电器进入到校园中，并且还有一些男学生会在寝室、校园内吸烟，这都大大增加了高校安全管理工作的难度。安全管理工作是高校建设智慧校园所必不可少的工作，能够保障学生安全的在校园内学习和生活。高校通过在校园内安装监控系统、烟雾传感器、温度传感器等设备，能够实时掌握校园内的情况，一旦校园内出现了问题、事故，监控系统和各种传感器都能够及时发现并报警，从而减轻高校安全管理工作人员的工作负担，切实提高安全管理工作的效率和质量。

图 5-12　浏览文档界面

一般情况下，屏幕正中间最大的区域代表主页面，显示文档中的实际内容。当光标显示为手形时，可以随意拖动页面，也可以单击打开超链接。选择【查看】菜单中的【全屏】命令，主页面将全屏显示，用户可以打开多个文件同时浏览。

5.3.2　文字识别

选择【工具】菜单中的【文字识别】命令，在当前页面上的鼠标指针变成文字识别的形状时，按住鼠标左键并拖动，可以选择页面上的一块区域进行识别，识别结果将在【文字识别结果】对话框（图 5-13）中显示，并且允许做进一步的修改操作。

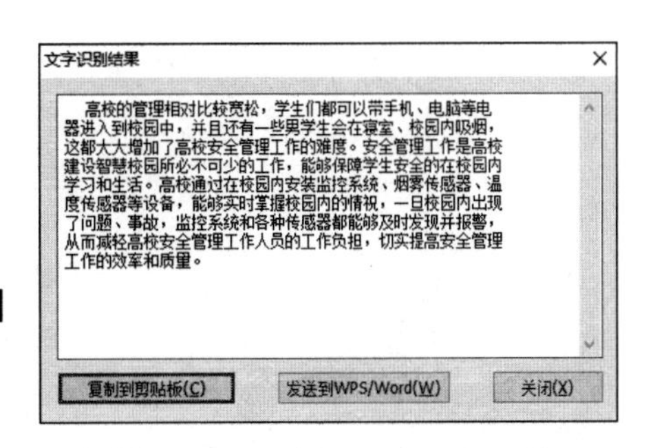

图 5-13　【文字识别结果】对话框

5.3.3 全文编辑

全文编辑分为文本摘录和图像摘录，摘录结果可以方便地粘贴到 Word、PowerPoint 等编辑软件中进行编辑。

1. 文本摘录

文本摘录只能用于非扫描页，其具体操作方法如下。

单击工具栏上的【选择文本】按钮，按住鼠标左键并拖动，选中相应文字，使其呈反色显示；右击，在弹出的快捷菜单中选择【复制】命令，或单击工具栏上的【复制】按钮，如图 5-14 所示，将所选文本复制到剪贴板中。

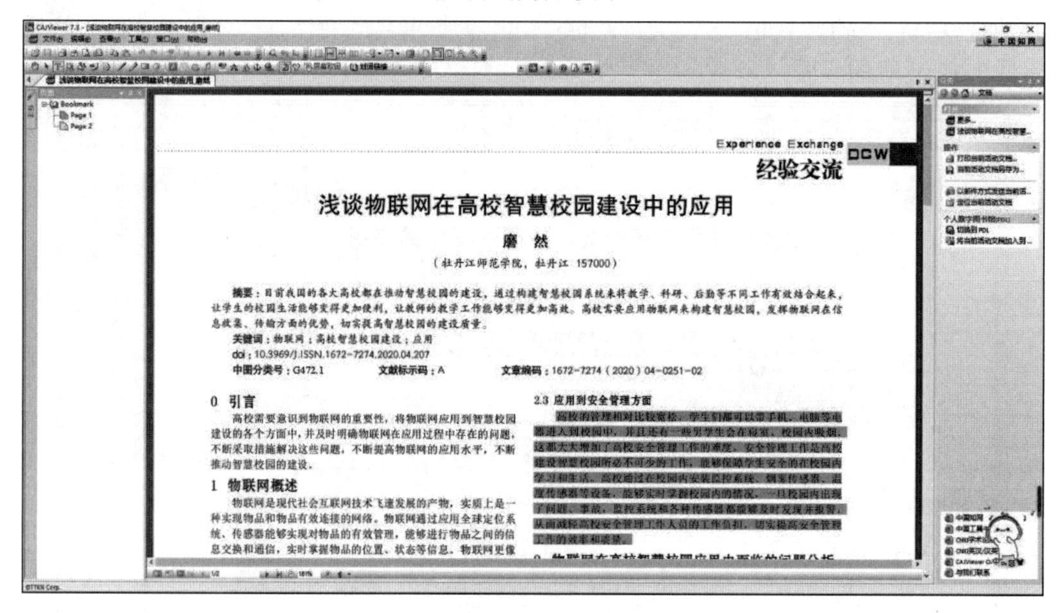

图 5-14 文本的复制

打开 Windows 写字板或 Word 等编辑软件进行粘贴，即可得到摘录的文本，同时也可以编辑存盘。

2. 图像摘录

图像摘录可以复制原文中的图像，适用于扫描页和非扫描页。其具体操作方法如下。

单击工具栏上的【选择图像】按钮，鼠标指针变为十字形，按住鼠标左键并拖动，绘制一片区域；选择【编辑】菜单中的【复制】命令，或右击，在弹出的快捷菜单中选择【复制】命令，图像即被复制到剪贴板中，也可粘贴到 Word、PowerPoint 等编辑软件中进行编辑。

5.4 EV 录屏

EV 录屏是一款常用的桌面录屏软件，具有资源占用小、录制清晰度高、免费无水印、操作界面简洁易懂等特点。

双击 EV 录屏图标，打开 EV 录屏主界面，主要包括录制模式、选择录制区域、选择录制音频、录制开始-停止和辅助工具等，如图 5-15 所示。

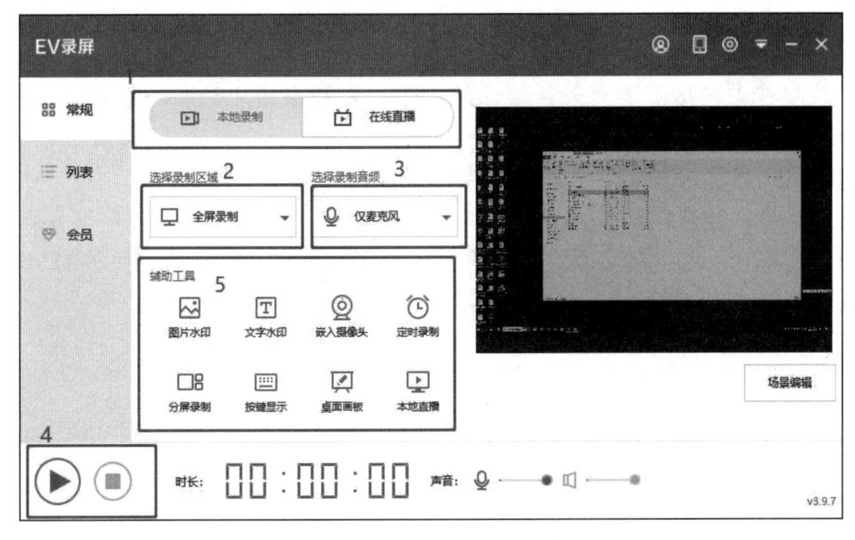

图 5-15　EV 录屏主界面

5.4.1　录制视频

1. 选择录制模式

EV 录屏分为本地录制和在线直播两种模式，录制自己计算机屏幕上的内容或是录制网课一定要选择【本地录制】，这样录制完的视频才会保存在本地计算机。如图 5-16 所示本地录制界面。

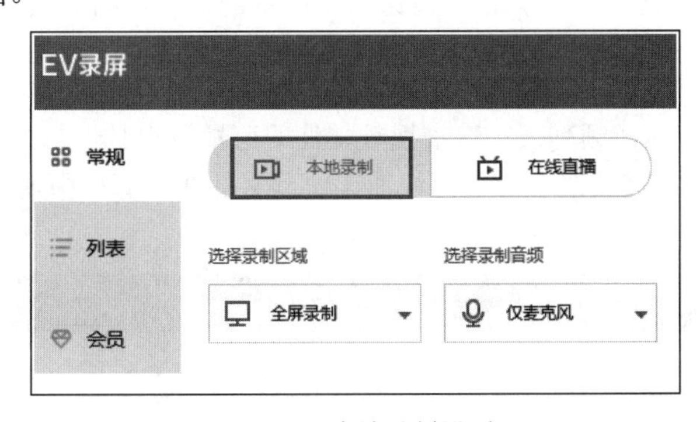

图 5-16　本地录制界面

2. 选择录制区域

选择录制区域包括全屏录制、选区录制、只录摄像头、不录视频等，如图 5-17 所示选择录制视频界面。

全屏录制：录制整个计算机桌面。

选区录制：录制自定义区域（录制完成后，去除选区桌面虚线，再单击【全屏录制】选项即可）。

只录摄像头：选择只录摄像头（添加时，如果添加摄像头失败，请尝试去选择不同大小画面）。

不录视频：录制时只有声音，没有画面。一般用于录制 mp3 格式。

3. 选择录制音频

选择录制音频包括仅麦克风、仅系统声音、麦和系统声音和不录音频，如图 5-18 所示选择录制音频界面。

仅麦克风：声音来自外界，通过麦克风录入。

仅系统声音：计算机系统本身播放的声音，XP 系统不支持录制。

麦和系统声音：麦克风和系统的声音同时录入音频里，既有系统播放的声音也有通过麦克风录制的声音。

不录音频：录制时只有画面，没有声音。

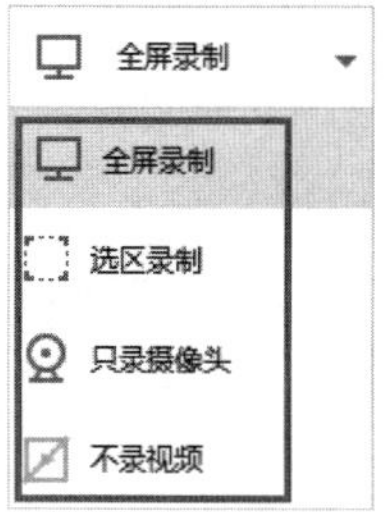

图 5-17　选择录制视频界面　　　图 5-18　选择录制音频界面

4. 录制开始-停止

单击按钮或按 Ctrl+F1（默认）开始录制；再单击按钮或按 Ctrl+F2 结束录制；在录制过程中如果需要暂停，单击按钮，再次单击该按钮则继续录制。

5. 查看视频

单击【列表】打开视频列表，双击视频文件即可播放视频；单击按钮，可打开保存目录查看文件；单击【文件位置】可快速定位到文件在计算机中的位置，如图 5-19 所示查看视频界面。

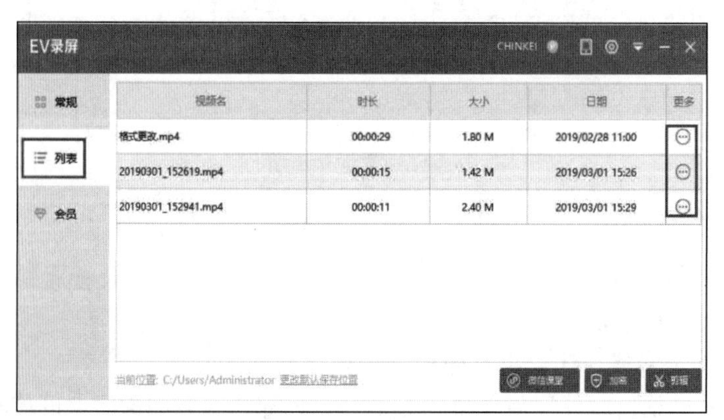

图 5-19　查看视频界面

5.4.2　辅助工具介绍

（1）单击【图片水印】或【文字水印】按钮，进入添加图片/文字水印界面，如图 5-20 所示，单击【添加】按钮即可添加图片/文字水印。

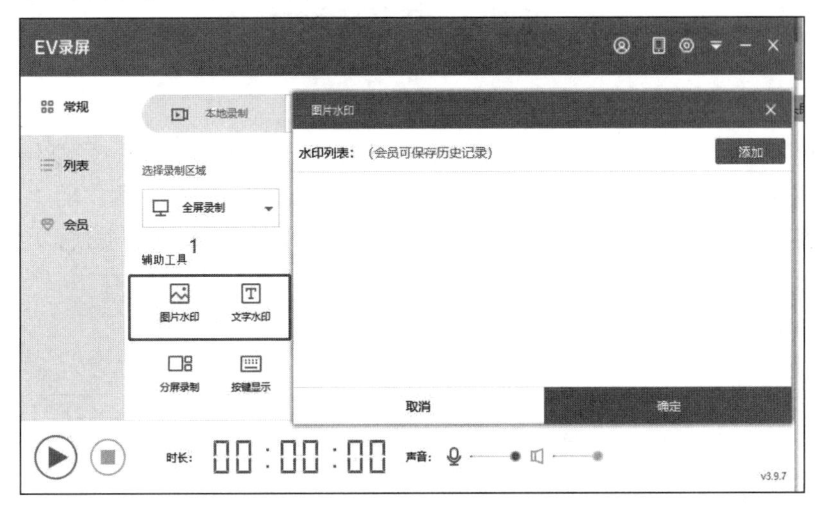

图 5-20　添加图片/文字水印界面

（2）单击【定时录制】按钮，进入【定时录制】界面，如图 5-21 所示。定时录制分为计划录制和固定录制，计划录制可以设置录制时间点和录制时长，固定录制可以限制每次录制的时长。

图 5-21　【定时录制】界面

第6章

算法与数据结构

结构化程序设计的先驱、著名科学家沃思曾提出一个公式：算法+数据结构=程序。他认为，程序是指令的集合，用来控制计算机的工作流程；算法是程序的“灵魂”，是解决某类客观问题的策略；数据结构是基础，是现实世界中的数据及其之间关系的反映。该等式反映了算法、数据结构对于程序设计的重要性。

6.1 算　　法

算法理论主要研究算法的设计技术和算法的分析技术，前者是指面对一个问题如何设计一个有效的算法，后者则是对已设计的算法如何评价或判断其优劣。算法设计的主要任务是描述问题的解决方案，算法分析的主要任务是对算法进行比较。

6.1.1 算法的基本概念

算法是对特定问题求解步骤的一种描述，是指令的有限序列。算法必须满足下列5个基本特性。

（1）有穷性：算法必须在有限的时间内做完，即算法必须在执行有限个步骤之后终止。

（2）确定性：算法中每一条指令必须有确切的含义，保证读者理解时不会产生二义性。另外，在任何条件下，算法只有唯一的一条执行路径，即对于相同的输入只能得出相同的输出。

（3）可行性：一个算法必须是可行的，即算法中描述的操作都是可以通过已经实现的基本运算执行有限次来实现的。

（4）输入：一个算法有零个或多个输入，这些输入取自某个特定的对象的集合。

（5）输出：一个算法有一个或多个输出，这些输出是同输入有着某些特定关系的量。

算法是指令的有限序列，并且该指令序列必须满足上述5个基本特性，否则不能称为真正意义上的算法。

虽然算法设计是一件非常困难的工作，但是也并非无章可循，人们经过实践和总结积累了许多行之有效的方法。基本的算法设计方法有如下5种。

（1）列举法：针对待解决的问题，列举所有可能的情况，并用问题中给定的条件来检验哪些是必要的，哪些是不必要的。

（2）归纳法：从特殊到一般的抽象过程。通过分析少量的特殊情况，找出一般的关系。

（3）递推法：从已知的初始条件出发，逐次推出所要求的各中间结果和最后结果。

（4）递归法：分为直接递归与间接递归两种。如果一个算法A显式地调用自己，则称为直接递归；如果算法A调用另一个算法B，而算法B又调用算法A，则称为间接递归。

（5）回溯法：通过对待解决的问题进行分析，找出一个解决问题的线索，然后根据该线索进行探测。若探测成功，便可得到问题的解；若探测失败，就要逐步回退，改换其他路径进一步探测，直到问题得到解答或问题最终无解。

6.1.2　算法的复杂度

在计算机资源中，重要的是时间和空间资源。一个算法的复杂度高低体现在运行该算法时所需的计算机资源的多少，所需资源越多，说明该算法的复杂度越高；反之，所需资源越少，则该算法的复杂度越低。因此，算法的复杂度包括时间复杂度和空间复杂度。

1. 算法的时间复杂度

算法的时间复杂度分析是一种事前分析估算的方法，它是对算法所消耗资源的一种渐近分析方法。渐近分析是指忽略具体机器、编程语言和编译器的影响，只关注在输入规模增大时算法运行时间的增长趋势。算法所执行的基本运算次数是问题规模（通常用整数 n 表示）的函数 $f(n)$，其算法的时间量度记为

$$T(n)=O(f(n))$$

式中，n 为问题的规模。

2. 算法的空间复杂度

算法在运行过程中所需的存储空间包括以下3部分。

（1）输入、输出数据占用的存储空间。

（2）存储算法本身占用的存储空间。

（3）执行算法需要的辅助空间。

其中，若辅助空间相对于输入数据量是常数，则称此算法是原地工作。在许多实际问题中，为了减少算法所占存储空间，通常采用压缩存储技术，以减少不必要的辅助空间。所以，算法的空间复杂度是指在算法执行过程中需要的辅助空间的大小，即除算法本身和输入、输出数据所占空间外，算法临时开辟的存储空间的大小。辅助空间的大小也应是输入规模的函数，通常记为

$$S(n)=O(f(n))$$

式中，n 为输入规模。

6.2　数 据 结 构

计算机的基础功能是对数据进行处理，现实世界中产生的大量数据只有经过计算机存储才能进行后续处理与利用，大量的数据元素在计算机中如何组织才能提高数据处理的效率，并且节省计算机的存储空间，是计算机进行数据处理的关键问题。

6.2.1　数据结构的基本概念

数据结构是相互之间存在一种或多种特定关系的数据元素的集合。从定义上可知，

数据结构包含两个要素，即数据和结构。

数据是信息的载体，能被计算机程序识别、存储、加工和处理。数据元素是数据中的一个“个体”，是数据的基本组织单位。一般来说，这些数据元素具有某个共同的特征。

结构是数据结构研究的重点。数据结构根据数据元素之间不同特性的关系，通常可以归纳为 4 类：线性结构、树形结构、图形结构和集合结构，如图 6-1 所示。

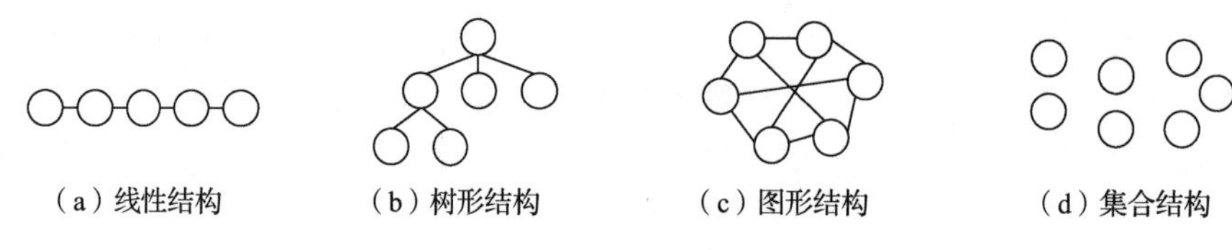

图 6-1　4 类数据结构

有时也将数据结构分为两大类，即线性结构和非线性结构。其中，树形结构、图形结构和集合结构都属于非线性结构。显然，在非线性结构中，各数据元素之间的前后件关系比线性结构复杂，因此对非线性结构的存储与处理比线性结构复杂得多。

数据结构主要研究以下 3 个方面的内容。

（1）数据集合中各数据元素之间所固有的逻辑关系，即数据的逻辑结构。

（2）在对数据进行处理时，各数据元素在计算机中的存储关系，即数据的存储结构（物理结构）。

（3）对各种数据结构进行的运算。

6.2.2　逻辑结构和存储结构

1. 逻辑结构

数据的逻辑结构是指各个数据元素之间的逻辑关系，是呈现在用户面前的、能感知到的数据元素的组织形式。数据的逻辑结构有两个要素：一是数据元素的集合；二是数据元素之间的关系，它反映了数据元素之间的前后件关系。所以，数据结构形式上可以采用一个二元组来定义，定义形式为 $B=(D,R)$，其中 B 为数据结构，D 为数据元素的有限集，R 为 D 上关系的有限集。例如，把一年四季看作一个数据结构，则可表示为

$$B=(D,R)$$
$$D=\{\text{春季},\text{夏季},\text{秋季},\text{冬季}\}$$
$$R=\{(\text{春季},\text{夏季}),(\text{夏季},\text{秋季}),(\text{秋季},\text{冬季})\}$$

2. 存储结构

数据的存储结构（物理结构）是数据的逻辑结构在计算机中的实现。

数据元素值在数据域中以二进制的存储形式表示，而数据元素之间逻辑关系的存储形式通常有以下 4 种方式。

（1）顺序存储方式：主要用于线性数据结构，是将所有的数据元素存放在一片连续的存储空间中，并使逻辑上相邻的数据元素对应的物理位置也相邻，结点之间的关系由存储单元的邻接关系来体现。

（2）链式存储方式：数据元素可以存储在任意的物理位置上。在每个结点中至少包

含一个指针域，用指针来体现数据元素之间逻辑上的联系。

（3）索引存储方式：在存储数据元素的同时增设了一个索引表。索引表的每一项均包括关键字和地址，其中关键字是能够唯一标识一个数据元素的数据项，地址是指数据元素的存储地址或存储区域的首地址。

（4）散列存储方式：又称哈希存储，是指将数据元素存储在一片连续的区域内，每一个数据元素的具体存储地址是根据该数据元素的关键字值，通过散列（哈希）函数直接计算出来的。

6.3　线　性　表

线性表是一种最常用、最简单，也是最基础的数据结构，是学习其他数据结构的基础。线性表在计算机中可以用顺序存储和链式存储两种存储结构来表示。

6.3.1　线性表的基本概念

线性表是由 n（$n \geqslant 0$）个数据元素构成的有限序列，通常表示为（$a_1,a_2,\cdots,a_i,\cdots,a_n$），其中 a_i（$i=1,2,\cdots,n$）是数据对象的元素，通常又称其为线性表中的一个结点。例如，26 个英文字母的字母表（A,B,C,⋯,Z）是一个长度为 26 的线性表，其中的数据元素是单个字母字符。对于同一个线性表，其每一个数据元素的值虽然不同，但必须有相同的数据类型；同时，数据元素之间具有一种线性的或“一对一”的逻辑关系。非空线性表有以下几个特点。

（1）有且只有一个根结点，即结点 a_1，其无前件（直接前驱）。

（2）有且只有一个终端结点，即结点 a_n，其无后件（直接后继）。

（3）除根结点与终端结点外，其他所有结点有且只有一个前件，也有且只有一个后件。

结点个数 n 称为线性表的长度，当 $n=0$ 时的线性表称为空表。

6.3.2　线性表的顺序存储结构及其实现

1. 线性表的顺序存储结构

线性表的顺序存储是用一组地址连续的存储单元依次存储线性表的数据元素。

因为线性表中所有数据元素的类型是相同的，所以每一个数据元素在存储区占用相同大小的空间。假设线性表中第一个数据元素的存储地址为 $LOC(a_1)$，每一个数据元素占 kB，则线性表中第 i 个元素 a_i 在计算机存储空间的存储地址为

$$LOC(a_i)=LOC(a_1)+(i-1)k$$

在计算机中，线性表的顺序存储结构如图 6-2 所示。

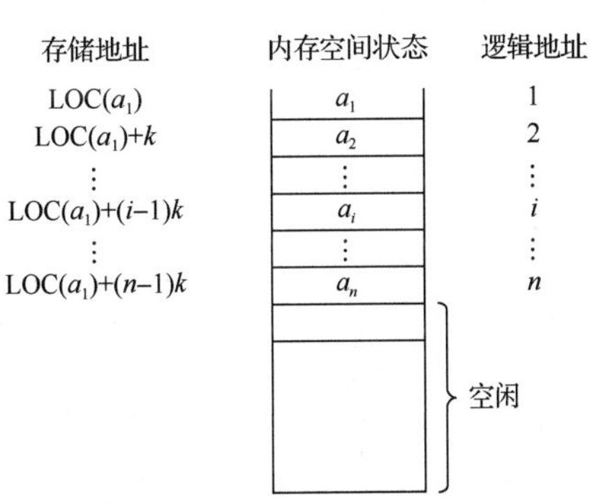

图 6-2　线性表的顺序存储结构

2. 顺序表的基本操作的实现

1）顺序表的插入操作

在顺序表上进行插入操作的基本要求是，在已知顺序表中的第 i（$1\leqslant i\leqslant n$）个元素之前插入一个新元素时，首先将从最后一个（第 n 个）元素开始到第 i 个元素的（$n-i+1$）个元素依次向后移动一个位置，移动结束后，第 i 个位置就被空出，然后将新元素插入第 i 项，且表长增加 1。

例如，在线性表 $L=(a_1,\cdots,a_{i-1},a_i,a_{i+1},\cdots,a_n)$中的第 i（$1\leqslant i\leqslant n$）个位置上插入一个新结点 e，使其成为线性表 $L=(a_1,\cdots,a_{i-1},\mathrm{e},a_i,a_{i+1},\cdots,a_n)$。

顺序表的插入操作的主要实现步骤如下。

（1）判断当前顺序表的存储空间是否已满，若满抛出异常。

（2）将线性表 L 中的第 $i\sim n$ 个结点后移一个位置。

（3）将点 e 插入结点 a_{i-1} 之后。

（4）线性表长度加 1。

该算法的执行时间主要花费在数据元素的移动操作上，所以其时间复杂度为 $O(n)$。

2）顺序表的删除操作

顺序表的删除操作的基本要求是将已知顺序表中的第 i（$1\leqslant i\leqslant n$）个元素 a_i 从顺序表中删除。例如，在线性表 $L=(a_1,\cdots,a_{i-1},a_i,a_{i+1},\cdots,a_n$）中删除结点 a_i（$1\leqslant i\leqslant n$），使其成为线性表 $L=(a_1,\cdots,a_{i-1},a_{i+1},\cdots,a_n)$。

顺序表的删除操作的主要实现步骤如下。

（1）将线性表 L 中的第（$i+1$）$\sim n$ 个结点依次向前移动一个位置。

（2）线性表长度减 1。

该算法的执行时间主要花费在数据元素的移动操作上，所以其时间复杂度为 $O(n)$。

6.4 栈和队列

栈和队列都是特殊的线性表，可看作两种操作受限的特殊线性表。

6.4.1 栈

1. 栈的基本概念

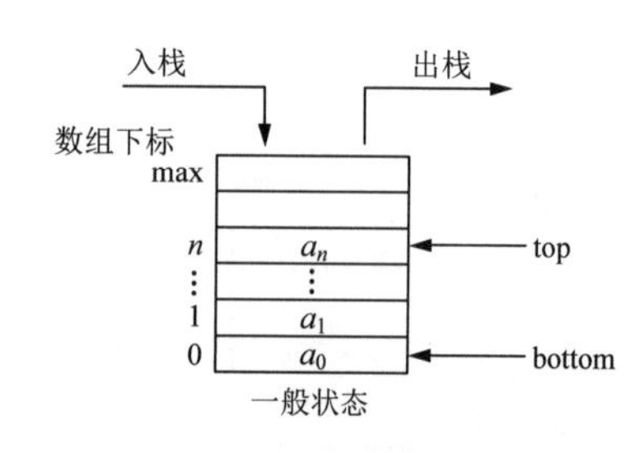

图 6-3 栈操作

栈是限定只在一端进行插入与删除操作的线性表。栈的一端是封闭的，既不允许插入元素，又不允许删除元素；另一端是开放的，允许插入和删除元素。其中，允许进行插入、删除的这一端为栈顶（top），另一端为栈底（bottom）。当栈中没有元素时称其为空栈。通常，将栈的插入操作称为入栈，而将删除操作称为出栈，如图 6-3 所示。

从栈的概念可知，每次最先入栈的数据元素总是

被放在栈底，而每次最先出栈的数据元素总是被放在栈顶。因此，栈是一种后进先出（last in first out，LIFO）或先进后出（first in last out，FILO）的线性表。

2. 栈的基本操作

栈的基本操作有进栈、出栈与读栈顶元素 3 种。

1）进栈

进栈操作是指在栈顶位置插入一个新元素。其过程是先将栈顶指针加 1，然后将新元素放到栈顶指针指向的位置。当栈顶指针指向存储空间的最后一个位置时，说明栈空间已满，不能再进栈，这种情况称为栈“上溢”错误，如图 6-4 所示。

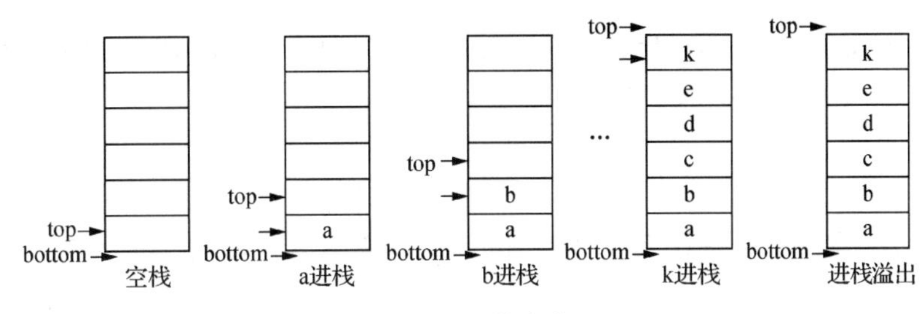

图 6-4　进栈变化

2）出栈

出栈操作是指取出栈顶元素。其过程是先将栈顶指针指向的元素赋给一个指定的变量，然后将栈顶指针减 1。当栈顶指针为 0 时，说明栈空，不能再出栈，这种情况称为栈“下溢”错误，如图 6-5 所示。

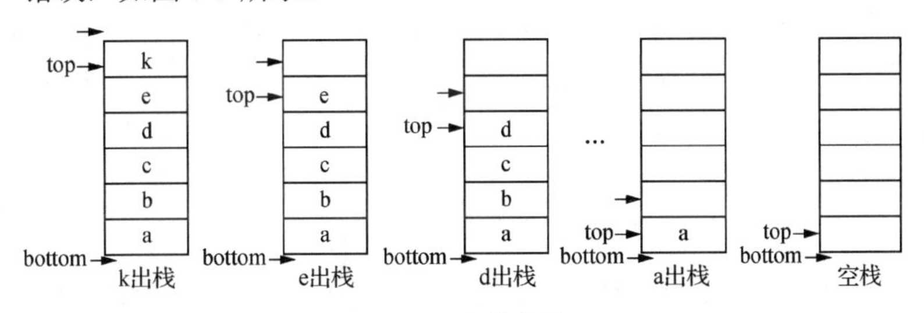

图 6-5　出栈变化

3）读栈顶元素

读栈顶元素即将栈顶元素赋给一个指定的变量。

6.4.2　队列

1. 队列的基本概念

队列是只允许在一端进行删除，在另一端进行插入的线性表。通常将允许删除的一端称为队头（front），允许插入的一端称为队尾（rear），如图 6-6 所示。当队列中没有元素时称其为空队列。

若有队列 $Q=(q_1,q_2,\cdots,q_n)$，那么 q_1 为队头元素（排头元素），q_n 为队尾元素。队列中的元素按照 q_1、q_2、…、q_n 的顺序进入，退出队列也只能按照该顺序依次退出，即只

有在 q_1、q_2、…、q_{n-1} 都退出队列之后，q_n 才能退出队列。因为最先进入队列的元素将最先出队，所以队列具有先进先出（first in first out，FIFO）的特性。队头元素 q_1 是最先被插入的元素，也是最先被删除的元素；队尾元素 q_n 是最后被插入的元素，也是最后被删除的元素。因此，与栈相反，队列又称为先进先出或后进后出（last in last out，LILO）的线性表。

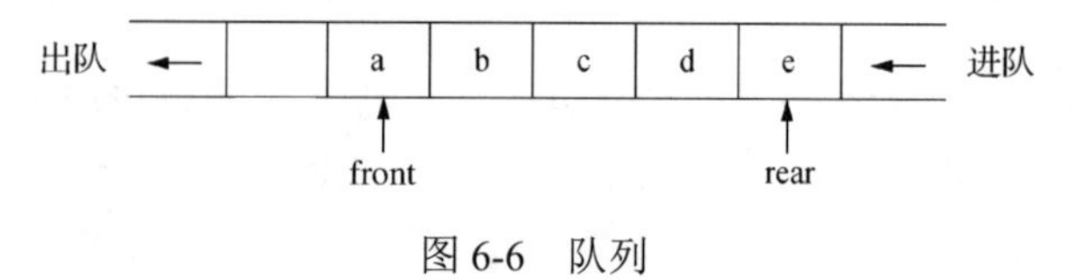

图 6-6 队列

在队列中，队尾指针 rear 与队头指针 front 共同反映了队列中元素动态变化的情况。

2. 队列的基本操作

1）进队

进队操作是向队列队尾插入一个数据元素，即将新元素插入 rear 所指的位置，然后 rear 加 1。

2）出队

出队操作是从队列队头删除一个数据元素，即删除 front 所指的元素，然后 front 加 1，并返回被删元素。

进队、出队操作如图 6-7 所示。

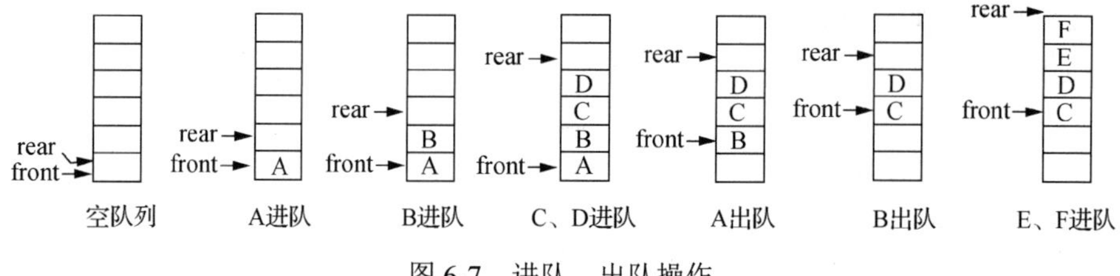

图 6-7 进队、出队操作

由图 6-7 可知，在进队时，将新元素按 rear 指示位置加入，再将队尾指针增加 1，即 rear=rear+1；在出队时，将下标为 front 的元素取出，再将队头指针增加 1，即 front=front+1。在进队和出队操作中，队头、队尾指针只增加不减少，致使被删除元素的空间永远无法重新利用。因此，虽然队列中实际元素个数可能远远小于数组大小，但可能由于队尾指针已超出向量空间的上界而不能做进队操作，这种现象称为“假溢出”。

3. 循环队列及其操作

为充分利用向量空间，避免出现“假溢出”现象，可将为队列分配的向量空间看作一个首尾相接的圆环，并称这种队列为循环队列（circular queue）。将队列存储空间的第一个位置作为队列最后一个位置的下一个位置，供队列循环使用。计算循环队列元素个数的方法为队尾指针减队头指针，若为负数，再加其容量即可。

循环队列主要有两种基本操作，即进队操作与出队操作。每进行一次进队操作，队尾指针加 1，即 rear+1。当队尾指针 rear=n+1 时，则置 rear=1。每进行一次出队操作，队头指针就加 1，即 front+1。当队头指针 front=n+1 时，则置 front=1。

为了能区分队列是满还是空，通常还需要增加一个标志 s，s 值的定义为

$$s=\begin{cases}0 & \text{表示队列为空}\\ 1 & \text{表示队列非空}\end{cases}$$

由此可以得出队列空与队列满的条件：队列空的条件为 s=0；队列满的条件为 s=1，且 front=rear。

6.5　线 性 链 表

线性表主要有两种存储结构，即顺序存储和链式存储。前面已介绍了线性表的顺序存储，本节讲解线性表的链式存储。

6.5.1　线性链表的基本概念

1. 线性链表的概念

线性表的顺序存储结构具有简单、操作方便等优点，但在进行插入或删除操作时需要移动大量的元素。因此，对于规模较大的线性表，特别是元素变动频繁的大线性表不宜采用顺序存储结构，而应采用链式存储结构。

在链式存储结构中，存储数据结构的存储空间可以不连续，各数据结点的存储顺序与数据元素之间的逻辑关系可以不一致。链式存储方式既可用于表示线性结构，又可用于表示非线性结构。

在链式存储结构中，要求每个结点由两部分组成，一部分用于存放数据元素值，称为数据域；另一部分用于存放指针，称为指针域。其中，指针用于指向该结点的前一个或后一个结点（前件或后件）。

通常将采用链式存储结构的线性表称为线性链表。线性链表中存储结点的结构如图 6-8 所示。

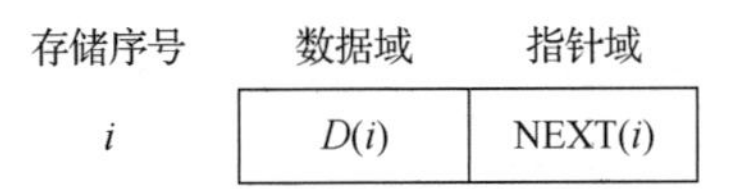

图 6-8　线性链表中存储结点的结构

在线性链表中，用一个专门的指针 H（称为头指针）指向第一个数据元素的结点（存放线性表中第一个数据元素的存储结点的序号）。从头指针开始，沿着线性链表各结点的指针可以扫描到链表中的所有结点。线性表中最后一个元素没有后件，因此线性链表中最后一个结点的指针域为空（用∧、NULL 或 0 表示），表示链表终止，如图 6-9 所示。当头指针 H=NULL（或 0）时，称其为空表。

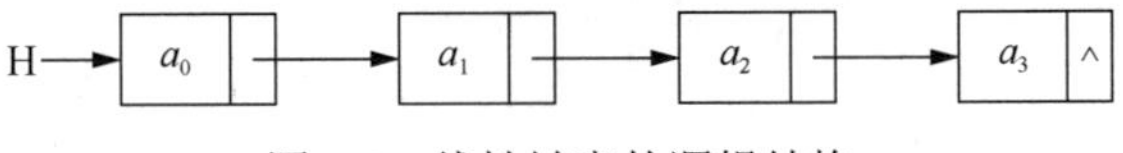

图 6-9　线性链表的逻辑结构

每一个存储结点只有一个指针域的线性链表称为单链表。在某些应用中，对线性链

表中的每个结点设置两个指针：一个称为左指针，用于指向其前件；另一个称为右指针，用于指向其后件，这样的线性链表称为双向链表。

2. 带链的栈

栈是一种线性表，也可以采用链式存储结构，如图 6-10 所示。带链的栈可以用来收集计算机存储空间中所有空闲的存储结点，这种带链的栈称为可利用栈。

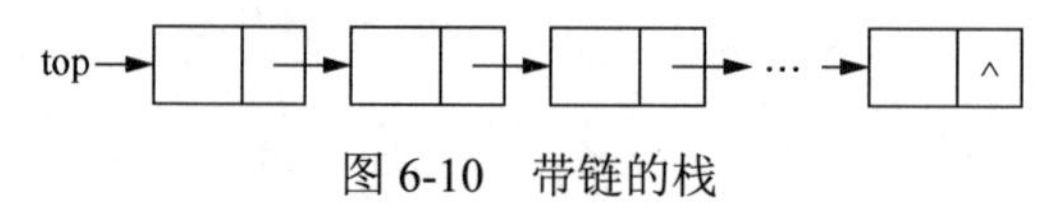

图 6-10　带链的栈

3. 带链的队列

与栈类似，队列也可以采用链式存储结构表示，如图 6-11 所示。带链的队列就是用一个单链表来表示队列，队列中的每一个元素对应链表中的一个结点。

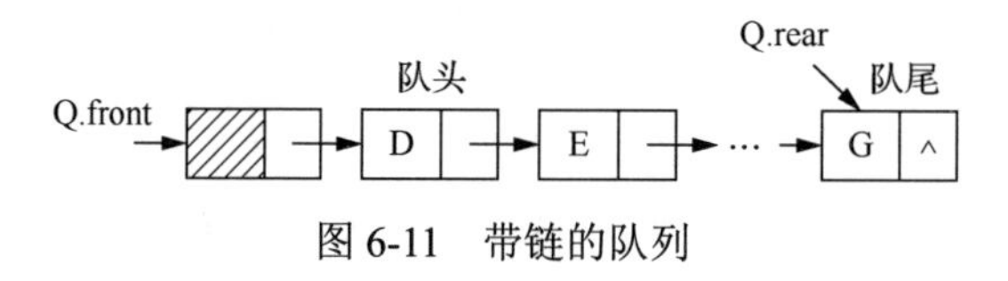

图 6-11　带链的队列

6.5.2 对线性链表的基本操作

1. 在线性链表中查找指定的元素

查找指定元素所处的位置是进行插入和删除等操作的前提。在线性链表中查找指定元素必须从头指针指向的结点开始向后沿指针域 NEXT 进行扫描，直到后面已经没有结点或找到指定元素为止，而不能像顺序表那样只要知道元素序号就可直接访问相应序号结点。因此，线性链表不是随机存取结构。

2. 线性链表的插入操作

线性链表的插入操作是指在线性链表中的指定位置插入一个新的元素。为了在线性链表中插入一个新元素，首先需要为该元素申请一个新结点，以存储该元素的值；然后将存放新元素值的结点链接到线性链表中指定的位置，如图 6-12 所示。

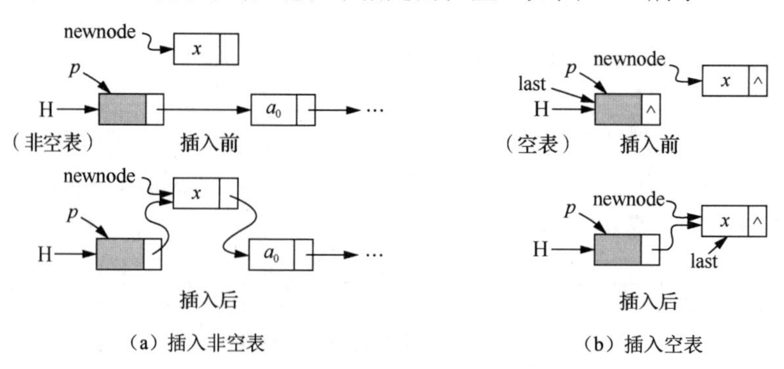

图 6-12　线性链表的插入操作

3. 线性链表的删除操作

线性链表的删除操作是指在线性链表中删除包含指定元素的结点。

为了在线性链表中删除包含指定元素的结点，首先在线性链表中找到该结点，然后将需要删除的结点释放，以便以后再次利用，如图 6-13 所示。

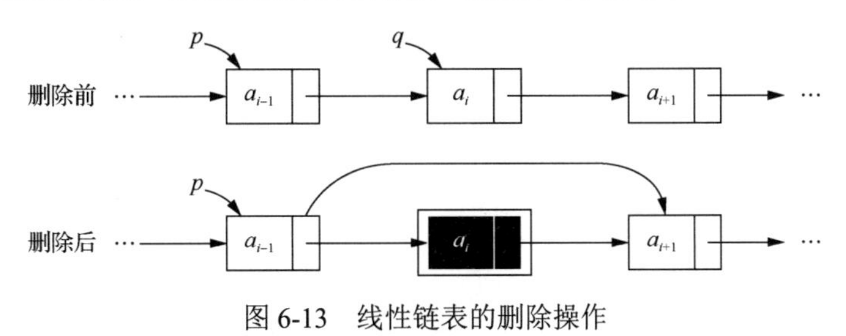

图 6-13　线性链表的删除操作

6.6　树与二叉树

树形结构是一种非常重要的非线性结构，其在现实中广泛存在，是很多事物与关系的抽象模型。

6.6.1　树的基本概念

在树形结构中，所有数据元素之间的关系具有明显的层次特性，并以分支关系定义了层次结构，如图 6-14 所示。

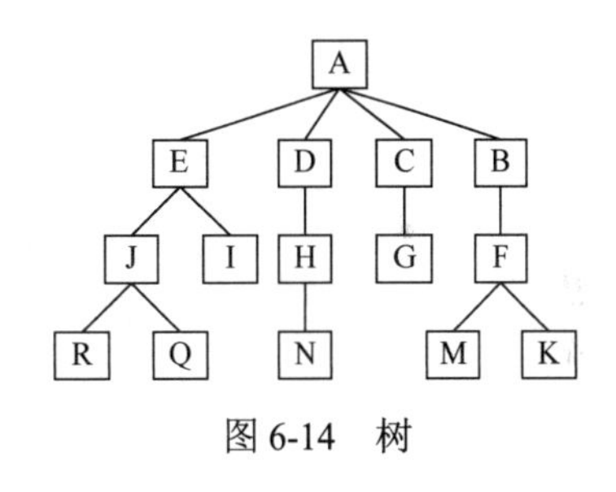

图 6-14　树

树中每一个结点只有一个前件，称为父结点。没有前件的结点只有一个，称为树的根结点，简称树的根。例如，结点 A 是树的根结点（图 6-14）。每一个结点可以有多个后件，它们都称为该结点的子女结点。没有后件的结点称为叶子结点。

6.6.2　二叉树的基本概念与基本性质

1. 二叉树的基本概念

二叉树是一种很重要的非线性结构，具有以下两个特点。

（1）非空二叉树只有一个根结点。

（2）每一个结点最多有两棵子树，两棵子树分别称为该结点的左子树和右子树。在二叉树中，每一个结点的度最大为 2，即所有子树（左子树或右子树）也均为二叉树。另外，二叉树中的每一个结点的子树被明显地分为左子树和右子树。

在二叉树中，一个结点可以只有左子树而没有右子树，也可以只有右子树而没有左子树。当一个结点既没有左子树又没有右子树时，该结点即为叶子结点。

2. 二叉树的基本性质

二叉树具有以下几个性质。

（1）在二叉树的第 k 层上最多有 2^{k-1}（$k \geqslant 1$）个结点。

（2）深度为 m 的二叉树最多有（2^m-1）个结点。

（3）在任意一棵二叉树中，度为 0 的结点（叶子结点）总是比度为 2 的结点多一个。

（4）具有 n 个结点的二叉树，其深度至少为 $\lfloor \log_2 n \rfloor + 1$，其中，$\lfloor \log_2 n \rfloor$ 表示不大于 $\log_2 n$ 的最大整数。

3. 满二叉树与完全二叉树

满二叉树是指除最后一层外，其余每一层上的所有结点都有两个子结点的二叉树。在满二叉树中，每一层上的结点数都达到最大值，即在满二叉树的第 k 层上有 2^{k-1} 个结点，且深度为 m 的满二叉树有（2^m-1）个结点，如图 6-15（a）所示。

完全二叉树是指除最后一层外，每一层上的结点数均达到最大值，在最后一层上只缺少右边的若干结点的二叉树。对于完全二叉树来说，叶子结点只可能在层次最大的两层上出现。对于任何一个结点，若其右分支下的子孙的最大层次为 p，则其左分支下的子孙的最大层次必为 p 或 $p+1$，如图 6-15（b）所示。

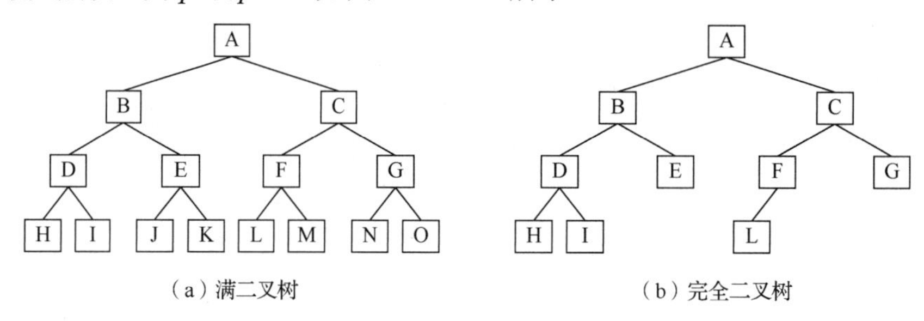

图 6-15　满二叉树和完全二叉树

完全二叉树具有以下两个性质。

（1）具有 n 个结点的完全二叉树的深度为 $\lfloor \log_2 n \rfloor + 1$。

（2）设完全二叉树共有 n 个结点，如果从根结点开始按层次（每一层从左到右）用自然数 1、2、…、n 为结点编号，则对于编号为 k（k=1,2,…,n）的结点有以下结论。

① 若 k=1，则该结点为根结点，其没有父结点；若 k>1，则该结点的父结点编号为 k/2。

② 若 $2k \leqslant n$，则编号为 k 的结点的左子结点编号为 $2k$；否则，该结点无左子结点（显然也没有右子结点）。

③ 若 $2k+1 \leqslant n$，则编号为 k 的结点的右子结点编号为 $2k+1$；否则，该结点无右子结点。

6.6.3　二叉树的遍历

在遍历二叉树的过程中，一般先遍历左子树，再遍历右子树。在先左后右的原则下，根据访问根结点的次序，二叉树的遍历分为 3 类，即前序遍历、中序遍历和后序遍历。

（1）前序遍历：先访问根结点，然后遍历左子树，最后遍历右子树；并且，在遍历左子树、右子树时，仍需要先访问根结点，然后遍历左子树，最后遍历右子树。

（2）中序遍历：先遍历左子树，然后访问根结点，最后遍历右子树；并且，在遍历左子树、右子树时，仍然先遍历左子树，然后访问根结点，最后遍历右子树。

（3）后序遍历：先遍历左子树，然后遍历右子树，最后访问根结点；并且，在遍历左子树、右子树时，仍然先遍历左子树，然后遍历右子树，最后访问根结点。

6.7　查　　找

查找是数据处理中常见的一种操作。查找就是在某种数据结构中找出满足指定条件的元素。由于数据结构是算法的基础，对于不同的数据结构，应选用不同的查找算法，以获得较高的查找效率。

6.7.1　顺序查找

顺序查找是最简单的查找方法，其基本思想是从线性表的第 1 个元素开始，逐个将线性表中的元素与被查元素进行比较，如果相等，则查找成功，停止查找；若整个线性表扫描完毕仍未找到与被查元素相等的元素，则表示线性表中没有需要查找的元素，查找失败。

顺序查找算法的时间复杂度分析如下。

（1）最好情况下：第 1 个元素就是需要查找的元素，则比较次数为 1 次。

（2）最坏情况下：最后一个元素是需要查找的元素，或在线性表中没有需要查找的元素，则需要与线性表中所有的元素比较，比较次数为 n 次。

（3）平均情况下：需要比较 $n/2$ 次，因此查找算法的时间复杂度为 $O(n)$。

顺序查找虽然效率很低，但在下列两种情况下只能采用这种方法。

（1）如果线性表为无序表，则无论是顺序存储结构还是链式存储结构，只能用顺序查找。

（2）即使是有序线性表，如果采用链式存储结构，也只能用顺序查找。

6.7.2　二分法查找

二分法查找又称折半查找，是一种高效的查找方法。能使用二分法查找的线性表必须满足使用顺序存储结构和线性表是有序表两个条件。

有序是特指元素按非递减顺序排列，即从小到大排列，且允许相邻元素相等。6.8 节中的有序的含义也是如此。

对于长度为 n 的有序线性表，利用二分法查找元素 X 的过程如下。

（1）将 X 与线性表的中间项比较。

（2）如果 X 的值与中间项的值相等，则查找成功，结束查找。

（3）如果 X 的值小于中间项的值，则在线性表的前半部分以二分法继续查找。

（4）如果 X 的值大于中间项的值，则在线性表的后半部分以二分法继续查找。

顺序查找每比较一次，只将查找范围减少 1；而二分法查找每比较一次，可将查找范围减少为原来的一半，效率大大提高。

对于长度为 n 的有序线性表，在最坏情况下，二分法查找只需要比较 $\log_2 n$ 次，而顺序查找需要比较 n 次。

6.8 排　　序

排序是数据处理中一种非常重要的操作，其目的是提高查找效率。排序是指将一个无序序列整理成按值非递减顺序排列的有序序列。排序的方法有很多种，根据待排序序列的规模及对数据处理的要求，可以采用不同的排序方法。

6.8.1 交换类排序法

交换类排序法是指通过数据元素之间的互相交换进行排序的一种方法。冒泡排序法与快速排序法都属于交换类排序法。

1. 冒泡排序法

冒泡排序法是最简单的一种交换类排序法。

首先，将第 1 个元素和第 2 个元素进行比较，若为逆序（在数据元素的序列中，对于某个元素，如果其后存在一个元素小于它，则称为存在一个逆序），则进行交换；然后，对第 2 个元素和第 3 个元素进行同样的操作。依此类推，直到倒数第 2 个元素和最后 1 个元素完成比较或交换为止，其结果是将最大的元素交换到了整个序列的尾部。该过程称为第 1 趟冒泡排序。而第 2 趟冒泡排序是在除去最大元素的子序列中从第 1 个元素起重复上述过程，直到整个序列变为有序为止。排序过程中，小元素好比水中气泡逐渐上浮，而大元素好比石头逐渐下沉，冒泡排序法因此得名。

假设初始序列的长度为 n，冒泡排序法最多需要经过（$n-1$）趟排序，需要比较的最多次数为 $n(n-1)/2$。

2. 快速排序法

快速排序法是一种可以通过一次交换而消除多个逆序的排序方法。

任取待排序序列中的某个元素对象作为基准（通常取第 1 个元素），按照该元素值的大小将整个序列划分为左、右两个子序列（该过程称为分割）。其中，左侧子序列中所有元素的值都小于或等于基准对象元素的值，右侧子序列中所有元素的值都大于基准对象元素的值，基准对象元素排在这两个子序列中间（这也是该对象最终应该被安放的位置），然后分别对这两个子序列重复进行上述过程，直到所有对象都排在相应位置为止。

快速排序的平均时间复杂度为 $O(n\log_2 n)$。最坏时间复杂度为 $O(n^2)$，即每次划分只得到一个子序列。

6.8.2 插入类排序法

插入类排序法是指将无序序列中的各元素依次插入已经有序的线性表中。

1. 简单插入排序法

简单插入排序法是将一个新元素插入已经排好序的有序序列中，元素的个数增 1，并成为新的有序序列。

简单插入排序法最多需要比较 $n(n-1)/2$ 次。

2. 希尔排序法

希尔排序法是将整个初始序列分割成若干子序列，对每个子序列分别进行简单插入排序，最后对全体元素进行一次简单插入排序。由此可见，希尔排序法也是一种插入排序法。

希尔排序法最多需要比较 $O(n^{1.5})$ 次。

6.8.3　选择类排序法

选择类排序法的基本思想是每一趟排序过程都是在当前位置后面剩下的待排序对象中选出元素值最小的对象，并放到当前位置上。

1. 简单选择排序法

简单选择排序法的基本思想是在 n 个待排序的数据元素中选择元素值最小的元素，若其不是这组元素中的第 1 个元素，则将其与这组元素中的第 1 个元素交换，在剩下的（$n-1$）个元素中选出最小的元素与第 2 个元素交换，重复这样的操作，直到所有元素有序为止。

简单选择排序法最多需要比较 $n(n-1)/2$ 次。

2. 堆排序法

堆的定义如下。

对于具有 n 个元素的序列 $(a_1,a_2,\cdots,a_n)$，将元素按顺序组成一棵完全二叉树，当且仅当满足下列条件时称为堆：

$$\begin{cases} a_i \geqslant a_{2i} \\ a_i \geqslant a_{2i+1} \end{cases} \quad 或 \quad \begin{cases} a_i \leqslant a_{2i} \\ a_i \leqslant a_{2i+1} \end{cases}$$

式中，$i = 1,2,\cdots,n/2$。

满足左侧式中要求的称为大根堆，所有结点的值大于或等于左子结点、右子结点的值；满足右侧要求的称为小根堆，所有结点的值小于或等于左子结点、右子结点的值。这里只讨论大根堆的情况。

1）调整建堆

在调整建堆的过程中，总是将根结点值与左子树、右子树的根结点值进行比较，若不满足堆的条件，则将左子树、右子树根结点值中大的与根结点进行交换。该调整过程从根结点开始一直延伸到所有叶子结点，直到所有子树均为堆为止。

2）堆排序法的操作

根据堆的定义和堆的调整过程，可以得到堆排序的操作步骤，具体如下。

（1）将一个无序序列建成堆。

（2）将堆顶元素与堆中最后一个元素交换，并将除了已经换到最后的那个元素之外的其他元素重新调整为堆。

（3）反复执行第（2）步，直到所有元素都完成交换为止，从而得到一个有序序列。

堆排序法对于规模较小的线性表并不适合，但对于较大规模的线性表来说却非常有效。

堆排序法最多需要比较 $O(n\log_2 n)$ 次。

对比以上几种方法（除希尔排序法外），堆排序法的时间复杂度最小。

第 7 章

程序设计基础与软件工程

程序设计是给出解决特定问题程序的过程，是软件构造活动中的重要组成部分。程序设计往往以某种程序设计语言为工具，给出这种语言下的程序。程序设计过程包括分析、设计、编码、测试、排错等阶段。

7.1 程序设计基础

本节主要介绍程序设计方法，结构化程序设计的原则、基本结构，以及面向对象方法的基本概念。

7.1.1 程序设计方法

程序设计是指设计、调试程序的方法和过程。程序设计并不等同于通常意义上的编程，其由多个步骤组成，编程只是其过程中的一部分。程序的质量主要受程序设计方法、技术和程序设计风格的影响。

程序是由程序员编写的，为了测试和维护程序，往往还需要阅读和跟踪程序，因此程序设计的风格应该简单、清晰，程序必须是可以理解的。

养成良好的程序设计风格主要考虑的因素有：①源程序文档化；②数据说明的方法；③语句的结构；④输入和输出。

1. 源程序文档化

源程序文档化是指在源程序中可包含一些内部文档，以帮助阅读和理解源程序。源程序文档化应考虑以下几点。

（1）符号名的命名：应具有一定的实际含义，以便理解程序功能。

（2）程序注释：在源程序中添加正确的注释，可帮助人们理解程序。程序注释可分为序言性注释和功能性注释。其语句结构应清晰第一，效率第二。

（3）视觉组织：通过在程序中添加一些空格、空行和缩进等，使程序的结构一目了然。

2. 数据说明的方法

为使程序中的数据说明易于理解和维护，可采用表 7-1 所示的数据说明风格。

表 7-1 数据说明风格

数据说明风格	详细说明
次序应规范化	使数据说明次序固定、数据的属性容易查找，有利于测试、排错和维护
变量安排有序化	当多个变量出现在同一条说明语句中时，变量名应按字母顺序排序，以便于查找
使用注释	在定义一个复杂的数据结构时，应通过注解来说明该数据结构的特点

3. 语句的结构

程序语句的结构应该简单易懂。保证程序的清晰性是程序设计过程的重要目标，语句应简明、直接，不应一行多句、用否定的逻辑条件、在语句中使用不必要的技巧，以防给工作带来麻烦。复杂的表达式应用括号表示运算的优先次序，以防造成误解。不要只求执行速度，而忽略了程序的简明性、清晰性。

4. 输入和输出

输入和输出与用户的使用直接相关，输入和输出方式及格式应尽可能方便用户，避免因设计不当给用户使用带来麻烦。应能根据用户的不同类型、特点和要求设计输入方案。输入数据的格式应力求简单，并有完备的出错检查和恢复措施。

7.1.2 结构化程序设计

软件危机的出现，促使人们开始研究程序设计方法。在各种程序设计方法中，较受关注的是结构化程序设计方法，其引入了工程思想和结构化思想，使大型软件的开发和编程得到了极大改善。

1. 结构化程序设计的原则

结构化程序设计的主要原则为自顶向下、逐步求精、模块化和限制使用 goto 语句。

（1）自顶向下：先考虑整体，再考虑细节；先考虑全局目标，再考虑局部目标。

（2）逐步求精：对复杂问题应设计一些子目标作为过渡，逐步细化。

（3）模块化：把程序需要解决的总目标分解为多个分目标，再进一步分解为具体的小目标，把每个小目标称为一个模块。

（4）限制使用 goto 语句：在程序开发过程中应限制使用 goto 语句。

2. 结构化程序的基本结构与特点

结构化程序是只使用顺序、选择和循环 3 种结构组成的程序。这 3 种结构的共同特征是严格地只有一个入口和一个出口。

1）顺序结构

顺序结构是最基本、最普通的结构形式，其按照程序中的语句行的先后顺序逐条执行，如图 7-1 所示，执行完语句序列 A 后，再执行语句序列 B。这里所说的序列由一条或若干条不产生控制转移的语句组成。

2）选择结构

选择结构又称分支结构，包括简单选择结构和多分支选择结构。在选择结构中通过对给定条件的判断来选择一个分支执行，如图 7-2 所示。当条件为真时，执行语句序列 1；当条件为假时，执行语句序列 2。无论何种选择结构，语句序列 1 和语句序列 2 都不能同时执行。

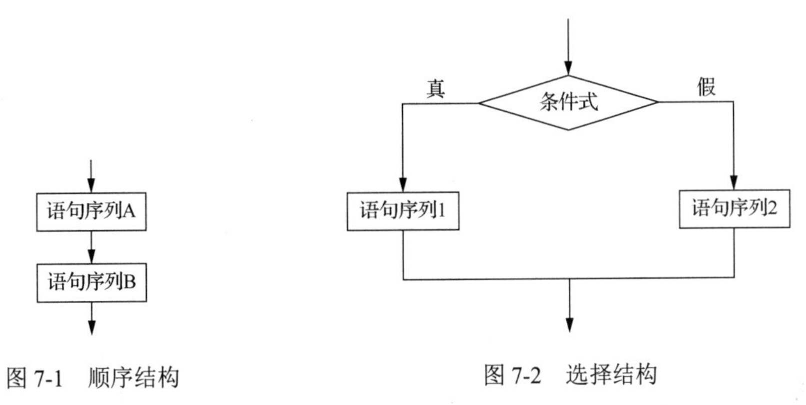

图 7-1　顺序结构　　图 7-2　选择结构

3）循环结构

在循环结构中，根据给定的条件，判断是否应重复执行某一相同的或类似的程序段。在程序设计语言中，循环结构对应两类循环语句，一类是先判断、后执行的循环体，称为当型循环结构，如图 7-3 所示；另一类是先执行循环体、后判断的语句，称为直到型循环结构，如图 7-4 所示。

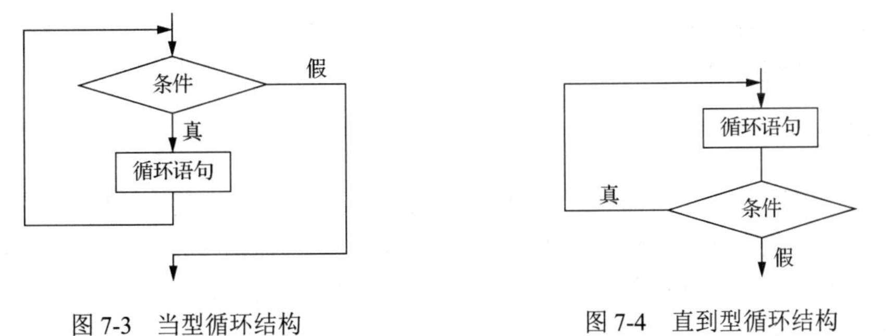

图 7-3　当型循环结构　　图 7-4　直到型循环结构

7.1.3　面向对象方法

对于面向对象方法，人们对其概念有许多不同的观点。但是，无论何种观点，都涵盖对象及对象属性与方法、类、消息、继承、多态性等几个基本要素。下面分别介绍面向对象方法中的几个基本概念，这些概念是理解和使用面向对象方法的基础和关键。

1. 对象及对象属性与方法

对象是面向对象方法中最基本的概念。对象可以用来表示客观世界中的任何实体，既可以是具体的物理实体的抽象，又可以是人为的概念，或是任何有明确边界和意义的对象，如书本、课桌、老师、计算机等都可看作一个对象。

客观世界中的实体通常既具有静态属性，又具有动态行为。因此，面向对象方法中的对象是由该对象属性的数据，以及对这些数据施加的所有操作封装在一起构成的统一体。通常把对对象的操作称为方法或服务。属性即对象所包含的信息，在设计对象时确定，一般只能通过执行对象的操作来改变。属性值是指纯粹的数据值，而不能指对象。

对象具有标志唯一性、分类性、多态性、封装性和模块独立性等特征。

（1）标志唯一性：对象是可区分的，并且由对象的内在本质来区分，而不是通过描述来区分。

（2）分类性：可以将具有相同属性和操作的对象抽象成类。

（3）多态性：同一个操作可以是不同对象的行为。

（4）封装性：从外面只能看到对象的外部特性，即只需要知道数据的取值范围和可以对该数据施加的操作，无须知道数据的具体结构及实现操作的算法。对象的内部，即处理能力的实行情况和内部状态对外是不可见的。从外面不能直接使用对象的处理能力，也不能直接修改其内部状态，对象的内部状态只能由其自身改变。

（5）模块独立性：它是指对象是面向软件的基本模块，是由数据及可以对这些数据施加的操作所组成的统一体，而且对象是以数据为中心的，操作根据对数据需要做的处理来设置，没有无关的操作。因此对象具有模块的独立性，使得对象内部各种元素彼此结合得很紧密，内聚性强。

2. 类和实例

类是具有共同属性、共同方法的对象的集合，描述了属于该对象类型的所有对象的性质，而一个对象是其类中的一个实例。

由类的定义可知，类是关于对象性质的描述，同对象一样，包括一组数据属性和在数据上的一组合法操作。

3. 消息

消息是实例之间传递的信息，这些信息通常请求对象执行某一处理或回答某一要求，同时，消息具有统一数据流和控制流的功能。消息只通知接收对象需要完成什么操作，但并不指示怎样完成操作。消息完全由接收者解释，接收者独立决定用什么方法来完成所需的操作。

一个对象能够接收不同形式和内容的多个消息。相同形式的消息可以送往不同的对象，不同的对象对于形式相同的消息可以有不同的解释，能够做出不同的反应。一个对象可以同时向多个对象传递消息，两个对象也可以同时向某一个对象传递消息。

一个消息由 3 部分组成，即接收消息的对象的名称、消息标识符（消息名）和零个或多个参数。

4. 继承

广义地说，继承是指能够直接获得已有的性质和特征，而不必重复定义它们。

面向对象的软件技术的许多强大功能和突出优点都来源于把类组成一个层次结构系统，即一个类的上层可以有父类，下层可以有子类。这种层次结构系统的一个重要性质是继承性，一个类直接继承其父类的描述（数据和操作）或特性，子类自动地共享基类中定义的数据和方法。

继承分为单继承与多重继承。单继承是指一个类只允许有一个父类，即类等级为树形结构；多重继承是指一个类允许有多个父类，多重继承的类可以组合多个父类的性质构成所需要的性质。

继承性的优点是相似的对象可以共享程序代码和数据结构，从而大大减少了程序中的冗余信息，提高了软件的可重用性，便于软件修改和维护。

5. 多态性

对象根据所接收的消息而做出动作，同样的消息被不同的对象接收时可导致完全不同的动作，该现象称为多态性。在面向对象的软件技术中，多态性是指子类对象可以像父类对象那样使用，同样的消息既可以发送给父类对象，又可以发送给子类对象。

7.2　软件工程的基本概念及软件生命周期

本节主要介绍软件的基本特点、软件危机、软件工程、软件生命周期和软件开发工具与环境。

7.2.1　软件的定义与特点

1. 软件的定义

软件是指计算机系统中与硬件相互依存的部分，是程序、数据和相关文档的完整集合。

（1）程序是软件开发人员根据用户需求开发的、用程序设计语言描述的、适合计算机执行的指令序列。

（2）数据是所有能输入计算机并被计算机程序处理的符号的介质的总称，是输入计算机进行处理的，具有一定意义的数字、字母、符号和模拟量等的通称。

（3）文档是与程序的开发、维护和使用有关的图文资料。

可见，软件由两部分组成，即机器可执行的程序和数据，以及机器不可执行的，与软件开发、运行、维护、使用等有关的文档。

2. 软件的特点

软件具有以下几个特点。

（1）软件是一种逻辑实体，具有抽象性。

（2）软件没有明显的制作过程。

（3）软件在使用期间不存在磨损、老化问题。

（4）软件对硬件和环境具有依赖性。

（5）软件复杂性高，成本高。

（6）软件开发涉及诸多社会因素。

3. 软件的分类

根据应用目标的不同，软件可分为应用软件、系统软件和支撑软件（或工具软件）。

7.2.2 软件危机

软件危机是指在计算机软件的开发和维护过程中所遇到的一系列严重的问题。这些问题不仅仅是不能正常运行的软件才具有的，实际上，绝大多数软件不同程度地存在这些问题。

具体来说，软件危机主要有以下典型表现。

（1）对软件开发成本和进度的估计常常很不准确。

（2）用户对“已完成的”软件系统不满意的现象经常发生。

（3）软件产品的质量往往不好。

（4）软件常常是不可维护的。

（5）软件通常没有适当的文档资料。

（6）软件成本在计算机系统总成本中所占的比例逐年上升。

（7）软件开发生产率提高的速度既跟不上硬件的发展速度，又远远跟不上计算机应用普及、深入的趋势。

以上列举的仅是软件危机的一些明显表现，与软件开发和维护有关的问题远不止这些。在软件开发和维护过程中存在的问题，一方面与软件本身的特点有关，另一方面也与软件开发和维护的方法不正确有关。与软件开发和维护有关的许多错误认识和做法的形成，可以归因于在计算机系统发展的早期阶段软件开发的个体化特点。错误的认识和做法主要表现为忽视软件需求分析的重要性、认为软件开发就是写程序并设法使之运行、轻视软件维护等。

为了消除软件危机，首先应该对计算机软件有一个正确的认识，应该推广使用在实践中总结出来的开发软件的成功技术和方法，并且研究探索更好、更有效的技术和方法，尽快消除在计算机系统早期发展阶段形成的一些错误认识和做法；其次，应该开发和使用更好的软件工具。总之，为了消除软件危机，既应有技术措施（方法和工具），又应有必要的组织管理措施。

7.2.3 软件工程

为了摆脱软件危机，人们提出了软件工程的概念。软件工程学是研究软件开发和维护的普遍原理与技术的一门工程学科。软件工程是指采用工程的概念、原理、技术和方法指导软件的开发和维护。软件工程学的主要研究对象包括软件开发与维护的技术、方法、工具和管理等方面。

软件工程包括 3 个要素，即方法、工具和过程。其中，方法是完成软件工程项目的技术手段；工具支持软件的开发、管理，以及文档的生成；过程支持软件开发各个环节的控制、管理。

7.2.4　软件生命周期

1. 概念

软件产品从提出、实现、使用维护到停止使用退役的过程称为软件生命周期。软件生命周期分为 3 个时期共 7 个阶段。

（1）软件计划时期：包括问题定义、可行性研究和需求分析 3 个阶段。

（2）软件开发时期：包括软件设计、软件实现和软件测试 3 个阶段。

（3）运行维护时期：运行维护阶段。

软件生命周期各个阶段的活动可以有重复，执行时也可以有迭代。

2. 各阶段的主要任务

软件生命周期各阶段的主要任务如表 7-2 所示。

表 7-2　软件生命周期各阶段的主要任务

任务	描述
问题定义	确定要求解决的问题是什么
可行性研究	决定该问题是否存在一个可行的解决办法，制订完成开发任务的实施计划
需求分析	对待开发软件提出的需求进行分析并给出详细定义。编写软件规格说明书及初步的用户手册，提交评审
软件设计	通常又分为概要设计和详细设计两个阶段，给出软件的结构、模块的划分、功能的分配及处理流程。此阶段提交评审的文档有概要设计说明书、详细设计说明书和测试计划初稿
软件实现	在软件设计的基础上编写程序。此阶段完成的文档有用户手册、操作手册等面向用户的文档，以及为下一步做准备而编写的单元测试计划
软件测试	在设计测试用例的基础上，检验软件的各个组成部分，编写测试分析报告
运行维护	将已交付的软件投入运行，同时不断维护，进行必要而且可行的扩充和删改

7.2.5　软件开发工具与软件开发环境

软件开发工具的完善和发展将促进软件开发方法的进步和完善，以及软件开发速度和质量的提高。

软件开发环境又称软件工程环境，是全面支持软件开发全过程的软件工具集合。这些软件按照一定的方法或模式组合起来，支持软件生命周期内的各个阶段和各项任务的完成。计算机辅助软件工程是当前软件开发环境中富有特色的研究工作，也是当前软件开发环境的发展方向。

7.3　结构化分析方法

结构化分析方法是应用广泛的软件工程方法，其采用结构化方法完成软件开发的各项任务，并使用适当的软件工具或软件工程环境支持结构化方法的运用。

本节主要介绍需求分析方法与结构化分析方法、结构化分析方法的常用工具及软件需求规格说明书。

7.3.1 需求分析与需求分析方法

1. 需求分析的任务

需求分析的任务是发现需求、求精、建模和定义需求的过程。需求分析将创建所需的数据模型、功能模型和控制模型。

2. 需求分析阶段的工作

需求分析阶段的工作可以概括为需求获取、需求分析、编写需求规格说明书和需求评审 4 个方面。

1）需求获取

需求获取是指了解用户当前所处的情况，发现用户面临的问题和对目标系统的基本需求；与用户深入交流，对用户的基本需求反复细化、逐步求精，以得出对目标系统的完整、准确和具体的需求。

2）需求分析

需求分析是指对获取的需求进行分析和综合，最终给出系统的解决方案和目标系统的逻辑模型。

3）编写需求规格说明书

需求规格说明书是需求分析的阶段性成果，其可以为用户、分析人员和设计人员之间的交流提供方便，可以直接支持目标系统的确认，又可以作为控制软件开发进程的依据。

4）需求评审

需求评审通常从一致性、完整性、现实性和有效性 4 个方面复审软件需求规格说明书。

3. 需求分析方法

常见的需求分析方法有以下几种。

1）面向数据流的结构化分析方法

面向数据流的结构化分析方法是广为流传的结构化方法。该方法提出了一组提高软件结构合理性的准则，如抽象与分解、模块独立性、信息隐蔽等。

2）面向数据结构的分析方法

面向数据结构的分析方法是 Jackson 提出的。该方法先定义数据结构，然后把数据结构转换为问题的程序结构。

3）面向对象的分析方法

面向对象分析是面向对象软件工程方法的第一个环节，包括一套概念原则、过程步骤、表示方法、提交文档等规范要求。

另外，从需求分析建模的特性来分类，需求分析方法还可分为静态分析方法和动态分析方法。

4. 结构化分析方法的定义

结构化分析方法就是使用数据流图（data-flow diagram，DFD）、数据字典（data

dictionary，DD）、结构化英语、判定表和判定树等工具来建立一种新的、称为结构化规格说明的目标文档。

结构化分析方法的实质是着眼于数据流，自顶向下对系统的功能进行逐层分解，以数据流图和数据字典为主要工具建立系统的逻辑模型。

7.3.2　结构化分析方法的常用工具

1. 数据流图

数据流图是表示系统逻辑模型的图形，即使不是专业的计算机技术人员也容易理解，因此是分析人员与用户之间极好的通信工具。

数据流图的主要图形元素与说明如表 7-3 所示。

表 7-3　数据流图的主要图形元素与说明

图形元素	说明
	加工，又称转换，输入数据经加工、变化产生输出
	数据流，沿箭头方向传送数据的通道，一般在旁边标注数据流名
	存储文件，又称数据源，表示处理过程中存放各种数据的文件
	源/潭，表示系统和环境的接口，属系统之外的实体

2. 数据字典

数据字典是数据流图中所有元素的定义的集合，是结构化分析的核心。数据流图和数据字典共同构成系统逻辑模型：没有数据字典，数据流图就不严格；没有数据流图，数据字典就难以发挥作用。数据字典中有 4 种类型的条目，即数据流、数据项、数据存储和数据加工。

3. 判定表

有些加工逻辑用语言形式不容易表达清楚，而用表的形式则一目了然。如果一个加工逻辑有多个条件、多个操作，并且在不同的条件组合下执行不同的操作，那么可以使用判定表来描述。

4. 判定树

判定树和判定表没有本质的区别，可以用判定表表示的加工逻辑都能用判定树表示。

7.3.3　软件需求规格说明书

软件需求规格说明书是需求分析阶段的最后成果，是软件开发的重要文档之一。其特点是具有正确性、无歧义性、完整性、可验证性、一致性、可理解性、可修改性和可追踪性。

软件需求规格说明书的作用是便于用户与开发人员进行交流，能够帮助用户理解软件的结构与功能，可以作为软件开发工作的基础和依据，也可以作为确认测试和验收的依据。

7.4　结构化设计方法

在需求分析阶段，使用数据流图和数据字典等工具已经建立了系统的逻辑模型，解决了“做什么”的问题。在软件设计阶段，则是解决“怎么做”的问题。本节主要介绍软件工程的软件设计阶段。

7.4.1　软件设计概述

1. 软件设计基础

软件设计是软件工程的重要阶段，是把软件需求转换为软件表示的过程。软件设计的基本目标是用比较抽象概括的方式确定目标系统如何完成预定的任务，即软件设计的目标是确定目标系统的物理模型。

软件设计是软件开发阶段最重要的步骤，有以下两种分类方法。

1）按技术观点分类

软件设计包括结构设计、数据设计、接口设计和过程设计。

（1）结构设计：定义软件系统各主要部件之间的关系。

（2）数据设计：将需求分析时创建的模型转化为数据结构的定义。

（3）接口设计：描述软件内部、软件和协作系统之间，以及软件与人之间如何通信。

（4）过程设计：将系统结构部件转换为软件的过程性描述。

2）按工程管理角度分类

软件设计分两步完成，即概要设计和详细设计。

（1）概要设计：将软件需求转化为软件体系结构，确定系统级接口、全局数据结构或数据库模式。

（2）详细设计：确立每个模块的实现算法和局部数据结构，用适当方法表示算法和数据结构的细节。

2. 软件设计的基本原理

软件设计中应该遵循的基本原理如下。

1）抽象

软件设计中考虑模块化解决方案时，可以定出多个抽象级别，抽象的层次从概要设计到详细设计逐步降低。

2）模块化

模块化是指把一个待开发的软件分解成若干小的、简单的部分。模块化是解决一个复杂问题时自顶向下逐层把软件系统划分成若干模块的过程。

3）信息隐蔽

信息隐蔽是指对一个模块内包含的信息（过程或数据），不需要这些信息的其他模块不能访问。

4）模块独立性

模块独立性是指每个模块只完成系统要求的独立的子功能，并且与其他模块的联系最少且接口简单。模块的独立程度是评价软件设计好坏的重要度量标准。衡量软件的模块独立性使用内聚性和耦合性两个定性的度量标准。

（1）内聚性是度量模块功能强度的一个相对指标。内聚性是从功能角度来衡量模块的联系，其描述的是模块内的功能联系。内聚可以分为多种形式，按内聚度由弱到强依次为偶然内聚、逻辑内聚、时间内聚、过程内聚、通信内聚、顺序内聚、功能内聚。

（2）耦合性度量的是模块之间互相连接的紧密程度。耦合性取决于各个模块之间接口的复杂度、调用方式及通过接口的信息。耦合可以分为多种形式，按耦合度由高到低依次为内容耦合、公共耦合、外部耦合、控制耦合、标记耦合、数据耦合、非直接耦合。

在程序结构中，各模块的内聚性越强，耦合性越弱。一般较优秀的软件设计应尽量做到高内聚、低耦合，即减弱模块之间的耦合性，提高模块的内聚性，从而提高模块的独立性。

7.4.2　概要设计

1. 概要设计的任务

概要设计的基本任务包括设计软件系统结构、数据结构及数据库设计、编写概要设计文档、概要设计文档评审。

常用的软件结构设计工具是结构图（又称程序结构图）。结构图用于描述软件系统的层次和分块结构关系，反映整个系统的功能实现，以及模块与模块之间的联系与通信，是程序的控制层次体系。

在结构图中，矩形表示模块，矩形内注明模块的功能和名称。箭头表示模块间的调用关系，用带注释的箭头表示模块调用过程中来回传递的信息，用带实心圆的箭头表示传递的是控制信息，用带空心圆的箭头表示传递的是数据。

常用的结构图有 4 种模块类型，即传入模块、传出模块、变换模块和协调模块。结构图的有关术语有深度、宽度、扇入、扇出、原子模块等，其中深度指控制的层数，宽度指整体控制跨度（最大模块数的层），扇入指调用一个给定模块的模块个数，扇出指一个模块直接调用的其他模块数，原子模块指树中位于叶子结点的模块。

2. 面向数据流的设计方法

面向数据流的设计方法定义了一些不同的映射方法，利用这些映射方法可以把数据流图变换成用结构图表示的软件结构。

典型的数据流有变换型和事务型两种类型。

（1）变换型数据流是指信息沿输入通路进入系统，同时由外部形式变换成内部形式，进入系统的信息通过变换中心，经加工处理后，再沿输出通路变换成外部形式离开软件系统。

（2）事务型数据流的特点是接收一项事务，根据事务处理的特点和性质，选择分派一个适当的处理单元（事务处理中心），然后给出结果。

3. 设计的准则

大量软件设计实践证明，设计准则包含提高模块独立性，模块规模适中，深度、宽度、扇入和扇出适当，使模块的作用域在该模块的控制域内，减少模块接口和界面的复杂性，设计成单入口、单出口的模块，设计功能可预测的模块。

设计准则可以对设计进行指导，对软件结构图进行优化。

7.4.3 详细设计

详细（过程）设计的任务是为软件结构图中的每一个模块确定实现的算法和局部数据结构，用某种选定的表达工具表示算法和数据结构的细节。

常见的详细设计工具有以下几种。

（1）图形工具：程序流程图、N-S 图、问题分析图（problem analysis diagram，PAD）、HIPO（hierarchy plus input-process-output）图。

（2）表格工具：判定表。

（3）语言工具：过程设计语言（procedure design language，PDL）。

下面讨论几种常用工具。

1. 程序流程图

程序流程图是一种传统的、应用广泛的软件详细设计表示工具，通常又称程序框图。程序流程图表达直观、清晰，易于学习掌握，且独立于任何一种程序设计语言。

构成程序流程图的基本的图符为，箭头表示控制流，矩形表示加工，菱形表示逻辑条件。

2. N-S 图

为了避免程序流程图在描述程序逻辑时的随意性和灵活性，人们提出了用方框来代替传统程序流程图，通常将其称为 N-S 图。

3. PAD

PAD 是继程序流程图和 N-S 图之后的又一种主要用于描述软件详细设计的图形表示工具。PAD 图只能描述结构化程序允许使用的几种基本结构。其出现以来，已经得到一定程度的推广。它用二维树形结构的图表示程序的控制流。以 PAD 图为基础，遵循机械的走树（tree walk）规则就能方便地编写出程序，用这种图转换为程序代码比较容易。

4. PDL

PDL 又称结构化英语和伪码，是一种混合语言，其采用英语的词汇和结构化程序设计语言的语法，类似于编程语言。

7.5 软件测试

软件测试是保证软件质量的重要手段，其主要过程涵盖整个软件生命周期，包括需求定义阶段的需求测试、编码阶段的单元测试、集成测试及后期的确认测试、系统测试，以及验证软件是否合格、能否交付用户使用等。本节主要讲解软件测试的目的与准则、方法与实施。

7.5.1　软件测试的目的与准则

1. 软件测试的目的

Grenford J. Myers 给出了软件测试的目的，具体如下。

（1）测试是为了发现程序中的错误而执行程序的过程。

（2）好的测试用例（test case）能发现迄今为止尚未发现的错误。

（3）一次成功的测试能发现迄今为止尚未发现的错误。

软件测试的目的是发现软件中的错误，但是暴露错误并不是测试的根本目的，测试的根本目的是尽可能多地发现并排除软件中隐藏的错误。

2. 软件测试的准则

根据软件测试的目的，为了能设计出有效的测试方案及合理的测试用例，测试人员必须深入理解，并正确运用以下软件测试的准则。

（1）所有测试都应追溯到用户的需求。

（2）在测试之前制订测试计划，并严格执行。

（3）充分注意测试中的群集现象。

（4）避免由程序的编写人员测试自己的程序。

（5）不可能进行穷举测试。

（6）妥善保存测试计划、测试用例、出错统计和最终分析报告，为软件维护提供方便。

7.5.2　软件测试的方法与实施

1. 软件测试的方法

软件测试有多种方法，根据软件是否需要执行，可以将软件测试分为静态测试和动态测试；根据功能划分，软件测试可以分为白盒测试和黑盒测试。

1）静态测试和动态测试

（1）静态测试。

静态测试可以由人工进行，充分发挥人的逻辑思维优势，也可以借助软件工具自动进行。静态测试包括代码检查、静态结构分析、代码质量度量等。经验表明，使用静态测试能够有效地发现 30%～70%的逻辑设计和编码错误。

① 代码检查：主要检查代码和设计的一致性，包括代码逻辑表达的正确性、代码结构的合理性等方面。这项工作不仅可以发现违背程序编写标准的问题，还可以检查出程序中不安全、不明确和模糊的部分，发现程序中不可移植的部分和违背程序编程风格的问题，主要包括变量检查、命名和类型审查、程序逻辑审查、程序语法检查和程序结构检查等内容。代码检查包括代码审查、代码走查和桌面检查等具体方式。

a. 代码审查：小组集体阅读、讨论检查代码。

b. 代码走查：小组成员通过研究程序、执行程序来检查代码。

c. 桌面检查：由程序员自己检查自己编写的程序。程序员在程序通过编译之后，进行单元测试之前，对源代码进行分析、检验，并补充相关文档，目的是发现程序的错误。

② 静态结构分析：对代码的机械性、程式化的特性进行分析，包括控制流分析、数据流分析、接口分析和表达式分析。

③ 代码质量度量：通过维护代码度量值可以改进代码质量。代码质量度量指标分为可维护性指数以及圈复杂度。

a. 可维护性指数：表示源代码的可维护性，数值越高可维护性越好。该值介于0到100之间。绿色评级在20到100之间，表示该代码具有高度的可维护性；黄色评级在10到19之间，表示该代码适度可维护；红色评级在0至9之间，表示低可维护性。

b. 圈复杂度：它是通过计算程序流中不同代码路径的数量来创建的，用来表示一个程序的复杂性。

（2）动态测试。

动态测试就是通常所说的上机测试，通过运行软件来检验软件中的动态行为和运行结果的正确性。设计高效、合理的测试用例是动态测试的关键。测试用例是为软件测试设计的数据，由测试输入数据和与之对应的预期输出结果两部分组成。

2）白盒测试和黑盒测试

（1）白盒测试。白盒测试是把程序看成装在一只透明的白盒子里，测试人员完全了解程序的结构和处理过程。其根据程序的内部逻辑来设计测试用例，检查程序中的逻辑通路是否按预定的要求正确地工作。白盒测试的原则是保证所测模块中每一独立路径至少执行一次，所测模块所有判断的每一分支至少执行一次，所测模块每一循环都在边界条件和一般条件下至少各执行一次，验证所有内部数据结构的有效性。白盒测试的方法有逻辑覆盖测试和基本路径测试。

（2）黑盒测试。黑盒测试是把程序看成装在一只不透明的黑盒子里，测试人员完全不了解或不考虑程序的结构和处理过程。其根据规格说明书的功能来设计测试用例，检查程序的功能是否符合规格说明的要求。黑盒测试的方法有等价类划分法、边界值分析法和错误推测法。

2. 软件测试的实施

软件测试过程分为4个步骤，即单元测试、集成测试、确认测试和系统测试。

1）单元测试

单元测试是对软件设计的最小单位——模块（程序单元）进行正确性检验测试。单元测试的技术可以采用静态测试和动态测试。

2）集成测试

集成测试是测试和组装软件的过程，主要目的是发现与接口有关的错误，主要依据是概要设计说明书。集成测试的内容包括软件单元的接口测试、全局数据结构测试、边界条件和非法输入测试等。集成测试时将模块组装成程序，通常采用两种方式，即非增量方式组装和增量方式组装。

3）确认测试

确认测试的目的是验证软件的功能和性能及其他特性是否满足需求规格说明书中确定的各种需求，包括软件配置是否完全、正确。确认测试的实施首先运用黑盒测试方法，对软件进行有效性测试，即验证被测软件是否满足需求规格说明书中确认的标准。然后确认测试需要对配置进行复审。复审的目的在于保证软件配置齐全、分类有序，并且包括软件维护所必需的细节。

4）系统测试

系统测试是将通过确认测试的软件作为整个计算机系统的一个元素，与计算机硬件、外设、支持软件、数据和人员等其他系统元素组合在一起，在实际运行（使用）环境下对计算机系统进行一系列的集成测试和确认测试。由此可知，系统测试必须在目标环境下运行，其作用在于评估系统环境下软件的性能，发现和捕捉软件中潜在的错误。

系统测试的目的是在真实的系统工作环境下检验软件是否能与系统正确连接，发现软件与系统要求不一致的地方。

系统测试的具体实施一般包括功能测试、性能测试、操作测试、配置测试、外部接口测试和安全性测试等。

7.6　程序调试

程序调试的目的是诊断和改正程序中的错误。其与软件测试不同，软件测试是尽可能多地发现软件中的错误；而程序调试首先应发现软件的错误，然后借助于一定的调试工具找出软件错误的具体位置。软件测试贯穿整个软件生命周期，而程序调试主要集中在软件开发阶段。本节主要讲解程序调试的基本概念及调试方法。

7.6.1　程序调试的基本概念

在对程序进行成功的测试之后，将进入程序调试阶段（通常称 debug，即排错）。程序调试活动由两部分组成，一是根据错误的迹象确定程序中错误的性质、原因和位置；二是对程序进行修改，排除错误。

程序调试的基本步骤如下。

（1）错误定位。从错误的外部表现形式入手，研究相关部分的程序，确定程序的出错位置，找出错误的内在原因。

（2）修改设计和代码，以排除错误。

（3）进行回归测试，防止引入新的错误。

程序调试有以下两个原则。

1）确定错误的性质和位置的原则

（1）分析思考与错误征兆有关的信息，这是最有效的调试方法。一个出色的程序调试员应能做到不使用计算机就能够确定程序中的大部分错误。

（2）避开“死胡同”。如果程序调试员走进“死胡同”，或陷入绝境，最好暂时把问题抛开，过一段时间再思考，或向其他人请教这个问题。事实上，向一个好的听众简单地描述这个问题，有时不需要听众的任何提示，便会突然发现问题所在。

（3）只把调试工具当作辅助手段来使用。利用调试工具可以帮助思考，但不能代替思考，因为调试工具是一种无规律的调试方法。实验证明，即使对一个不熟悉的程序进行调试，不用工具的人往往比使用工具的人更容易成功。

（4）避免用试探法，只能把其当作最后手段。初学调试的人常犯的一个错误是通过修改程序来进行试探，看能否解决问题，这是一种盲目动作，成功率低，而且经常引入新的错误。

2）修改错误的原则

（1）在出现错误的地方很可能存在其他错误。经验证明，错误有群集现象，当在某一程序段发现错误时，在该程序段中存在其他错误的概率也很高。因此，在修改一个错误时，还应查看其附近语句是否还有其他错误存在。

（2）修改错误的一个常见失误是只修改了该错误的表象，而没有修改错误的本质。如果提出的修改不能解释与该错误有关的全部线索，则表明只修改了错误的一部分。

（3）修正一个错误的同时有可能会引入新的错误。程序调试员不仅需要注意不正确的修改，而且应注意看起来正确的修改可能会带来的副作用，即引入新的错误。因此，在修改错误之后，必须进行回归测试，以确认是否引入了新的错误。

（4）修改错误的过程中将暂时回到程序设计阶段。修改错误也是程序设计的一种形式。一般来说，在程序设计阶段使用的任何方法都可以应用到错误修正的过程中。

（5）修改源代码程序，不需要改变目标代码。在对一个规模较大的系统，特别是对一个使用汇编语言编写的系统进行调试时，有时会试图通过直接改变目标代码来修改错误，并打算以后再改变源程序。这种方式有两个问题：第一，因目标代码与源代码不同步，当重新编译程序或汇编程序时很容易再现错误；第二，这是一种盲目的试验调试方法。

7.6.2 软件调试方法

软件调试方法可分为静态调试和动态调试。静态调试主要是指通过人的思维来分析源程序代码和排错，是主要的调试手段；动态调试用于辅助静态调试，其主要的调试方法有强行排错法、回溯法和原因排除法 3 种。

第 8 章

数据库设计基础

随着网络的快速普及，我们已经迎来大数据处理时代。数据处理问题的特点是数据量大、类型多、结构复杂，同时对数据的存储、检索、分类、统计等处理要求较高。为了适应这一需求，将数据附属于程序的做法改变为数据与程序相对独立；对数据加以组织与管理，使之能为更多不同程序所共享。这是数据库系统的基本特点之一。

8.1　数据库的基本知识

本节主要讲解数据库的基本概念、发展历程、特点及其内部体系结构。

8.1.1　数据库的基本概念

1. 数据

数据是数据库中存储的基本对象，是描述事物的符号记录。数据的概念不再仅指狭义的数值数据，文字、声音、图形等一切能被计算机接收且能被处理的符号都是数据。数据在空间上传递称为通信（以信号的方式传输），数据在时间上传递称为存储（以文件的形式存取）。

2. 数据库

数据库是长期存储在计算机内，有组织的、可共享的大量数据的集合，是多种应用数据的集成。数据库内的数据具有统一的结构形式并存放于统一的存储介质内，可被各个应用程序所共享，所以数据库技术的根本目标是解决数据共享问题。

3. 数据库管理系统

数据库管理系统是数据库的管理机构，其是一种系统软件，负责数据库中的数据组织、操作、维护、控制及保护和服务等。数据库管理系统是数据库系统的核心。为完成功能，数据库管理系统提供了相应的数据语言，包括数据定义语言（data definition language，DDL）、数据操纵语言（data manipulation language，DML）和数据控制语言（data control language，DCL）。数据库管理系统的功能介绍如下。

（1）数据定义功能。数据库管理系统能向用户提供数据定义语言，用于描述数据库的结构。

（2）数据操纵功能。数据库管理系统能向用户提供数据操纵语言，支持用户对数据库中的数据进行查询、更新等操作。

（3）控制和管理功能。数据库管理系统具有必要的控制和管理功能，包括在多用户使用时对数据进行的并发控制，对用户权限实施监督的安全性检查，数据的备份、恢复和转储功能，以及对数据库运行情况的监控和报告等。

（4）数据通信功能。数据库管理系统具有与操作系统的联机处理、分时系统及远程作业输入的相关接口，负责处理数据的传送。对网络环境下的数据库系统，还应该包括数据库管理系统与网络中其他软件系统的通信功能以及数据库之间的互操作功能。

4. 数据库管理员

数据库管理员（database administrator，DBA）的职责包括数据库设计、数据库维护、改善系统性能和提高系统效率等。

（1）数据库设计。这是数据库管理员的主要任务之一，即进行数据模式的设计。

（2）数据库维护。数据库管理员必须对数据库中的数据安全性、完整性、并发控制及系统恢复、数据定期转存等进行维护。

（3）改善系统性能和提高系统效率。当系统效率下降时，数据库管理员必须随时监视数据库运行状态，不断调整内部结构，使系统保持最佳状态与最高效率；数据库管理员需要采取适当的措施，进行数据库的重组、重构，维持数据负载平衡。

5. 数据库系统

数据库系统（database system，DBS）由数据库、数据库管理系统、数据库管理员、硬件平台、软件平台 5 部分构成。

8.1.2 数据库系统的发展与特点

1. 数据库系统的发展

数据管理技术的发展经历了 3 个阶段，即人工管理阶段、文件系统阶段和数据库系统阶段，各阶段的比较如表 8-1 所示。

表 8-1 数据管理技术 3 个阶段的比较

比较项目		人工管理阶段	文件系统阶段	数据库系统阶段
背景	应用目的	科学计算	科学计算、管理	大规模管理
	硬件背景	无直接存取设备	磁盘、磁鼓	大容量磁盘
	软件背景	无操作系统	有文件系统	有数据库管理系统
	处理方式	批处理	联机实时处理、批处理	分布处理、联机实时处理和批处理
特点	数据管理者	人	文件系统	数据库管理系统
	数据面向的对象	某个应用程序	某个应用程序	现实世界
	数据共享程度	无共享，冗余度高	共享性差，冗余度高	共享性高，冗余度低
	数据的独立性	不独立，完全依赖于程序	独立性差	具有高度的物理独立性和一定的逻辑独立性
	数据的结构化	无结构	记录内有结构，整体无结构	整体结构化，用数据模型描述
	数据控制能力	由应用程序控制	由应用程序控制	由数据库管理系统提供数据安全性、完整性、并发控制和恢复

2. 数据库系统的特点

1）数据集成性

在文件应用系统中，各个文件不存在相互联系。从单个文件来看，数据一般是有结构的；但从整个系统来看，数据在整体上又是没有结构的。数据库系统则不同，在同一数据库中的数据文件存在联系，即在整体上具有一定的结构形式。

2）数据的共享性高，冗余度低

共享是数据库系统的目的，也是其重要特点。数据共享是指多个用户可以同时存取数据而不相互影响。而在文件应用系统中，数据由特定的用户专用。

数据冗余就是数据重复，数据冗余既浪费存储空间，又容易产生数据的不一致。在数据库系统中，数据冗余度低；而在文件应用系统中，每个应用程序都有自己的数据文件，因此数据存在着大量的重复。

3）数据独立性高

数据独立性是数据与应用程序之间的互不依赖性，即数据库中的数据独立于应用程序。

数据的独立性一般分为物理独立性与逻辑独立性两种。

（1）物理独立性。当数据的物理结构（包括存储结构、存取方式等）改变时，如果更换存储设备、更换物理存储、改变存取方式等，应用程序都不用改变。

（2）逻辑独立性。当数据的逻辑结构改变时，如果修改数据模式、增加新的数据类型、改变数据间的联系等，应用程序都可以不变。

4）数据统一管理与控制

数据库系统不仅为数据提供高度的集成环境，也为数据提供统一的管理手段，主要包括数据的安全性保护、数据的完整性检查及并发控制。

8.1.3　数据库系统的内部体系结构

数据库系统内部具有三级模式及两级映射，三级模式分别是概念模式、内模式和外模式，两级映射分别是概念模式到内模式的映射及外模式到概念模式的映射。

1. 数据库系统的三级模式

（1）概念模式：又称逻辑模式，是对数据库系统中数据全局逻辑结构的描述，是全体用户（应用）的公共数据视图。一个数据库只有一个概念模式。

（2）外模式：又称子模式，是数据库用户能够看见和使用的局部数据的逻辑结构和特征的描述，是由概念模式推导出来的，是数据库用户的数据视图，是与某一应用有关的数据的逻辑表示。一个概念模式可以有若干外模式。

（3）内模式：又称物理模式，给出了数据库物理存储结构与物理存取方法。

内模式处于最里层，反映了数据在计算机物理结构中的实际存储形式；概念模式处于中间层，反映了设计人员的数据全局逻辑要求；外模式处于最外层，反映了用户对数据的要求。

2. 数据库系统的两级映射

两级映射保证了数据库系统中数据的独立性。

（1）概念模式到内模式的映射：给出了概念模式中数据的全局逻辑结构到数据的物理存储结构间的对应关系。

（2）外模式到概念模式的映射：概念模式是一个全局模式，而外模式是用户的局部模式，一个概念模式中可以定义多个外模式，而每个外模式是概念模式的一个基本视图。

8.2 数 据 模 型

现有的数据库系统都是基于某种数据模型而建立的，数据模型是数据库系统的基础，理解数据模型的概念对于学习数据库的理论至关重要。本节主要讲解数据模型的概念、三要素及其类型。

8.2.1 数据模型的概念

数据库中的数据模型可以将复杂的现实世界（real world）要求反映到计算机数据库中的物理世界，这种反映是一个逐步转化的过程。其分为两个阶段，由现实世界开始，经历信息世界（information world）而至计算机世界（computer world），从而完成整个转化。

（1）现实世界。用户将现实世界中的部分需求用数据库实现，这样人们所见到的是客观世界中的划定边界的一个部分环境，称为现实世界。

（2）信息世界。通过抽象对现实世界进行数据库级上的刻画所构成的逻辑模型称为信息世界。信息世界与数据库的具体模型有关，如层次模型、网状模型、关系模型（relation model）等。

（3）计算机世界。在信息世界的基础上致力于其在计算机物理结构上的描述，从而形成的物理模型称为计算机世界。现实世界的要求只有在计算机世界中才能得到真正的物理实现，而这种实现是通过信息世界逐步转化得到的。

8.2.2 数据模型的三要素

数据是现实世界符号的抽象，而数据模型（data model）是数据特征的抽象，其描述了系统的静态特征、动态行为和约束条件，为数据库系统的信息表示与操作提供一个抽象的框架。数据模型描述的内容有 3 个部分，即数据结构、数据操作与数据约束。

（1）数据结构：主要描述数据的类型、内容、性质及数据间的联系等。数据结构是数据模型的基础，数据操作与数据约束均建立在数据结构基础上。不同数据结构有不同的操作与约束，因此一般数据模型均以数据结构的不同而分为不同的类别。

（2）数据操作：主要描述在相应数据结构上的操作类型与操作方式。

（3）数据约束：主要描述数据结构内数据间的语法、语义联系、它们之间的制约与依存关系，以及数据动态变化的规则，以保证数据的正确、有效与相容。

8.2.3　数据模型的类型

数据模型按不同的应用层次分成 3 种类型，即概念数据模型(conceptual data model)、逻辑数据模型（logic data model）和物理数据模型（physical data model）。

（1）概念数据模型：简称概念模型，是一种面向客观世界和用户的模型，与具体的数据库管理系统和计算机平台无关。概念模型着重于对客观世界复杂事物的结构描述及它们之间的内在联系的刻画，它是整个数据模型的基础。目前较为有名的概念模型有 E-R 模型（entity-relationship model，实体-联系模型）、扩充的 E-R 模型、面向对象模型及谓词模型等。

（2）逻辑数据模型：又称数据模型，是一种面向数据库系统的模型，着重于数据库系统一级的实现。逻辑数据模型也有很多种，较为成熟并先后被人们大量使用的有层次模型、网状模型和关系模型等。逻辑数据模型的特点如表 8-2 所示。

表 8-2　逻辑数据模型的特点

类型	主要特点
层次模型	用树形结构表示实体及其之间联系的模型称为层次模型，上级结点与下级结点之间为一对多的联系
网状模型	用网状结构表示实体及其之间联系的模型称为网状模型，网中的每一个结点代表一个实体类型，允许结点有多于一个的父结点，可以有一个以上的结点没有父结点
关系模型	用二维表结构表示实体及其之间联系的模型称为关系模型，在关系模型中将数据看作二维表中的元素，一张二维表就是一个关系

（3）物理数据模型：又称物理模型，是一种面向计算机物理表示的模型，其给出了数据模型在计算机上物理结构的表示。

数据库管理系统支持的数据模型分为 3 种，即层次模型、网状模型和关系模型。

8.3　E-R 模型

概念模型是面向现实世界的，出发点是有效和自然地模拟现实世界，给出数据的概念化结构。长期以来广泛使用的概念模型是 E-R 模型。该模型将现实世界的要求转化成实体、联系、属性等几个基本概念，以及它们之间的两种基本连接关系，并且可以用一种图非常直观地表示出来。本节主要介绍 E-R 模型的基本概念及图示法。

1. E-R 模型的基本概念

1）实体

现实世界中的事物可以抽象成实体。实体是概念世界中的基本单位，是客观存在的且又能相互区别的事物。

2）属性

现实世界中事物均有一些特性，这些特性可以用属性来表示。

3）码

唯一标识实体的属性集称为码。

4）域

属性的取值范围称为该属性的域。

5）联系

在现实世界中，事物间的关联称为联系。两个实体集间的联系实际上是实体集间的函数关系，这种函数关系有以下几种，即一对一联系、一对多或多对一联系、多对多联系。

（1）一对一联系（1∶1）。如果实体集A中的任意一个实体至多与实体集B中的一个实体存在联系，反之亦然，则称实体集A与实体集B之间存在一对一联系，记为1∶1。

（2）一对多联系（1∶*n*）。如果实体集A中的任意一个实体可以与实体集B中的多个实体存在联系，而实体集B中的每一个实体至多可以与实体集A中的一个实体相联系，则称实体集A与实体集B存在一对多联系，记为1∶*n*。

（3）多对多联系（*m*∶*n*）。如果实体集A中的任意一个实体可以与实体集B中的多个实体存在联系，而实体集B中的每一个实体也可以与实体集A中的多个实体存在联系，则称实体集A与实体集B存在多对多联系，记为*m*∶*n*。

2. E-R模型的图示法

（1）实体表示法：在E-R图中用矩形表示实体集，在矩形内写上该实体集的名称。

（2）属性表示法：在E-R图中用椭圆表示属性，在椭圆内写上该属性的名称。

（3）联系表示法：在E-R图中用菱形表示联系，在菱形内写上该联系的名称。

8.4 关系模型

关系模型采用二维表来表示，一个关系对应一个二维表，也可以说一个关系就是一个二维表，但是一个二维表不一定是一个关系。本节主要介绍关系模型的数据结构、数据操作及完整性约束。

1. 关系模型的数据结构

关系模型是常用的数据模型，其数据结构非常单一。在关系模型中，现实世界的实体及其之间的各种联系均可用关系来表示。

关系模型中常用的术语如下。

（1）元组。在一个二维表（一个具体关系）中，水平方向的行称为元组。元组对应存储文件中的一个具体记录。

（2）属性。二维表中垂直方向的列称为属性，每一列有一个属性名。

（3）域。域是指属性的取值范围，即不同元组对同一属性的取值所限定的范围。

（4）候选码或候选键。在二维表中唯一标识元组的最小属性值称为该表的候选码或候选键。

（5）主键或主码。从二维表的所有候选键中选取一个作为用户使用的键称为主键或主码。

（6）外键或外码。二维表A中有某属性集F，但F不是A的主键，并且F是另一个二维表B的主键，则称F为二维表A的外键或外码。

关系模型采用二维表来表示，二维表一般满足下面 7 个性质。

（1）二维表中元组个数是有限的——元组个数的有限性。

（2）二维表中元组均不相同——元组的唯一性。

（3）二维表中元组的次序可以任意交换——元组的次序无关性。

（4）二维表中元组的分量是不可分割的基本数据项——元组分量的原子性。

（5）二维表中属性名各不相同——属性名的唯一性。

（6）二维表中属性与次序无关，可任意交换——属性的次序无关性。

（7）二维表属性的分量具有与该属性相同的值域——分量值域的统一性。

2. 关系模型的数据操作

关系模型的数据操作是建立在关系上的，一般有数据查询、删除、插入和修改。

（1）数据查询。用户可以查询关系数据库中的数据，包括一个关系的查询及多个关系间的查询。

（2）数据删除。数据删除的基本单位是一个关系内的元组，功能是将指定关系内的元组删除。

（3）数据插入。数据插入仅对一个关系而言，在该关系内插入一个或若干元组。

（4）数据修改。数据修改是在一个关系中修改指定的元组与属性。

3. 关系模型的完整性约束

关系模型允许定义 3 类数据约束，分别是实体完整性约束、参照完整性约束及用户定义完整性约束。

（1）实体完整性约束。实体完整性约束是指若属性 M 是关系的主键，则属性 M 中的属性值不能为空值。

（2）参照完整性约束。参照完整性约束是指若属性 A 是关系 M 的外键，它与关系 N 的主码相对应，则对于关系 M 中的每个元组在 A 上的值必须：①取空值（A 的每个属性值均为空值）；②等于关系 N 中某个元组的主键值。

（3）用户定义完整性约束。用户定义完整性约束反映了某一具体应用所涉及的数据必须满足的语义要求。

8.5　关 系 代 数

关系数据库系统的特点之一是其是建立在数学理论基础之上的，有很多数学理论可以表示关系模型的数据操作，其中较著名的是关系代数与关系演算。本节将介绍关系数据库的理论——关系代数。

1. 传统的集合运算

1）投影运算

从关系模式中指定若干属性组成新的关系称为投影。

投影是从列的角度进行的运算，相当于对关系进行垂直分解。经过投影运算可以得到一个新的关系，其关系模式所包含的属性个数往往比原关系少，或属性的排列顺序不同。对 R 关系进行投影运算的结果记为 $\pi_A(R)$，其形式定义为

$$\pi_A(R) \equiv \{t[A] \mid t \in R\}$$

式中，A 为 R 的属性列。

2）选择运算

从关系中找出满足给定条件的元组的操作称为选择。

选择是从行的角度进行的运算，即水平方向抽取记录。经过选择运算得到的结果可以形成新的关系，其关系模式不变，但其中的元组是原关系的一个子集。选择运算形式定义为

$$\sigma_F(R) \equiv \{t | t \in R \wedge F(t)\text{为真}\}$$

式中，F 为选择条件，它是一个逻辑表达式，取逻辑值“真”或“假”。

逻辑表达式 F 由逻辑运算符连接各算术表达式组成。算术表达式的基本形式为

$$\sigma \theta \beta$$

式中，σ、β 为域（变量）或常量，但 σ、β 不能同为常量；θ为比较符，可以是“≤”“≥”“<”“>”“=”“≠”。

$\sigma \theta \beta$ 称为基本逻辑条件。

由若干基本逻辑条件经过逻辑运算得到，逻辑运算为“∧”（并且）、“∨”（或）及“¬”（否）的逻辑条件称为复合逻辑条件。

3）笛卡儿积

设有 n 元关系 R 和 m 元关系 S，它们分别有 p 和 q 个元组，则 R 与 S 的笛卡儿积记为 $R\times S$，其形式定义为

$$R\times S \equiv \{t|t=<t_r,t_s> \wedge t_r \in R \wedge t_s \in S\}$$

式中，$R\times S$ 为 $m+n$ 元关系，元组个数是 $p\times q$。

2. 关系代数的扩充运算

1）交

假设有 n 元关系 R 和 n 元关系 S，它们的交仍然是一个 n 元关系，由属于关系 R 且属于关系 S 的元组组成，记为 $R \cap S$，其形式定义为

$$R \cap S = \{t|t \in R \wedge t \in S\}$$

显然，$R \cap S = R-(R-S)$，或 $R \cap S = S-(S-R)$。

2）除

如果将笛卡儿积运算看作乘运算，那么除运算就是其逆运算。当关系 $T=R\times S$ 时，则可将除运算定义为

$$T \div R = S$$

或

$$T/R = S$$

式中，S 为 T 除以 R 的商。

除是采用的逆运算，因此除运算的执行需要满足一定的条件。设有关系 T、R，关系 T 能被除的充分必要条件是关系 T 中的域包含关系 R 中的所有属性，关系 T 中的一些

域不出现在关系 R 中。

在除运算中，关系 S 的域由关系 T 中不出现在关系 R 中的域组成，对于关系 S 中任意一有序组，由它与关系 R 中每个有序组构成的有序组均出现在关系 T 中。

除的定义虽然较复杂，但在实际中，其意义比较容易理解。

3）连接运算与自然连接运算

在数学上，可以用笛卡儿积建立两个关系间的连接，但这样得到的关系庞大，而且数据大量冗余。在实际应用中，一般两个相互连接的关系往往需要满足一些条件，所得到的结果也较为简单，这样就引入了连接运算与自然连接运算。

连接运算又可称为θ-连接运算，是一种二元运算，通过它可以将两个关系合并成一个大关系。设有关系 R、S 及比较式 $i\theta j$，其中 i 为 R 中的域，j 为 S 中的域，θ 含义同前，则可以将其含义定义为

$$R \underset{i\theta j}{\infty} S = \sigma_{i\theta j}(R \times S)$$

即 R 与 S 的θ-连接是由 R 与 S 的笛卡儿积中满足限制 $i\theta j$ 的元组构成的关系，一般其元组的个数远远少于 $R\times S$ 的个数。应当注意的是，在θ-连接中，i 与 j 需要具有相同域，否则无法进行比较。

在θ-连接中，当θ为“=”时，就称此连接为等值连接，否则称为不等值连接；当θ为“<”时称为小于连接；当θ为“>”时称为大于连接。

在实际应用中，常用的连接是一个称为自然连接 ($R\infty S$) 的特例。自然连接要求两个关系中进行比较的分量必须属性相同，并且进行等值连接，相当于θ恒为“=”，在结果中还应把重复的属性列删除。

8.6　数据库设计

数据库设计有两种方法，即面向数据的方法和面向过程的方法。面向数据的方法以信息需求为主，兼顾处理需求；面向过程的方法以处理需求为主，兼顾信息需求。由于在系统中稳定性高，数据已成为系统的核心，面向数据的数据库设计方法已成为主流。

数据库设计一般采用生命周期法，即将整个数据库应用系统的开发分解成目标独立的若干阶段，即需求分析阶段、概念设计阶段、逻辑设计阶段、物理设计阶段、编码阶段、测试阶段、运行阶段和进一步修改阶段。在数据库设计中采用前 4 个阶段。

1. 需求分析

需求分析是数据库设计的第一阶段，这一阶段收集到的基础数据和一组数据流图是下一步设计概念结构的基础。概念结构是整个组织中所有用户关心的信息结构，对整个数据库设计具有深刻的影响。设计概念结构，必须在需求分析阶段用系统的观点来考虑问题、收集和分析数据及其处理过程。

1）需求分析的目的

需求分析的目的是通过详细调查现实世界需要处理的对象（如组织、部门、企业等），充分了解原系统的工作概况，明确用户的各种需求，在此基础上确定新系统的功能。新系统必须充分考虑今后可能的扩充和改变，不能仅按当前应用需求来设计数据库。

调查的重点是数据和处理，通过调查，获得每个用户对数据库的要求。

（1）信息要求：用户需要从数据库中获得信息的内容与性质。由信息要求可以导出数据要求，即在数据库中需要存储哪些数据。

（2）处理要求：用户需要完成哪些处理功能、对处理的响应时间有何要求、处理的方式是批处理还是联机处理等。

（3）安全性和完整性要求：为了更好地完成调查任务，设计人员必须不断地与用户交流，与用户达成共识，以便逐步确定用户的实际需求，然后分析和表达这些需求。

需求分析是整个设计活动的基础，也是最困难、最花费时间的一步。设计人员既应懂得数据库技术，又应熟悉应用环境的业务。

2）需求分析的方法

需求分析的方法就是调查清楚用户的实际要求，与用户达成共识，然后分析与表达这些要求。设计人员应充分考虑可能的扩充和改变，使设计易于更改，系统易于扩充。必须强调用户的参与。用户缺少计算机知识，因此无法一下子准确地表达自己的需求，设计人员缺少用户的专业知识，不易理解用户的真正需求，因此设计人员必须采用有效的方法，与用户不断深入地进行交流，才能逐步确定用户的实际需求。

2. 概念设计

数据库概念设计的目的是分析数据间的内在语义关联，并在此基础上建立数据的抽象模型。数据库概念设计的方法有集中式模式设计法和视图集成设计法两种。

1）集中式模式设计法

集中式模式设计法是一种统一的模式设计方法，其根据需求由统一机构或人员设计一个综合的全局模式。这种方法设计简单方便，强调统一性与一致性，适用于小型或并不复杂的单位或部门，而对于大型的或语义关联复杂的单位则并不适合。

2）视图集成设计法

视图集成设计法是将一个单位分解成若干部分，先对每个部分进行局部模式设计，建立各个部分的视图，然后以各视图为基础进行集成。在集成过程中可能会出现一些冲突，这是由于视图设计的分散性形成的不一致造成的，因此需要对视图进行修正，最终形成全局模式。视图集成设计法是一种由分散到集中的方法，其设计过程复杂，但能较好地反映需求，避免设计的粗糙与考虑不全面，适用于大型与复杂的单位。目前此种方法应用较多。

采用视图集成设计法时，需要按以下步骤进行。

（1）选择局部应用。根据系统的具体情况，在多层数据流图中选择一个适当层次的数据流图，使这组图中每一部分对应一个局部应用。以这一层次的数据流图为出发点，设计 E-R 图。

（2）视图设计。视图设计一般有 3 种设计次序，分别是自顶向下、由底向上和由内向外。

（3）视图集成。视图集成的实质是将所有局部视图统一、合并成一个完整的数据模式。在进行视图集成时，最重要的工作便是解决局部设计中的冲突。在集成过程中，由于每个局部视图在设计时的不一致性，会产生矛盾，引起冲突，常见的冲突有命名冲突、概念冲突、域冲突、约束冲突等。

3. 逻辑设计

数据库逻辑设计的主要工作是将 E-R 图转换成指定关系数据库管理系统中的关系模式。从 E-R 图到关系模式的转换比较直接，实体与联系都可以表示成关系。E-R 图中属性可以转换成关系的属性，实体集可以转换成关系。

4. 物理设计

数据库物理设计的主要目标是对数据库内部物理结构进行调整并选择合理的存取路径，以提高数据库访问速度及有效利用存储空间。在现代关系数据库中已大量屏蔽了内部物理结构，因此留给用户参与物理设计的内容并不多，一般关系数据库管理系统中留给用户参与物理设计的内容有索引设计、集簇设计和分区设计。

参 考 文 献

凤凰高新教育，2017．Office 2016 完全自学教程[M]．北京：北京大学出版社．
华文科技，2017．新编 Office 2016 应用大全（实战精华版）[M]．北京：机械工业出版社．
贾宗福，2015．新编大学计算机基础教程[M]．2 版．北京：中国铁道出版社．
李占平，郝志杰，孙家瑞，等，2009．新编计算机基础案例教程[M]．长春：吉林大学出版社．
刘光洁，2014．大学计算机基础教程[M]．2 版．北京：人民邮电出版社．
吕英华，2018．计算思维与大学计算机基础教程[M]．北京：科学出版社．
吴功宜，吴英，2014．计算机网络应用技术教程[M]．4 版．北京：清华大学出版社．
赵杰，2015．大学计算机基础[M]．北京：科学出版社．
钟哲辉，2007．基于计算机网络的信息检索[M]．北京：电子工业出版社．